東京都市大学数学シリーズ（2）

# 線形代数演習

学術図書出版社

# あいさつ

2009 年 4 月より武蔵工業大学は校名を変更し「東京都市大学」となります.
それにともない本書の名称を「東京都市大学数学シリーズ (2) 線形代数演習」
として出版することになりました.

初版より本書のために多くの方々から御協力をいただき感謝しております.
今後とも御支援のほどよろしくお願い致します.

2009 年 3 月

著者一同

# まえがき

武蔵工業大学工学部教育研究センター数学部門では，学習経験の多様化した新入生に対するさらなる教育改善を目指して，平成 10 年度より新入生の基礎学力調査を開始し，同時に教科書作成検討委員会を発足させました．委員会では，第一段階として数学基礎科目の各教員における教育内容を調査し，カリキュラムの内容を整備しました．次の段階として，学生の単位取得のための一定の基準作りを行うこと，さらにいろいろなレベルの問題を用意することによって新入生の多様化への対処を可能にすることを目的に演習書を作成することになりました．その第一歩は理工学で重要な科目である微分積分学および線形代数学の演習書の作成となりました．

本書の構成は，まとめ，例題，問題 A，問題 B および解答からなっています．問題 A には単位取得のための標準的な問題が集められていて，すべての学生が修めるべきものでありますが，中には難しいものも含まれています．問題 B にはやや難易度の高い問題が集められています．学生諸君の勉学に役立つことを期待します．

最後に，本書の完成にあたっては武蔵工業大学工学部数学科目担当の先生方に多くの有益な助言をいただきました．改めて御協力いただいた先生方に厚くお礼申し上げます．また，出版に際して大変お世話になりました学術図書出版社の高橋秀治氏にも心から感謝いたします．

2007 年 3 月

著者一同

# 目　次

# 第 1 章

# 平面・空間のベクトル

## 1.1 ベクトルの内積・外積

### ベクトルとは

向きと大きさを持った量をベクトルという．力や風速や位置の変化などはベクトルで表現することができる．ベクトルは線分に矢印をつけて表示することができ，矢印の始まる点を始点，終わる点を終点という．始点 A から終点 B までのベクトルは $\overrightarrow{\mathrm{AB}}$ と書く．また，始点と終点が同じ，すなわち大きさが零のベクトルを零ベクトルと呼ぶ．

あるベクトルを平行移動したものはすべて同じ向きと大きさを持つと考え，同じベクトルとして扱う．すると，始点や終点に依存した書き方をする必要はないことになるので，このような場合は $\vec{a}$ や $\boldsymbol{a}$ と書く．零ベクトルは $\vec{0}, \mathbf{0}$ と書く．

ベクトルを $xy$ 平面上に描いた時，始点から終点までの $x, y$ 座標のそれぞれの変化量をこのベクトルの $x, y$ 成分といい，ベクトルを平行移動させても成分は同じなので，ベクトルを $x, y$ 成分の組で表せる．これをベクトルの成分表示という．たとえば，始点と終点を比較して $x$ 座標が 1 増加し $y$ 座標が 2 増加しているような $xy$ 平面上のベクトル $\boldsymbol{a}$ は $\boldsymbol{a} = (1, 2)$ とか $\boldsymbol{a} = \begin{pmatrix} 1 \\ 2 \end{pmatrix}$ と成分表示する．また，始点が原点 O になるようにベクトルを平行移動させたときの終点の座標がこのベクトルの成分であると考えることもでき，点 $\mathrm{P}(a, b)$ に対して $\overrightarrow{\mathrm{OP}} = (a, b)$ となる．このベクトル $\overrightarrow{\mathrm{OP}}$ を点 P の位置ベクトルと呼ぶ．$xyz$ 空間内のベクトルについても同様に成分表示を考えることができる．

ベクトル $\boldsymbol{a}$ の大きさのことを $|\boldsymbol{a}|$ と表す．$\boldsymbol{a} = (a, b, c)$ であれば三平方の定理により $|\boldsymbol{a}| = \sqrt{a^2 + b^2 + c^2}$ となる．

### ベクトルの和・実数倍

ベクトル $\boldsymbol{a}$ の終点にベクトル $\boldsymbol{b}$ の始点を合わせるように平行移動し，$\boldsymbol{a}$ の始

点から $\boldsymbol{b}$ の終点までのベクトルを考えて，これをベクトルの和といい $\boldsymbol{a}+\boldsymbol{b}$ と書く．$\boldsymbol{a}=(a,b,c)$, $\boldsymbol{b}=(p,q,r)$ であれば，$\boldsymbol{a}+\boldsymbol{b}=(a+p,\ b+q,\ c+r)$ と，$x,y,z$ 成分をそれぞれ合計したベクトルになる．

ベクトル $\boldsymbol{a}=(a,b,c)$ に対してその $k$ 倍のベクトルを $k\boldsymbol{a}=(ka,kb,kc)$ と定義する．$k>0$ の場合には $\boldsymbol{a}$ と同じ向きで大きさが $k$ 倍になったベクトルのことであり，0 倍は零ベクトルとなり，$k<0$ の場合は $\boldsymbol{a}$ と反対の向きで大きさが $|k|$ 倍になったベクトルとなる．また，$(-1)\boldsymbol{a}$ のことを $-\boldsymbol{a}$，$\boldsymbol{a}+(-\boldsymbol{b})$ のことを $\boldsymbol{a}-\boldsymbol{b}$ と書く．

和と実数倍に関して次のような法則が成り立つ．

$$(\boldsymbol{a}+\boldsymbol{b})+\boldsymbol{c}=\boldsymbol{a}+(\boldsymbol{b}+\boldsymbol{c})$$

$$\boldsymbol{a}+\boldsymbol{b}=\boldsymbol{b}+\boldsymbol{a}$$

$$k(\boldsymbol{a}+\boldsymbol{b})=k\boldsymbol{a}+k\boldsymbol{b}$$

$$(k+l)\boldsymbol{a}=k\boldsymbol{a}+l\boldsymbol{a}$$

$$k(l\boldsymbol{a})=(kl)\boldsymbol{a}$$

$$\boldsymbol{a}+\boldsymbol{0}=\boldsymbol{a}, \qquad \boldsymbol{a}+(-\boldsymbol{a})=\boldsymbol{0}$$

$$1\boldsymbol{a}=\boldsymbol{a}, \qquad 0\boldsymbol{a}=\boldsymbol{0}, \qquad k\boldsymbol{0}=\boldsymbol{0}$$

### ベクトルの内積（スカラー積）

大きな岩を 10 の力で 20 の距離運ぶ仕事の量は $10\times 20=200$ と定義するのが良さそうである．しかし，移動方向に対して斜め（たとえば，仰角 $\frac{\pi}{3}$ ラジアン）に力を掛けている場合，移動方向に対して実際に使った力は $\cos\frac{\pi}{3}=\frac{1}{2}$ で半分ということになるので，この場合の仕事の量は $\frac{1}{2}\times 10\times 20=100$ と考える．

ベクトルで考えると，$\boldsymbol{a}$ という力で $\boldsymbol{b}$ という位置の移動をしたときに $\boldsymbol{a}$ と $\boldsymbol{b}$ のなす角が $\theta$ であれば，仕事の量は $|\boldsymbol{a}||\boldsymbol{b}|\cos\theta$ となる．これを一般化し，任意のベクトル $\boldsymbol{a}$, $\boldsymbol{b}$ に対して定義したものを内積と呼び，$\boldsymbol{a}\cdot\boldsymbol{b}$ と書き表す．ここで，演算記号の「$\cdot$」を省略してはいけない．

$\boldsymbol{a}$, $\boldsymbol{b}$ が平面ベクトルの場合，$\boldsymbol{a}=(a,b)$, $\boldsymbol{b}=(p,q)$ とおくと

$$\boldsymbol{a}\cdot\boldsymbol{b}=ap+bq$$

である．また，$\boldsymbol{a}$, $\boldsymbol{b}$ が空間ベクトルの場合は，$\boldsymbol{a}=(a,b,c)$, $\boldsymbol{b}=(p,q,r)$ とおくと

$$\boldsymbol{a}\cdot\boldsymbol{b}=ap+bq+cr$$

である．内積の計算結果はベクトルではなく数値になることに注意せよ．そのため，三つのベクトルの内積のようなもの $\boldsymbol{a}\cdot\boldsymbol{b}\cdot\boldsymbol{c}$ は定義されない．

なお，$\boldsymbol{a}\cdot\boldsymbol{b}$ は $\langle\boldsymbol{a},\boldsymbol{b}\rangle$ もしくは $(\boldsymbol{a},\boldsymbol{b})$ と書くこともある．

内積に関して次のような法則が成り立つ．

$$\boldsymbol{a}\cdot\boldsymbol{b}=\boldsymbol{b}\cdot\boldsymbol{a}$$

$$(\boldsymbol{a}+\boldsymbol{b})\cdot\boldsymbol{c}=\boldsymbol{a}\cdot\boldsymbol{c}+\boldsymbol{b}\cdot\boldsymbol{c}$$

$$\boldsymbol{a}\cdot(\boldsymbol{b}+\boldsymbol{c})=\boldsymbol{a}\cdot\boldsymbol{b}+\boldsymbol{a}\cdot\boldsymbol{c}$$

$$(k\boldsymbol{a})\cdot\boldsymbol{b}=\boldsymbol{a}\cdot(k\boldsymbol{b})=k(\boldsymbol{a}\cdot\boldsymbol{b})$$

$$\boldsymbol{a}\cdot\boldsymbol{a}=|\boldsymbol{a}|^2$$

$$|\boldsymbol{a}\cdot\boldsymbol{b}|\leq|\boldsymbol{a}||\boldsymbol{b}|$$

内積は成分からすぐに計算できるので，2 つのベクトル $\boldsymbol{a},\boldsymbol{b}$ のなす角 $\theta$ は

$$\cos\theta=\frac{\boldsymbol{a}\cdot\boldsymbol{b}}{|\boldsymbol{a}||\boldsymbol{b}|}\qquad(0\leq\theta\leq\pi)$$

から簡単に求めることができる．とくに，二つのベクトルのなす角が直角（$\dfrac{\pi}{2}$ ラジアン）であれば $\boldsymbol{a}\cdot\boldsymbol{b}=0$ という条件式を満たすことになる．この条件が成立する二つのベクトルは直交するといい $\boldsymbol{a}\perp\boldsymbol{b}$ と書く．

平行四辺形 ABCD で，$\boldsymbol{a}=\overrightarrow{\mathrm{AB}},\boldsymbol{b}=\overrightarrow{\mathrm{AD}}$ とすれば，この平行四辺形の面積は $S=|\boldsymbol{a}||\boldsymbol{b}|\sin\theta$（$\theta$ は $\boldsymbol{a}$ と $\boldsymbol{b}$ のなす角）となり

$$S^2=|\boldsymbol{a}|^2|\boldsymbol{b}|^2(1-\cos^2\theta)=|\boldsymbol{a}|^2|\boldsymbol{b}|^2-(\boldsymbol{a}\cdot\boldsymbol{b})^2$$

のように内積から計算できることがわかる．平面ベクトル $\boldsymbol{a}=(a,b),\boldsymbol{b}=(c,d)$ の場合は $S^2=(a^2+b^2)(c^2+d^2)-(ac+bd)^2=(ad-bc)^2$ より

$$S=|ad-bc|$$

となり，空間ベクトル $\boldsymbol{a}=(a,b,c),\boldsymbol{b}=(p,q,r)$ の場合は

$$S=\sqrt{(br-cq)^2+(cp-ar)^2+(aq-bp)^2}$$

となる．

### 空間ベクトルの外積（ベクトル積）

内積は平面ベクトルにも空間ベクトルにも定義できるが，これに対して空間ベクトルに特有の外積という演算がある．$\boldsymbol{a},\boldsymbol{b}$ の外積 $\boldsymbol{a}\times\boldsymbol{b}$ は

(1) $\boldsymbol{a}$ と $\boldsymbol{b}$ の両方に直交していて，

(2) $\boldsymbol{a}$ と $\boldsymbol{b}$ を二辺にもつ平行四辺形の面積の値を大きさにもち，

(3) $\boldsymbol{a},\boldsymbol{b},\boldsymbol{a}\times\boldsymbol{b}$ で右手系（右手の親指・人差し指・中指を立てたような位置関係）となる

ような空間ベクトルのことである．$\boldsymbol{a}=(a,b,c)$, $\boldsymbol{b}=(p,q,r)$ の場合は

$$\boldsymbol{a}\times\boldsymbol{b}=(br-cq,\ cp-ar,\ aq-bp)$$

となる．あとで学ぶ行列式を使うと

$$\boldsymbol{a}\times\boldsymbol{b}=\left(\begin{vmatrix} b & c \\ q & r \end{vmatrix}, -\begin{vmatrix} a & c \\ p & r \end{vmatrix}, \begin{vmatrix} a & b \\ p & q \end{vmatrix}\right)$$

とも表せるし，$\boldsymbol{i}=(1,0,0)$, $\boldsymbol{j}=(0,1,0)$, $\boldsymbol{k}=(0,0,1)$ を $x,y,z$ 軸方向の単位ベクトルとするとき

$$\boldsymbol{a}\times\boldsymbol{b}=\begin{vmatrix} \boldsymbol{i} & \boldsymbol{j} & \boldsymbol{k} \\ a & b & c \\ p & q & r \end{vmatrix}=\begin{vmatrix} a & b & c \\ p & q & r \\ \boldsymbol{i} & \boldsymbol{j} & \boldsymbol{k} \end{vmatrix}$$

とも表せる．

2つのベクトルが直交することは内積が0となることで判定できたが，2つのベクトルが平行であることは（向きが逆である場合も含め）外積が零ベクトルとなることで判定できる．

$$\boldsymbol{a}\perp\boldsymbol{b}\Leftrightarrow\boldsymbol{a}\cdot\boldsymbol{b}=0$$

$$\boldsymbol{a}\,/\!/\,\boldsymbol{b}\Leftrightarrow\boldsymbol{a}\times\boldsymbol{b}=\boldsymbol{0}$$

外積に関して次のような法則が成り立つ．

$$\boldsymbol{a}\times\boldsymbol{b}=-\boldsymbol{b}\times\boldsymbol{a}$$

$$(\boldsymbol{a}+\boldsymbol{b})\times\boldsymbol{c}=\boldsymbol{a}\times\boldsymbol{c}+\boldsymbol{b}\times\boldsymbol{c}$$

$$\boldsymbol{a}\times(\boldsymbol{b}+\boldsymbol{c})=\boldsymbol{a}\times\boldsymbol{b}+\boldsymbol{a}\times\boldsymbol{c}$$

$$(k\boldsymbol{a})\times\boldsymbol{b}=\boldsymbol{a}\times(k\boldsymbol{b})=k(\boldsymbol{a}\times\boldsymbol{b})$$

$$\boldsymbol{a}\cdot(\boldsymbol{b}\times\boldsymbol{c})=\boldsymbol{b}\cdot(\boldsymbol{c}\times\boldsymbol{a})=\boldsymbol{c}\cdot(\boldsymbol{a}\times\boldsymbol{b})$$

$$=(\boldsymbol{a}\times\boldsymbol{b})\cdot\boldsymbol{c}=(\boldsymbol{b}\times\boldsymbol{c})\cdot\boldsymbol{a}=(\boldsymbol{c}\times\boldsymbol{a})\cdot\boldsymbol{b}$$

$$\boldsymbol{a}\times(\boldsymbol{b}\times\boldsymbol{c})=(\boldsymbol{a}\cdot\boldsymbol{c})\boldsymbol{b}-(\boldsymbol{a}\cdot\boldsymbol{b})\boldsymbol{c}$$

$$(\boldsymbol{a}\times\boldsymbol{b})\times\boldsymbol{c}=(\boldsymbol{a}\cdot\boldsymbol{c})\boldsymbol{b}-(\boldsymbol{b}\cdot\boldsymbol{c})\boldsymbol{a}$$

$$\boldsymbol{a}\times(\boldsymbol{b}\times\boldsymbol{c})+\boldsymbol{b}\times(\boldsymbol{c}\times\boldsymbol{a})+\boldsymbol{c}\times(\boldsymbol{a}\times\boldsymbol{b})=\boldsymbol{0}$$

$\boldsymbol{a},\boldsymbol{b}$ を二辺とする平行四辺形を $\boldsymbol{c}$ だけ平行移動してできる立体を平行六面体という．$\boldsymbol{a},\boldsymbol{b},\boldsymbol{c}$ が右手系をなす場合，平行六面体の体積は $V=(\boldsymbol{a}\times\boldsymbol{b})\cdot\boldsymbol{c}=\boldsymbol{a}\cdot(\boldsymbol{b}\times\boldsymbol{c})$ で求められる．左手系（左手の親指・人差し指・中指を立てたような位置関係）の場合はこの値は負になり，体積はその絶対値となる．この $\boldsymbol{a}\cdot(\boldsymbol{b}\times\boldsymbol{c})$ のこと

をスカラー三重積といい，$[\boldsymbol{a}, \boldsymbol{b}, \boldsymbol{c}]$ と表す．

$$[\boldsymbol{a}, \boldsymbol{b}, \boldsymbol{c}] = [\boldsymbol{b}, \boldsymbol{c}, \boldsymbol{a}] = [\boldsymbol{c}, \boldsymbol{a}, \boldsymbol{b}] = -[\boldsymbol{a}, \boldsymbol{c}, \boldsymbol{b}] = -[\boldsymbol{c}, \boldsymbol{b}, \boldsymbol{a}] = -[\boldsymbol{b}, \boldsymbol{a}, \boldsymbol{c}]$$

となる．

**例題 1.**

不等式 $-|\boldsymbol{a}||\boldsymbol{b}| \leq \boldsymbol{a}\cdot\boldsymbol{b} \leq |\boldsymbol{a}||\boldsymbol{b}|$ を証明し，これよりシュヴァルツ (Schwarz) の不等式

$$(a_1b_1 + a_2b_2 + a_3b_3)^2 \leq (a_1^2 + a_2^2 + a_3^2)(b_1^2 + b_2^2 + b_3^2)$$

を導け．また等号が成立する条件を示せ．

**解答**　$\boldsymbol{a}, \boldsymbol{b}$ のなす角を $\theta$ とすれば $\boldsymbol{a}\cdot\boldsymbol{b} = |\boldsymbol{a}||\boldsymbol{b}|\cos\theta$ において $-1 \leq \cos\theta \leq 1$ であるから，$-|\boldsymbol{a}||\boldsymbol{b}| \leq \boldsymbol{a}\cdot\boldsymbol{b} \leq |\boldsymbol{a}||\boldsymbol{b}|$ が成り立つ．等号が成立するのは $\cos\theta = \pm 1$ すなわち $\boldsymbol{a} \mathbin{/\!/} \boldsymbol{b}$ のときに限る．$\boldsymbol{a} = (a_1, a_2, a_3)$, $\boldsymbol{b} = (b_1, b_2, b_3)$ とすると，上の不等式は

$$\begin{aligned} -\sqrt{a_1^2 + a_2^2 + a_3^2}\sqrt{b_1^2 + b_2^2 + b_3^2} &\leq a_1b_1 + a_2b_2 + a_3b_3 \\ &\leq \sqrt{a_1^2 + a_2^2 + a_3^2}\sqrt{b_1^2 + b_2^2 + b_3^2} \end{aligned}$$

となるので

$$(a_1b_1 + a_2b_2 + a_3b_3)^2 \leq (a_1^2 + a_2^2 + a_3^2)(b_1^2 + b_2^2 + b_3^2)$$

が成立する．

等号が成立するのは $\boldsymbol{a} \mathbin{/\!/} \boldsymbol{b}$ すなわち $a_1 : a_2 : a_3 = b_1 : b_2 : b_3$ のときに限る．

（別解）　$\boldsymbol{a} = \boldsymbol{0}$ の時は $-|\boldsymbol{a}||\boldsymbol{b}| = \boldsymbol{a}\cdot\boldsymbol{b} = |\boldsymbol{a}||\boldsymbol{b}| = 0$ となるので成立する．$\boldsymbol{a} \neq \boldsymbol{0}$ とすると，任意の実数 $t$ について $|t\boldsymbol{a} + \boldsymbol{b}|^2 \geq 0$ であることから

$$0 \leq |t\boldsymbol{a} + \boldsymbol{b}|^2 = (t\boldsymbol{a} + \boldsymbol{b})\cdot(t\boldsymbol{a} + \boldsymbol{b}) = t^2\boldsymbol{a}\cdot\boldsymbol{a} + 2t\boldsymbol{a}\cdot\boldsymbol{b} + \boldsymbol{b}\cdot\boldsymbol{b}$$

という 2 次不等式がすべての実数 $t$ について成立することになるので，この 2 次式の判別式は

$$D/4 = (\boldsymbol{a}\cdot\boldsymbol{b})^2 - (\boldsymbol{a}\cdot\boldsymbol{a})(\boldsymbol{b}\cdot\boldsymbol{b}) \leq 0$$

となる．これを書き換えると

$$(\boldsymbol{a}\cdot\boldsymbol{b})^2 \leq (\boldsymbol{a}\cdot\boldsymbol{a})(\boldsymbol{b}\cdot\boldsymbol{b}) = |\boldsymbol{a}|^2|\boldsymbol{b}|^2$$

すなわち

$$-|\boldsymbol{a}||\boldsymbol{b}| \leq \boldsymbol{a}\cdot\boldsymbol{b} \leq |\boldsymbol{a}||\boldsymbol{b}|$$

が成立することがわかる．

**例題 2.**

4点 $\mathrm{O}(0,0,0)$, $\mathrm{A}(2,-1,1)$, $\mathrm{B}(1,-1,0)$, $\mathrm{C}(3,4,5)$ に対し，次に示されたものを計算せよ．

(1) $|\overrightarrow{\mathrm{OA}}|$, $|\overrightarrow{\mathrm{OB}}|$, $\overrightarrow{\mathrm{OA}}\cdot\overrightarrow{\mathrm{OB}}$, $\overrightarrow{\mathrm{OA}}$ と $\overrightarrow{\mathrm{OB}}$ のなす角 $\theta$

(2) $\overrightarrow{\mathrm{OA}}\times\overrightarrow{\mathrm{OB}}$

(3) $\triangle$ ABC の面積 $S$

(4) 四面体 OABC の体積 $V$

**解答**　(1) $|\overrightarrow{\mathrm{OA}}| = \sqrt{2^2+(-1)^2+1^2} = \sqrt{6}$,　$|\overrightarrow{\mathrm{OB}}| = \sqrt{1^2+(-1)^2+0^2} = \sqrt{2}$,　$\overrightarrow{\mathrm{OA}}\cdot\overrightarrow{\mathrm{OB}} = 2\cdot 1+(-1)\cdot(-1)+1\cdot 0 = 3$.

$\overrightarrow{\mathrm{OA}}\cdot\overrightarrow{\mathrm{OB}} = |\overrightarrow{\mathrm{OA}}||\overrightarrow{\mathrm{OB}}|\cos\theta$ より

$$\cos\theta = \frac{\overrightarrow{\mathrm{OA}}\cdot\overrightarrow{\mathrm{OB}}}{|\overrightarrow{\mathrm{OA}}||\overrightarrow{\mathrm{OB}}|} = \frac{3}{\sqrt{6}\cdot\sqrt{2}} = \frac{\sqrt{3}}{2}.$$

$0 \leq \theta \leq \pi$ であるから, $\theta = \dfrac{\pi}{6}$.

(2) $\overrightarrow{\mathrm{OA}}\times\overrightarrow{\mathrm{OB}} = (1,1,-1)$

(3) $\overrightarrow{\mathrm{AB}} = (-1,0,-1)$, $\overrightarrow{\mathrm{AC}} = (1,5,4)$ より $\overrightarrow{\mathrm{AB}}\times\overrightarrow{\mathrm{AC}} = (5,3,-5)$．よって

$$S = \frac{1}{2}|\overrightarrow{\mathrm{AB}}\times\overrightarrow{\mathrm{AC}}| = \frac{1}{2}\sqrt{5^2+3^2+(-5)^2} = \frac{\sqrt{59}}{2}.$$

(4) 四面体の体積は $\overrightarrow{\mathrm{OA}}, \overrightarrow{\mathrm{OB}}, \overrightarrow{\mathrm{OC}}$ を3辺とする平行六面体の体積の $\dfrac{1}{6}$ だから

$$V = \frac{1}{6}\cdot|(\overrightarrow{\mathrm{OA}}\times\overrightarrow{\mathrm{OB}})\cdot\overrightarrow{\mathrm{OC}}| = \frac{1}{6}|1\cdot 3+1\cdot 4+(-1)\cdot 5| = \frac{1}{3}.$$

## A

**1.**　ベクトル $\boldsymbol{a} = (2,3,-1)$ を図示せよ．

**2.**　$\boldsymbol{a} = (5,-2,k)$ のとき，$|\boldsymbol{a}| = \sqrt{30}$ となるように $k$ の値を定めよ．

**3.**　平行四辺形 ABCD において $\mathrm{A}(-1,4,3)$,$\mathrm{B}(2,3,5)$,$\mathrm{C}(3,7,5)$ とするとき，点 D の座標を求めよ．

**4.**　$\boldsymbol{a} = (1,2,1)$, $\boldsymbol{b} = (2,3,4)$, $\boldsymbol{c} = (0,-1,2)$ とする．$\boldsymbol{a} = s\boldsymbol{b}+t\boldsymbol{c}$ と表わすとき，$s, t$ の値を求めよ．

**5.**　$\boldsymbol{a} = (-2,1,z)$, $\boldsymbol{b} = (2,y,-3)$, $\boldsymbol{c} = (x,0,4)$ のどの2つのベクトルも直交するように $x, y, z$ の値を定めよ．

**6.**　ベクトル $\boldsymbol{a} = (1,-2,2)$, $\boldsymbol{b} = (3,4,-5)$ について

(1) $\boldsymbol{a}\cdot\boldsymbol{b}$, $|\boldsymbol{a}|$, $|\boldsymbol{b}|$, $\boldsymbol{a}$ と $\boldsymbol{b}$ のなす角 $\theta$ をそれぞれ求めよ．

(2) $\boldsymbol{a}, \boldsymbol{b}$ の両方に直交するベクトルを1つ求めよ．

**7.**　$\boldsymbol{a} = (-3,5,6)$, $\boldsymbol{b} = (5,7,9)$ について次に示されたものを計算せよ．

(1) $(2\boldsymbol{a}+3\boldsymbol{b})\cdot(5\boldsymbol{a}-2\boldsymbol{b})$, $|\boldsymbol{a}|$, $|\boldsymbol{b}|$

(2) $\boldsymbol{a}\times\boldsymbol{b}$, $(2\boldsymbol{a}+3\boldsymbol{b})\times(5\boldsymbol{a}-2\boldsymbol{b})$

**8.**　ベクトル $\boldsymbol{a}=(2,3,-1), \boldsymbol{b}=(3,-2,1), \boldsymbol{c}=(1,2,2)$ で作られる平行六面体の体積 $V$ と表面積 $S$ を求めよ．

**9.**　4 点 $\mathrm{A}(2,3,5)$, $\mathrm{B}(7,5,9)$, $\mathrm{C}(8,7,11)$, $\mathrm{D}(-1,6,-5)$ を頂点にもつ四面体の体積を求めよ．

**10.**　ベクトル $\boldsymbol{a}=(2,-1,1), \boldsymbol{b}=(2,0,1), \boldsymbol{c}=(1,3,k)$ の作る平行六面体 $Q$ の体積が 5 であるとするとき，次の問に答えよ．

(1) $\boldsymbol{a},\boldsymbol{b},\boldsymbol{c}$ が左手系をなすとき，$k$ の値を求めよ．

(2) $\boldsymbol{a},\boldsymbol{b}$ の作る平行四辺形が $Q$ の底面であると考えたとき，$Q$ の高さを求めよ．

**11.**　空間ベクトル $\boldsymbol{a},\boldsymbol{b}$ について次を示せ．

(1) $|\boldsymbol{a}+\boldsymbol{b}|^2=|\boldsymbol{a}|^2+2\boldsymbol{a}\cdot\boldsymbol{b}+|\boldsymbol{b}|^2$

(2) $|\boldsymbol{a}+\boldsymbol{b}|^2+|\boldsymbol{a}-\boldsymbol{b}|^2=2(|\boldsymbol{a}|^2+|\boldsymbol{b}|^2)$

## B

**1.**　ベクトル $\boldsymbol{a},\boldsymbol{b},\boldsymbol{c}$ について次を示せ．

(1) $\boldsymbol{a}\times(\boldsymbol{b}\times\boldsymbol{c})=(\boldsymbol{a}\cdot\boldsymbol{c})\boldsymbol{b}-(\boldsymbol{a}\cdot\boldsymbol{b})\boldsymbol{c}$

(2) $\boldsymbol{a}\times(\boldsymbol{b}\times\boldsymbol{c})+\boldsymbol{b}\times(\boldsymbol{c}\times\boldsymbol{a})+\boldsymbol{c}\times(\boldsymbol{a}\times\boldsymbol{b})=\boldsymbol{0}$

**A の解答**

**1.**

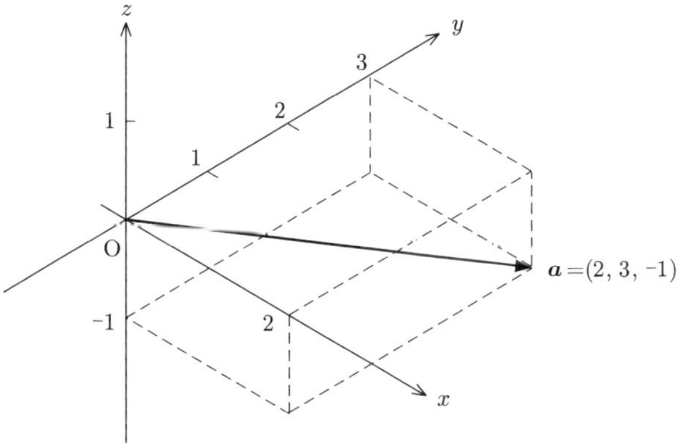


**2.** $|\boldsymbol{a}|=\sqrt{5^2+(-2)^2+k^2}=\sqrt{30}$ より $k^2+29=30$．よって $k^2=1$ より $k=\pm1$ となる．

**3.** $\overrightarrow{\mathrm{AB}}+\overrightarrow{\mathrm{AD}}=\overrightarrow{\mathrm{AC}}$ より $\overrightarrow{\mathrm{AD}}=\overrightarrow{\mathrm{AC}}-\overrightarrow{\mathrm{AB}}=(4,3,2)-(3,-1,2)=(1,4,0)$．よって $\mathrm{D}(0,8,3)$ である．

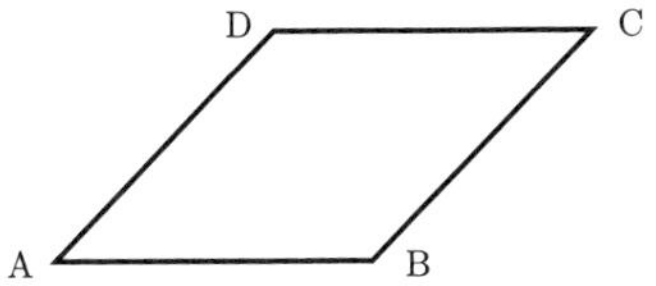

**4.** $(1,2,1) = s(2,3,4) + t(0,-1,2)$ より

$$\begin{cases} 1 = 2s \\ 2 = 3s - t \\ 1 = 4s + 2t \end{cases}$$

が成立する．これを解くと $s = \dfrac{1}{2}, t = -\dfrac{1}{2}$ となる．

**5.** $\boldsymbol{a}\cdot\boldsymbol{b} = 0, \boldsymbol{b}\cdot\boldsymbol{c} = 0, \boldsymbol{c}\cdot\boldsymbol{a} = 0$ となればよいので

$$\begin{cases} (-2)\cdot 2 + 1\cdot y + z\cdot(-3) = 0 \\ 2\cdot x + y\cdot 0 + (-3)\cdot 4 = 0 \\ x\cdot(-2) + 0\cdot 1 + 4\cdot z = 0 \end{cases}$$

を解いて

$$\begin{cases} x = 6 \\ y = 13 \\ z = 3 \end{cases}$$

となる．

**6.** (1) $\boldsymbol{a}\cdot\boldsymbol{b} = 1\cdot 3 + (-2)\cdot 4 + 2\cdot(-5) = -15$

$$|\boldsymbol{a}| = \sqrt{1^2 + (-2)^2 + 2^2} = 3, \quad |\boldsymbol{b}| = \sqrt{3^2 + 4^2 + (-5)^2} = 5\sqrt{2}.$$

$\boldsymbol{a}\cdot\boldsymbol{b} = |\boldsymbol{a}||\boldsymbol{b}|\cos\theta$ より

$$\cos\theta = \frac{\boldsymbol{a}\cdot\boldsymbol{b}}{|\boldsymbol{a}||\boldsymbol{b}|} = \frac{-15}{3\cdot 5\sqrt{2}} = -\frac{\sqrt{2}}{2}.$$

$0 \leq \theta \leq \pi$ より $\theta = \dfrac{3}{4}\pi$.

(2) 求めるベクトルを $\boldsymbol{c} = (x,y,z)$ とすると，$\boldsymbol{a}\cdot\boldsymbol{c} = 0, \boldsymbol{b}\cdot\boldsymbol{c} = 0$ となればよいので

$$\begin{cases} 1\cdot x + (-2)\cdot y + 2\cdot z = 0 \\ 3\cdot x + 4\cdot y + (-5)\cdot z = 0 \end{cases}$$

よって $x = \dfrac{1}{5}z, y = \dfrac{11}{10}z$ となるので，たとえば $z = 10$ とすれば $\boldsymbol{c} = (2,11,10)$ が求めるベクトルの１つである．

（別解）$\boldsymbol{a}\times\boldsymbol{b}$ は $\boldsymbol{a}, \boldsymbol{b}$ の両方に直交するので，$\boldsymbol{a}\times\boldsymbol{b} = (2,11,10)$ が求めるベクトルの１つである．

**7.** (1) $2\boldsymbol{a} + 3\boldsymbol{b} = (9,31,39)$, $5\boldsymbol{a} - 2\boldsymbol{b} = (-25,11,12)$, $(2\boldsymbol{a}+3\boldsymbol{b})\cdot(5\boldsymbol{a}-2\boldsymbol{b}) = 9\cdot(-25) + 31\cdot 11 + 39\cdot 12 = 584$, $|\boldsymbol{a}| = \sqrt{(-3)^2 + 5^2 + 6^2} = \sqrt{70}$, $|\boldsymbol{b}| = \sqrt{5^2 + 7^2 + 9^2} = \sqrt{155}$.

(2) $\boldsymbol{a}\times\boldsymbol{b} = (3,57,-46)$

$$(2\boldsymbol{a}+3\boldsymbol{b})\times(5\boldsymbol{a}-2\boldsymbol{b}) = 10\boldsymbol{a}\times\boldsymbol{a} + 15\boldsymbol{b}\times\boldsymbol{a} - 4\boldsymbol{a}\times\boldsymbol{b} - 6\boldsymbol{b}\times\boldsymbol{b}$$

$$= \mathbf{0} - 15\boldsymbol{a}\times\boldsymbol{b} - 4\boldsymbol{a}\times\boldsymbol{b} - \mathbf{0}$$

$$= -19\boldsymbol{a}\times\boldsymbol{b}$$

$$= (-57, -1083, 874)$$

**8.** $\boldsymbol{a}\cdot(\boldsymbol{b}\times\boldsymbol{c}) = (2,3,-1)\cdot(-6,-5,8) = 2\cdot(-6)+3\cdot(-5)+(-1)\cdot 8 = -35.$

よって $V = |-35| = 35.$ $\boldsymbol{a}$, $\boldsymbol{b}$ を二辺とする平行四辺形の面積は $\boldsymbol{a}\times\boldsymbol{b} = (1,-5,-13)$ より

$$|\boldsymbol{a}\times\boldsymbol{b}| = \sqrt{1^2+(-5)^2+(-13)^2} = \sqrt{195}.$$

$\boldsymbol{b}$, $\boldsymbol{c}$ を二辺とする平行四辺形の面積は $\boldsymbol{b}\times\boldsymbol{c} = (-6,-5,8)$ より

$$|\boldsymbol{b}\times\boldsymbol{c}| = \sqrt{(-6)^2+(-5)^2+8^2} = 5\sqrt{5}.$$

$\boldsymbol{c}$, $\boldsymbol{a}$ を二辺とする平行四辺形の面積は $\boldsymbol{c}\times\boldsymbol{a} = (-8,5,-1)$ より

$$|\boldsymbol{c}\times\boldsymbol{a}| = \sqrt{(-8)^2+5^2+(-1)^2} = 3\sqrt{10}.$$

よって $S = 2(\sqrt{195}+5\sqrt{5}+3\sqrt{10}).$

**9.** $\overrightarrow{\mathrm{AB}} = (5,2,4)$, $\overrightarrow{\mathrm{AC}} = (6,4,6)$, $\overrightarrow{\mathrm{AD}} = (-3,3,-10)$ より求める体積は

$$\frac{1}{6}\left|\overrightarrow{\mathrm{AB}}\cdot(\overrightarrow{\mathrm{AC}}\times\overrightarrow{\mathrm{AD}})\right| = \frac{1}{6}|(5,2,4)\cdot(-58,42,30)|$$
$$= \left|\frac{5\cdot(-58)+2\cdot 42+4\cdot 30}{6}\right| = \frac{43}{3}.$$

**10.** (1) $(\boldsymbol{a}\times\boldsymbol{b})\cdot\boldsymbol{c} = (-1,0,2)\cdot(1,3,k) = 2k-1.$ $\boldsymbol{a},\boldsymbol{b},\boldsymbol{c}$ が左手系をなすから，この値は負であり，$|2k-1| = 5$ であることより $2k-1 = -5$，よって $k = -2$ である．

(2) $\boldsymbol{a},\boldsymbol{b}$ の作る平行四辺形の面積は

$$|\boldsymbol{a}\times\boldsymbol{b}| = \sqrt{(-1)^2+0^2+2^2} = \sqrt{5}$$

であり，これが底面積であるから，求める高さ $h$ は $\sqrt{5}h = 5$ となることより，$h = \sqrt{5}$ である．

**11.** (1) $|\boldsymbol{a}+\boldsymbol{b}|^2 = (\boldsymbol{a}+\boldsymbol{b})\cdot(\boldsymbol{a}+\boldsymbol{b}) = \boldsymbol{a}\cdot\boldsymbol{a}+\boldsymbol{a}\cdot\boldsymbol{b}+\boldsymbol{b}\cdot\boldsymbol{a}+\boldsymbol{b}\cdot\boldsymbol{b} = |\boldsymbol{a}|^2+2\boldsymbol{a}\cdot\boldsymbol{b}+|\boldsymbol{b}|^2$

(2) (1) より

$$|\boldsymbol{a}-\boldsymbol{b}|^2 = |\boldsymbol{a}|^2+2\boldsymbol{a}\cdot(-\boldsymbol{b})+|\boldsymbol{b}|^2 = |\boldsymbol{a}|^2-2\boldsymbol{a}\cdot\boldsymbol{b}+|\boldsymbol{b}|^2$$

よって

$$|\boldsymbol{a}+\boldsymbol{b}|^2+|\boldsymbol{a}-\boldsymbol{b}|^2 = 2|\boldsymbol{a}|^2+2|\boldsymbol{b}|^2 = 2(|\boldsymbol{a}|^2+|\boldsymbol{b}|^2)$$

**B の解答**

**1.** (1) $\boldsymbol{a} = (a_1, a_2, a_3)$, $\boldsymbol{b} = (b_1, b_2, b_3)$, $\boldsymbol{c} = (c_1, c_2, c_3)$ とすると，$\boldsymbol{b} \times \boldsymbol{c} = (b_2c_3 - b_3c_2,\ b_3c_1 - b_1c_3,\ b_1c_2 - b_2c_1)$ より $\boldsymbol{a} \times (\boldsymbol{b} \times \boldsymbol{c})$ の $x$ 成分は

$$
\begin{aligned}
a_2(b_1c_2 - b_2c_1) - a_3(b_3c_1 - b_1c_3) &= (a_2c_2 + a_3c_3)b_1 - (a_2b_2 + a_3b_3)c_1 \\
&= (a_1c_1 + a_2c_2 + a_3c_3)b_1 - (a_1b_1 + a_2b_2 + a_3b_3)c_1 \\
&= (\boldsymbol{a} \cdot \boldsymbol{c})b_1 - (\boldsymbol{a} \cdot \boldsymbol{b})c_1
\end{aligned}
$$

となる．

同様の計算により，$y, z$ 成分はそれぞれ

$$(\boldsymbol{a} \cdot \boldsymbol{c})b_2 - (\boldsymbol{a} \cdot \boldsymbol{b})c_2, \quad (\boldsymbol{a} \cdot \boldsymbol{c})b_3 - (\boldsymbol{a} \cdot \boldsymbol{b})c_3$$

となるから

$$
\begin{aligned}
&\boldsymbol{a} \times (\boldsymbol{b} \times \boldsymbol{c}) \\
&\quad = ((\boldsymbol{a} \cdot \boldsymbol{c})b_1 - (\boldsymbol{a} \cdot \boldsymbol{b})c_1,\ (\boldsymbol{a} \cdot \boldsymbol{c})b_2 - (\boldsymbol{a} \cdot \boldsymbol{b})c_2,\ (\boldsymbol{a} \cdot \boldsymbol{c})b_3 - (\boldsymbol{a} \cdot \boldsymbol{b})c_3) \\
&\quad = (\boldsymbol{a} \cdot \boldsymbol{c})(b_1, b_2, b_3) - (\boldsymbol{a} \cdot \boldsymbol{b})(c_1, c_2, c_3) \\
&\quad = (\boldsymbol{a} \cdot \boldsymbol{c})\boldsymbol{b} - (\boldsymbol{a} \cdot \boldsymbol{b})\boldsymbol{c}
\end{aligned}
$$

が示される．

(2) (1) より

$$
\begin{aligned}
\boldsymbol{b} \times (\boldsymbol{c} \times \boldsymbol{a}) &= (\boldsymbol{b} \cdot \boldsymbol{a})\boldsymbol{c} - (\boldsymbol{b} \cdot \boldsymbol{c})\boldsymbol{a}, \\
\boldsymbol{c} \times (\boldsymbol{a} \times \boldsymbol{b}) &= (\boldsymbol{c} \cdot \boldsymbol{b})\boldsymbol{a} - (\boldsymbol{c} \cdot \boldsymbol{a})\boldsymbol{b}
\end{aligned}
$$

となるから

$$\boldsymbol{a} \times (\boldsymbol{b} \times \boldsymbol{c}) + \boldsymbol{b} \times (\boldsymbol{c} \times \boldsymbol{a}) + \boldsymbol{c} \times (\boldsymbol{a} \times \boldsymbol{b}) = \boldsymbol{0}.$$

## 1.2　直線・平面の方程式

### 直線の方程式

$xyz$ 空間内の点 $\mathrm{A}(p, q, r)$ を通り，ベクトル $\boldsymbol{d} = (a, b, c)$ に平行な直線上に点 $\mathrm{P}(x, y, z)$ があるとすると，$\overrightarrow{\mathrm{AP}} \parallel \boldsymbol{d}$ より

$$(x-p,\ y-q,\ z-r) = t(a, b, c) \qquad (t \text{ は任意の実数})$$

が成立することがわかる．成分に分けて書けば

$$\begin{cases} x-p = ta \\ y-q = tb \\ z-r = tc \end{cases}$$

となるが，これらの式から $t$ を消去した

$$\frac{x-p}{a} = \frac{y-q}{b} = \frac{z-r}{c}$$

を，直線の方程式という．ただし，上記は $a, b, c$ がいずれも 0 ではない場合である．

$a, b$ は 0 ではないが $c = 0$ の場合は

$$\frac{x-p}{a} = \frac{y-q}{b}, \quad z = r$$

$a$ は 0 ではないが $b = c = 0$ の場合は

$$y = q, \quad z = r$$

が直線の方程式である．

なお，直線の方程式は $\overrightarrow{\mathrm{AP}} \parallel \boldsymbol{d} \Leftrightarrow \overrightarrow{\mathrm{AP}} \times \boldsymbol{d} = \boldsymbol{0}$ より

$$(x-p,\ y-q,\ z-r) \times (a, b, c) = (0, 0, 0)$$

が成立することからも導かれる．

上記の $\boldsymbol{d} = (a, b, c)$ を直線の方向ベクトルと呼ぶ．

### 平面の方程式

$xyz$ 空間内の点 $\mathrm{A}(p, q, r)$ を通り，ベクトル $\boldsymbol{n} = (a, b, c)$ に垂直な平面上に点 $\mathrm{P}(x, y, z)$ があるとすると，$\overrightarrow{\mathrm{AP}} \perp \boldsymbol{n}$ より

$$(x-p,\ y-q,\ z-r) \cdot (a, b, c) = 0$$

すなわち

$$a(x-p) + b(y-q) + c(z-r) = 0$$

が成立することがわかる．これを平面の方程式という．この式を展開すると

$$ax + by + cz + d = 0 \qquad (\text{ここで，} d = -(ap + bq + cr))$$

のように $x, y, z$ の1次方程式になる．逆に，$x, y, z$ の1次方程式

$$ax + by + cz + d = 0$$

の解の1つを $(x, y, z) = (p, q, r)$ とすれば，$d = -(ap + bq + cr)$ となるので，この1次方程式を

$$a(x - p) + b(y - q) + c(z - r) = 0$$

と変形できる．つまり，$x, y, z$ の1次方程式 $ax + by + cz + d = 0$ は，点 $\mathrm{A}(p, q, r)$ を通り，ベクトル $\boldsymbol{n} = (a, b, c)$ に垂直な平面を表すことがわかる．

上記の $\boldsymbol{n} = (a, b, c)$ を，平面の法線ベクトルと呼ぶ．

### 直線と平面のパラメータ表示（ベクトル表示）

直線の方程式を導いた $\overrightarrow{\mathrm{AP}} = t\boldsymbol{d}$ を，点 A, P の位置ベクトル $\boldsymbol{a}, \boldsymbol{x}$ を使って書き直すと

$$\boldsymbol{x} = \boldsymbol{a} + t\boldsymbol{d} \qquad (t \text{ は任意の実数})$$

という直線のパラメータ表示が得られる．これと同様に，平行でない2つのベクトル $\boldsymbol{u}, \boldsymbol{v}$ に対して，点 A を通り $\boldsymbol{u}$ 方向の直線と $\boldsymbol{v}$ 方向の直線を両方とも含むような平面がただ1つ定まるが，この平面上の点 P の位置ベクトルを $\boldsymbol{x}$ とすると

$$\boldsymbol{x} = \boldsymbol{a} + s\boldsymbol{u} + t\boldsymbol{v} \qquad (s, t \text{ は任意の実数})$$

という平面のパラメータ表示が得られる．

### 点と平面の距離

$xy$ 平面上の直線 $ax + by + c = 0$ と点 $\mathrm{P}(p, q)$ との距離は

$$\frac{|ap + bq + c|}{\sqrt{a^2 + b^2}}$$

で求められた．これと同様に，$xyz$ 空間内の平面 $ax + by + cz + d = 0$ と点 $\mathrm{P}(p, q, r)$ との距離は

$$\frac{|ap + bq + cr + d|}{\sqrt{a^2 + b^2 + c^2}}$$

で求められる．

### 球面の方程式

点 $\mathrm{A}(a, b, c)$ からの距離が定数 $r$ に等しい点 $\mathrm{P}(x, y, z)$ の全体は，A を中心とし半径 $r$ の球面となる．この条件 $|\overrightarrow{\mathrm{AP}}| = r$ の両辺を2乗することにより

$$(x - a)^2 + (y - b)^2 + (z - c)^2 = r^2$$

という球面の方程式が導かれる．

**例題 1.**

A$(-1,4,3)$, B$(2,3,5)$ を通る直線の方程式を求めよ．また，この直線に垂直で，点 C$(2,3,7)$ を含む平面の方程式を求めよ．更に，この平面と直線の交点の座標を求めよ．

**解答**　求める直線は $\overrightarrow{\mathrm{AB}}=(3,-1,2)$ に平行で，点 A$(-1,4,3)$ を通るから

$$\frac{x-(-1)}{3}=\frac{y-4}{-1}=\frac{z-3}{2}$$

すなわち

$$\frac{x+1}{3}=\frac{y-4}{-1}=\frac{z-3}{2}$$

と表される．求める平面は $\overrightarrow{\mathrm{AB}}$ に垂直で点 C$(2,3,7)$ を通るから

$$3(x-2)+(-1)(y-3)+2(z-7)=0$$

すなわち

$$3x-y+2z-17=0$$

と表される．直線をパラメータ表示すると，$\dfrac{x+1}{3}=\dfrac{y-4}{-1}=\dfrac{z-3}{2}=t$ より

$$(x,y,z)=(3t-1,\ -t+4,\ 2t+3)$$

と表されるので，求める交点においては

$$3(3t-1)-(-t+4)+2(2t+3)-17=0$$

より $t=\dfrac{9}{7}$ となる．よって交点の座標は $\left(\dfrac{20}{7},\dfrac{19}{7},\dfrac{39}{7}\right)$ である．

**例題 2.**

2 平面 $x-y+2z-1=0$, $2x+y+z+4=0$ について次の問に答えよ．

(1) 交線の方程式を求めよ．

(2) 2 平面のなす角 $\theta$ を求めよ．ただし $0\leq\theta\leq\dfrac{\pi}{2}$ とする．

(3) 2 平面の交線を含み，点 P$(1,1,1)$ を通る平面の方程式を求めよ．

**解答**　(1) 交線上の点は 2 平面の方程式を同時に満たすので，連立 1 次方程式 $\begin{cases} x-y+2z-1=0 \\ 2x+y+z+4=0 \end{cases}$ を解いて，$x=-1-z$, $y=-2+z$ となる．ここで $z$ 座標を $t$ とすれば，$(x,y,z)=(-1,-2,0)+t(-1,1,1)$ とパラメータ表示されるので，この直線は点 Q$(-1,-2,0)$ を通り，ベクトル $\boldsymbol{d}=(-1,1,1)$ に平行な直線であるとわかる．よって求める直線の方程式は

$$\frac{x+1}{-1}=\frac{y+2}{1}=\frac{z}{1}$$

である．

(2) 2平面の法線ベクトルは $(1,-1,2)$ と $(2,1,1)$ であり，これらのなす角を $\alpha$ とすると，求める角 $\theta$ は $\alpha$ もしくは $\pi-\alpha$ であることがわかる．

$$\cos\alpha = \frac{3}{\sqrt{6}\cdot\sqrt{6}} = \frac{1}{2}$$

より $\alpha = \dfrac{\pi}{3}$ であり，$0 \leq \dfrac{\pi}{3} \leq \dfrac{\pi}{2}$ であるから $\theta = \dfrac{\pi}{3}$ となる．

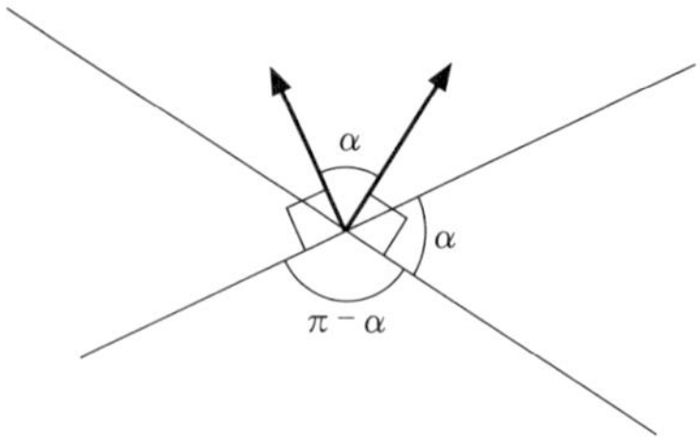


（2平面を横から見た図）

(3) 求める平面の法線ベクトルは2平面の交線の方向ベクトル $\boldsymbol{d} = (-1,1,1)$ と，交線上の点 $\mathrm{Q}(-1,-2,0)$ から $\mathrm{P}(1,1,1)$ までのベクトル $\overrightarrow{\mathrm{QP}} = (2,3,1)$ の両方に垂直であるから $\boldsymbol{d}\times\overrightarrow{\mathrm{QP}} = (-2,3,-5)$ が法線ベクトルとなるので，求める方程式は

$$-2(x-1)+3(y-1)-5(z-1)=0.$$

よって $-2x+3y-5z+4=0$ となる．

**例題 3.**

球面 $S$: $x^2+y^2+z^2-10x-10z+25=0$ と
平面 $K$: $2x-2y+z=6$ がある．
(1) $S$ と $K$ の交わりの円の中心の座標と半径を求めよ．
(2) $K$ に平行で $S$ に接する平面の方程式を求めよ．

**解答**　(1) $S$ の方程式を変形すると

$$(x-5)^2+y^2+(z-5)^2=25$$

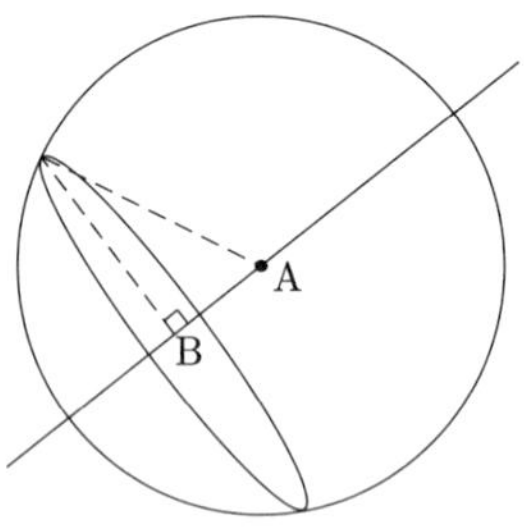


となるので，$S$ は点 $\mathrm{A}(5,0,5)$ を中心とする半径5の球面である．求める円の中心は $\mathrm{A}(5,0,5)$ を通り，$K$ の法線ベクトル $(2,-2,1)$ に平行な直線 $\ell$ が $K$ と交わる点である．$\ell$ をパラメータ表示した $(x,y,z)=(5,0,5)+t(2,-2,1)$ より

$$2(5+2t)-2(-2t)+(5+t)=6.$$

よって $t=-1$ となるから，求める円の中心は $\mathrm{B}(3,2,4)$ である．

AB$=\sqrt{2^2+(-2)^2+1^2}=3$ より，求める円の半径は $\sqrt{5^2-3^2}=4$．

(2) 求める平面は $\ell$ と球面の交点を通り，$K$ と同じ法線ベクトルを持つ平面

である．$\ell$ と $S$ の交点は

$$(5+2t-5)^2+(-2t)^2+(5+t-5)^2=25$$

より $9t^2=25$．よって $t=\pm\frac{5}{3}$ となるから

$$\left(5\pm\frac{10}{3},\ \mp\frac{10}{3},\ 5\pm\frac{5}{3}\right)\qquad(\text{複号同順})$$

とわかる．

よって求める平面の方程式は

$$2\left(x-5\mp\frac{10}{3}\right)-2\left(y\pm\frac{10}{3}\right)+\left(z-5\mp\frac{5}{3}\right)=0.$$

従って $2x-2y+z-30=0$ または $2x-2y+z=0$ である．

## A

**1.**　次のように定義される直線の方程式を求めよ．

(1) 点 $\mathrm{A}(1,-2,3)$ を通り，$\boldsymbol{d}=(3,-2,1)$ に平行な直線．

(2) 2 点 $\mathrm{A}(1,-1,1)$, $\mathrm{B}(2,0,-1)$ を通る直線．

(3) 2 点 $\mathrm{A}(1,-2,3)$, $\mathrm{B}(1,2,0)$ を通る直線．

(4) 2 点 $\mathrm{A}(1,-1,1)$, $\mathrm{B}(2,-1,4)$ を通る直線．

(5) 直線 $x=\frac{y}{4}=z$ に平行で点 $\mathrm{A}(3,2,2)$ を通る直線．

**2.**　2 平面 $x+y+z=4$, $x-3z=1$ の交線の方程式を求めよ．

**3.**　次のように定義される平面の方程式を求めよ．

(1) 点 $\mathrm{A}(-1,5,3)$ を通り，$\boldsymbol{n}=(2,-5,7)$ に垂直な平面．

(2) 3 点 $\mathrm{A}(1,-1,1)$, $\mathrm{B}(0,1,0)$, $\mathrm{C}(2,0,-1)$ を通る平面．

(3) 点 $\mathrm{A}(2,-1,1)$ を通り，$x$ 軸に垂直な平面．

(4) 平面 $x+2y+3z=1$ に平行で点 $\mathrm{A}(2,1,1)$ を通る平面．

**4.**　直線 $\frac{x-3}{2}=y+1=\frac{z-1}{3}$ と平面 $2x+3y-z=1$ の交点の座標を求めよ．

**5.**　直線 $x+1=y=\frac{z}{2}$ を含み，平面 $2x+2y+z=1$ に垂直な平面の方程式を求めよ．

**6.**　直線 $\ell$: $\frac{x}{2}=\frac{y-1}{3}=\frac{z-2}{4}$ を含み，点 $\mathrm{A}(1,1,1)$ を通る平面の方程式を求めよ．

**7.**　2 直線 $\ell_1$: $\frac{x-3}{2}=\frac{y-3}{1}=\frac{z-2}{-1}$, $\ell_2$: $\frac{x}{-1}=\frac{y-4}{2}=\frac{z-1}{-2}$ について次の問に答えよ．

(1) 交点の座標を求めよ．

(2) これらの直線のなす角を $\theta$ とするとき，$\cos\theta$ を求めよ．

(3) これらを含む平面の方程式を求めよ．

**8.**　点 $\mathrm{P}(3,2,-1)$ から平面 $3x-y-2z+5=0$ に下ろした垂線の長さを求めよ．

**9.**　点 $\mathrm{P}(3,2,-1)$ から直線 $\dfrac{x-2}{2}=\dfrac{y}{2}=\dfrac{z-1}{-1}$ に下ろした垂線の長さを求めよ．

**10.**　4点 $\mathrm{O}(0,0,0)$, $\mathrm{A}(0,0,4)$, $\mathrm{B}(1,1,0)$, $\mathrm{C}(1,-1,6)$ を通る球面 $S$ がある．

(1) $S$ の中心の座標と半径を求めよ．

(2) $S$ が $xy$ 平面から切り取る部分の面積を求めよ．

## B

**1.**　2直線 $\ell_1\colon x-1=\dfrac{y+2}{2}=z-4$, $\ell_2\colon 2-x=\dfrac{y-3}{2}=\dfrac{z}{2}$ がある．

(1) $\ell_2$ を含み，$\ell_1$ に平行な平面 $\alpha$ の方程式を求めよ．

(2) $\alpha$ の方程式を利用して，$\ell_1, \ell_2$ の共通垂線の長さを求めよ．

**2.**　2平面 $\alpha_1\colon 5x-4y-3z=1$, $\alpha_2\colon 2x-2y+z=1$ および
直線 $\ell\colon \dfrac{x+1}{5}=\dfrac{y-1}{3}=\dfrac{5-z}{4}$ がある．

(1) 2平面 $\alpha_1, \alpha_2$ のなす角を求めよ．

(2) 直線 $\ell$ と平面 $\alpha_1$ との交点 A の座標を求めよ．

(3) 直線 $\ell$ は平面 $\alpha_2$ に含まれていることを示せ．

(4) 直線 $\ell$ と平面 $\alpha_1$ のなす角を求めよ．

(5) 2平面 $\alpha_1, \alpha_2$ の交線 $m$ と直線 $\ell$ のなす角を求めよ．

**3.**　3平面 $\alpha\colon x+y=1$, $\beta\colon y+z=1$, $\gamma\colon 2x+y+z=-1$ がある．$\beta$ と $\gamma$ の交線を $\ell$，$\gamma$ と $\alpha$ の交線を $m$ とする．

(1) 2平面 $\alpha, \beta$ のなす角を求めよ．

(2) 2平面 $\alpha, \gamma$ のなす角を求めよ．

(3) 2直線 $\ell, m$ のなす角を求めよ．

(4) 2直線 $\ell, m$ の交点の座標を求めよ．

(5) 直線 $\ell$ を含み，平面 $\alpha$ となす角が $\dfrac{\pi}{4}$ である平面の方程式を求めよ．

**A の解答**

**1.** (1) $\dfrac{x-1}{3}=\dfrac{y+2}{-2}=\dfrac{z-3}{1}$

(2) $\overrightarrow{\mathrm{AB}}=(1,1,-2)$ より $\dfrac{x-1}{1}=\dfrac{y+1}{1}=\dfrac{z-1}{-2}$

(3) $\overrightarrow{\mathrm{AB}}=(0,4,-3)$ より $x=1,\ \dfrac{y+2}{4}=\dfrac{z-3}{-3}$

(4) $\overrightarrow{\mathrm{AB}}=(1,0,3)$ より $y=-1,\ \dfrac{x-1}{1}=\dfrac{z-1}{3}$

(5) 求める直線は $\boldsymbol{d}=(1,4,1)$ に平行だから $\dfrac{x-3}{1}=\dfrac{y-2}{4}=\dfrac{z-2}{1}$

**2.**　交線上の点は2平面の方程式を同時に満たすので，連立1次方程式

$\begin{cases} x+y+z=4 \\ x-3z=1 \end{cases}$ を解くと，$x=1+3z$, $y=3-4z$ となる．ここで $z$ 座標を $t$ とすれば，$(x,y,z)=(1,3,0)+t(3,-4,1)$ とパラメータ表示されるので，求める直線は $(1,3,0)$ を通り $\boldsymbol{d}=(3,-4,1)$ に平行な直線であるとわかる．よって求める直線の方程式は

$$\frac{x-1}{3}=\frac{y-3}{-4}=\frac{z}{1}$$

**3.** (1) $2(x+1)-5(y-5)+7(z-3)=0$ より

$$2x-5y+7z+6=0$$

(2) 求める平面の方程式を $ax+by+cz+d=0$ とすると，3 点を通ることより

$$\begin{cases} a-b+c+d=0 \\ \quad\ b\quad\ +d=0 \\ 2a\quad\ -c+d=0 \end{cases}$$

が成立する．これを解くと $a=-d, b=-d, c=-d$ となるので，求める平面の方程式は $-dx-dy-dz+d=0$ となるが，$d=0$ ならばこれは平面を表さないので $d\neq 0$ でなくてはならない．よって両辺を $-d$ で割って $x+y+z-1=0$ が求める平面の方程式である．

（別解）　$\overrightarrow{\mathrm{AB}}=(-1,2,-1)$, $\overrightarrow{\mathrm{AC}}=(1,1,-2)$ より，求める平面の法線ベクトルは $\overrightarrow{\mathrm{AB}}\times\overrightarrow{\mathrm{AC}}=(-3,-3,-3)$ である．よって求める平面の方程式は

$$-3(x-1)-3(y+1)-3(z-1)=0$$

より $x+y+z-1=0$.

(3) $x$ 軸に垂直であることより，$\boldsymbol{n}=(1,0,0)$ は法線ベクトルとなるから

$$1(x\quad 2)+0(y+1)+0(z-1)=0$$

より $x=2$.

(4) 平面 $x+2y+3z=1$ の法線ベクトル $\boldsymbol{n}=(1,2,3)$ は求める平面の法線ベクトルでもあるから

$$1(x-2)+2(y-1)+3(z-1)=0$$

より $x+2y+3z-7=0$.

**4.** $\dfrac{x-3}{2}=y+1=\dfrac{z-1}{3}=t$ とおくと，直線上の点は

$$(x,y,z)=(2t+3,\ t-1,\ 3t+1)$$

と表せるから，交点が平面の方程式を満たすことにより

$$2(2t+3)+3(t-1)-(3t+1)=1.$$

よって $t=-\dfrac{1}{4}$ となるので求める交点の座標は $\left(\dfrac{5}{2},-\dfrac{5}{4},\dfrac{1}{4}\right)$ である．

**5.** 求める平面の法線ベクトルは，与えられた直線の方向ベクトル $\boldsymbol{d}=(1,1,2)$ および与えられた平面の法線ベクトル $\boldsymbol{n}=(2,2,1)$ に垂直であるから，$\boldsymbol{d}\times\boldsymbol{n}=(-3,3,0)$ は求める平面の法線ベクトルになるとわかる．また求める平面は，与えられた直線上の点 $(-1,0,0)$ を通るから，その方程式は

$$-3(x+1)+3(y-0)+0(z-0)=0.$$

よって $x-y+1=0$ となる．

**6.** 直線 $\ell$ は点 $\mathrm{B}(0,1,2)$ を通り，ベクトル $\boldsymbol{d}=(2,3,4)$ に平行な直線である．求める平面の法線ベクトルは，このベクトル $\boldsymbol{d}$ とベクトル $\overrightarrow{\mathrm{AB}}=(-1,0,1)$ に垂直であるから，$\boldsymbol{d}\times\overrightarrow{\mathrm{AB}}=(3,-6,3)$ は求める平面の法線ベクトルである．求める平面は点 $\mathrm{A}(1,1,1)$ を通るので

$$3(x-1)-6(y-1)+3(z-1)=0$$

より $x-2y+z=0$.

**7.** (1) $\dfrac{x-3}{2}=\dfrac{y-3}{1}=\dfrac{z-2}{-1}=t$ とおくと，直線 $\ell_1$ 上の点は $(x,y,z)=(2t+3,\ t+3,\ -t+2)$ と表せる．これが $\ell_2$ 上の点である条件は

$$\frac{2t+3}{-1}=\frac{t+3-4}{2}=\frac{-t+2-1}{-2}$$

より $t=-1$ である．よって求める交点の座標は $(1,2,3)$.

(2) $\ell_1,\ell_2$ の方向ベクトルは，それぞれ $(2,1,-1)$, $(-1,2,-2)$ であるから

$$\cos\theta=\frac{2}{\sqrt{6}\cdot 3}=\frac{\sqrt{6}}{9}.$$

(3) 求める平面の法線ベクトルは $\ell_1,\ell_2$ の方向ベクトルの外積を考えればよいから

$$(2,1,-1)\times(-1,2,-2)=(0,5,5)$$

となる．また，(1) で求めた交点を通るから，求める平面の方程式は

$$0(x-1)+5(y-2)+5(z-3)=0$$

よって $y+z-5=0$ となる．

**8.** 平面の法線ベクトルは $(3,-1,-2)$ であり，垂線はこのベクトルに平行なので，点 P を通りこのベクトルに平行な直線をパラメータ表示すると

$$(x,y,z)=(3,2,-1)+t(3,-1,-2)=(3+3t,\ 2-t,\ -1-2t)$$

となる．この直線と平面との交点を Q とすると，求める垂線の長さは PQ である．

$$3(3+3t)-(2-t)-2(-1-2t)+5=0$$

より $t=-1$. よって $\mathrm{Q}(0,3,1)$ である．

求める垂線の長さは $\mathrm{PQ}=\sqrt{3^2+(-1)^2+(-2)^2}=\sqrt{14}$.

（補足） この考察を一般化し，点 $\mathrm{P}(p,q,r)$ と平面 $ax+by+cz+d=0$ との距離を求めてみよう．点 P を通り平面に垂直な直線は

$$(x,y,z)=(p,q,r)+t(a,b,c)=(p+ta,\ q+tb,\ r+tc)$$

と表せるので，交点 Q は

$$a(p+ta)+b(q+tb)+c(r+tc)+d=0$$

より $t=-\dfrac{ap+bq+cr+d}{a^2+b^2+c^2}$ のときであるとわかる．

$$\mathrm{PQ}=\sqrt{(p+ta-p)^2+(q+tb-q)^2+(r+tc-r)^2}$$
$$=\sqrt{t^2(a^2+b^2+c^2)}=|t|\sqrt{a^2+b^2+c^2}$$
$$\therefore\quad \mathrm{PQ}=\left|-\frac{ap+bq+cr+d}{a^2+b^2+c^2}\right|\sqrt{a^2+b^2+c^2}=\frac{|ap+bq+cr+d|}{\sqrt{a^2+b^2+c^2}}$$

**9.** 与えられた直線は点 $\mathrm{Q}(2,0,1)$ を通りベクトル $\boldsymbol{d}=(2,2,-1)$ に平行な直線である．P からこの直線に下ろした垂線の足を H とし，ベクトル $\overrightarrow{\mathrm{QP}}=(1,2,-2)$ と $\boldsymbol{d}$ とのなす角を $\theta$ とすると

$$\mathrm{QH}=|\mathrm{QP}\cos\theta|=|\overrightarrow{\mathrm{QP}}|\frac{|\overrightarrow{\mathrm{QP}}\cdot\boldsymbol{d}|}{|\overrightarrow{\mathrm{QP}}||\boldsymbol{d}|}$$
$$=\frac{|\overrightarrow{\mathrm{QP}}\cdot\boldsymbol{d}|}{|\boldsymbol{d}|}=\frac{|1\cdot2+2\cdot2+(-2)\cdot(-1)|}{\sqrt{2^2+2^2+(-1)^2}}=\frac{8}{3}$$

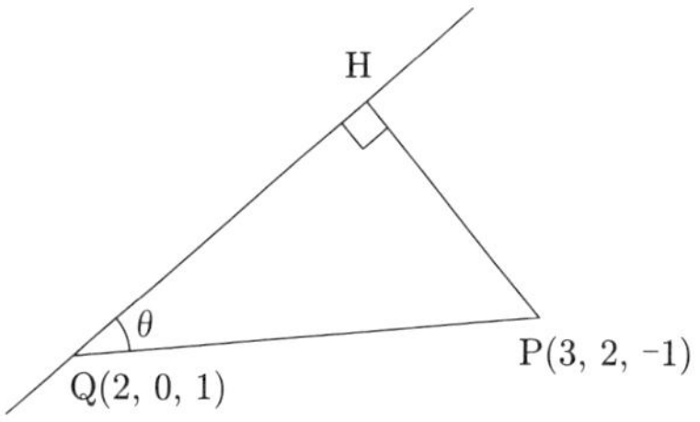


よって

$$\mathrm{PH}=\sqrt{\mathrm{QP}^2-\mathrm{QH}^2}=\sqrt{1^2+2^2+(-2)^2-\left(\frac{8}{3}\right)^2}=\frac{\sqrt{17}}{3}.$$

（別解） 直線をパラメータ表示すると

$$(x,y,z)=(2t+2,\ 2t,\ -t+1)$$

となるが，P から直線に下ろした垂線の足 H においては，$\overrightarrow{\mathrm{PH}}=(2t-1,\ 2t-2,\ -t+2)$ が直線の方向ベクトル $\boldsymbol{d}=(2,2,-1)$ と直交することより $2(2t-1)+2(2t-2)-(-t+2)=0$．よって $t=\dfrac{8}{9}$ となるので $\mathrm{H}\left(\dfrac{34}{9},\dfrac{16}{9},\dfrac{1}{9}\right)$．従って

$$\mathrm{PH}=\sqrt{\left(\frac{7}{9}\right)^2+\left(\frac{-2}{9}\right)^2+\left(\frac{10}{9}\right)^2}=\frac{\sqrt{153}}{9}=\frac{\sqrt{17}}{3}.$$

**10.** (1) $S$ の中心を $\mathrm{P}(a, b, c)$，半径を $r$ とすれば，$\overrightarrow{\mathrm{OP}} = \overrightarrow{\mathrm{AP}} = \overrightarrow{\mathrm{BP}} = \overrightarrow{\mathrm{CP}} = r$ より

$$\begin{cases} a^2 + b^2 + c^2 = r^2 & \cdots\cdots \quad ① \\ a^2 + b^2 + (c-4)^2 = r^2 & \cdots\cdots \quad ② \\ (a-1)^2 + (b-1)^2 + c^2 = r^2 & \cdots\cdots \quad ③ \\ (a-1)^2 + (b+1)^2 + (c-6)^2 = r^2 & \cdots\cdots \quad ④ \end{cases}$$

が成立する．① − ②, ① − ③, ① − ④ より

$$\begin{cases} 8c - 16 = 0 \\ 2a + 2b - 2 = 0 \\ 2a - 2b + 12c - 38 = 0 \end{cases}$$

となり，$a = 4, b = -3, c = 2$ を得る．また，①より $r = \sqrt{29}$.

(2) $S$ が $xy$ 平面から切り取る部分は円となるので．その半径を $s$ とすると

$$r^2 = s^2 + c^2$$

より $s = 5$. よって面積は $25\pi$ である．

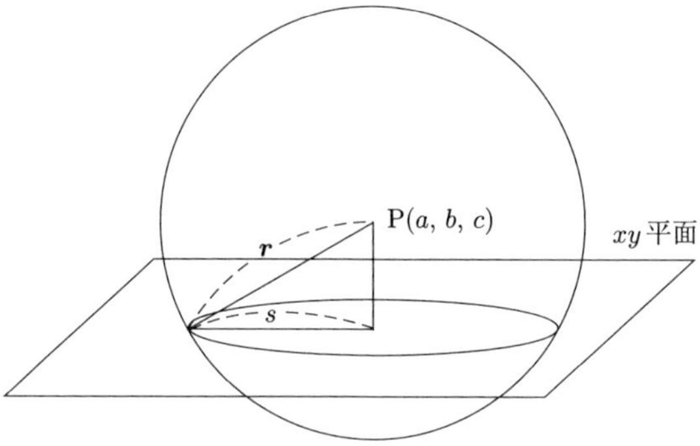


**B の解答**

**1.** (1) $\ell_1$ はベクトル $\boldsymbol{d}_1 = (1, 2, 1)$，$\ell_2$ はベクトル $\boldsymbol{d}_2 = (-1, 2, 2)$ に平行な直線である．よって求める平面 $\alpha$ の法線ベクトルとして $\boldsymbol{d}_1 \times \boldsymbol{d}_2 = (2, -3, 4)$ をとることができる．また，$\alpha$ は $\ell_2$ 上の点 $(2, 3, 0)$ を通るので，求める方程式は

$$2(x-2) - 3(y-3) + 4(z-0) = 0,$$

すなわち

$$2x - 3y + 4z + 5 = 0$$

である．

(2) $\ell_1$ 上の点 P と $\ell_2$ 上の点 Q を結ぶ QP が共通垂線であるとすると，$\overrightarrow{\mathrm{QP}}$ は $\boldsymbol{d}_1, \boldsymbol{d}_2$ のいずれとも直交するので．$\overrightarrow{\mathrm{QP}}$ は平面 $\alpha$ の法線ベクトルとなる．

よって求める垂線の長さはPと平面$\alpha$との距離であるが，$\alpha$は$\ell_1$に平行な平面であるので，$\ell_1$上のどの点と$\alpha$との距離も同じ値である．よって$\ell_1$上の点$(1,-2,4)$と平面$\alpha$との距離を求めればよい．その値は公式より

$$\frac{|2\cdot 1-3\cdot(-2)+4\cdot 4+5|}{\sqrt{2^2+(-3)^2+4^2}}=\sqrt{29}$$

となる．

**2.** (1) $\alpha_1,\alpha_2$のなす角は$\alpha_1,\alpha_2$の法線ベクトル$\boldsymbol{n}_1=(5,-4,-3)$，$\boldsymbol{n}_2=(2,-2,1)$のなす角$\theta_1$もしくは$\pi-\theta_1$である．

$$\cos\theta_1=\frac{\boldsymbol{n}_1\cdot\boldsymbol{n}_2}{|\boldsymbol{n}_1||\boldsymbol{n}_2|}=\frac{15}{5\sqrt{2}\cdot 3}=\frac{\sqrt{2}}{2}$$

より$\theta_1=\dfrac{\pi}{4}$．よって$\dfrac{\pi}{4}$．

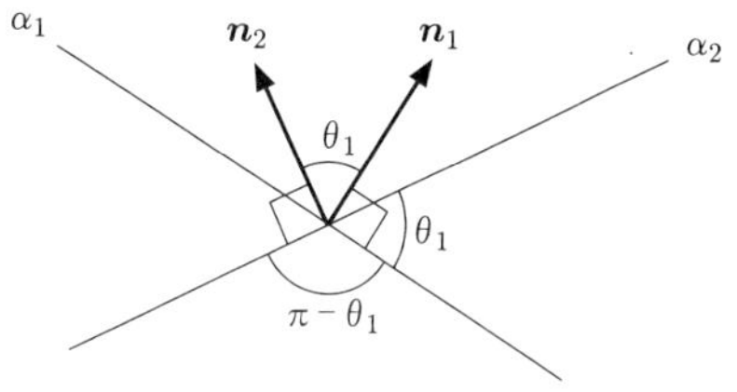


（2平面を横から見た図）

(2) 直線$\ell$をパラメータ表示すると$(x,y,z)=(5t-1,\ 3t+1,\ -4t+5)$となる．よって交点Aを表すパラメータ$t$の値は

$$5(5t-1)-4(3t+1)-3(-4t+5)=1$$

より$t=1$．よってA$(4,4,1)$．

(3) 直線$\ell$は点B$(-1,1,5)$を通り，ベクトル$\boldsymbol{d}=(5,3,-4)$に平行な直線である．点Bの座標を$\alpha_2$の方程式の左辺に代入すると$2\cdot(-1)-2\cdot 1+5=1$となるので，この点は平面$\alpha_2$上の点であり，$\boldsymbol{d}\cdot\boldsymbol{n}_2=5\cdot 2+3\cdot(-2)-4\cdot 1=0$であるので，$\boldsymbol{d}$は平面$\alpha_2$上のベクトルである．よって直線$\ell$は平面$\alpha_2$に含まれる．

(4) $\alpha_1$と$\ell$のなす角は$\boldsymbol{n}_1$と$\boldsymbol{d}$とのなす角を$\theta_2$とすると，$\dfrac{\pi}{2}-\theta_2$もしくは$\theta_2-\dfrac{\pi}{2}$である．

$$\cos\theta_2=\frac{\boldsymbol{n}_2\cdot\boldsymbol{d}}{|\boldsymbol{n}_2||\boldsymbol{d}|}=\frac{25}{5\sqrt{2}\cdot 5\sqrt{2}}=\frac{1}{2}$$

より$\theta_2=\dfrac{\pi}{3}$．よって$\dfrac{\pi}{6}$．

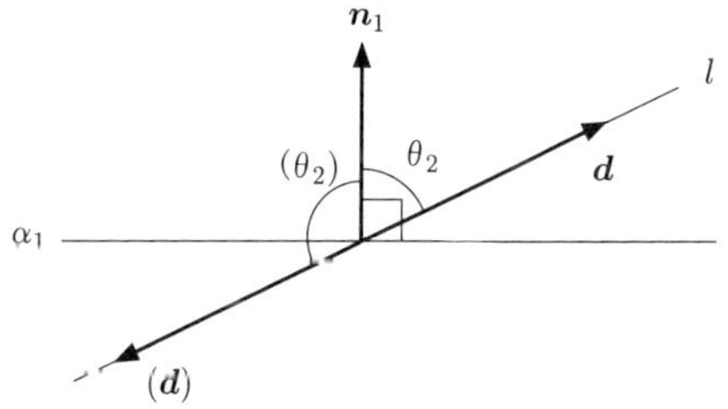


（直線と平面を横から見た図）

(5) $\alpha_1$と$\alpha_2$の交線は$\boldsymbol{n}_1\times\boldsymbol{n}_2=(-10,-11,-2)$に平行な直線であるので，

求める角は $\boldsymbol{d}$ と $\boldsymbol{n}_1 \times \boldsymbol{n}_2$ のなす角 $\theta_3$ もしくは $\pi - \theta_3$ である.

$$\cos\theta_3 = \frac{\boldsymbol{d}\cdot(\boldsymbol{n}_1 \times \boldsymbol{n}_2)}{|\boldsymbol{d}||\boldsymbol{n}_1 \times \boldsymbol{n}_2|} = \frac{-75}{5\sqrt{2}\cdot 15} = -\frac{1}{\sqrt{2}}$$

より $\theta_3 = \frac{3}{4}\pi$. よって $\frac{\pi}{4}$.

**3.** (1) $\alpha, \beta$ の法線ベクトルを $\boldsymbol{u} = (1,1,0)$, $\boldsymbol{v} = (0,1,1)$ とすると, 求める角は $\boldsymbol{u}, \boldsymbol{v}$ のなす角 $\theta$ もしくは $\pi - \theta$ である.

$$\cos\theta = \frac{\boldsymbol{u}\cdot\boldsymbol{v}}{|\boldsymbol{u}||\boldsymbol{v}|} = \frac{1}{\sqrt{2}\cdot\sqrt{2}} = \frac{1}{2}$$

より $\theta = \frac{\pi}{3}$. よって $\frac{\pi}{3}$.

(2) $\gamma$ の法線ベクトルを $\boldsymbol{w} = (2,1,1)$ とすると, 求める角は $\boldsymbol{u}, \boldsymbol{w}$ のなす角 $\varphi$ もしくは $\pi - \varphi$ である.

$$\cos\varphi = \frac{\boldsymbol{u}\cdot\boldsymbol{w}}{|\boldsymbol{u}||\boldsymbol{w}|} = \frac{3}{\sqrt{2}\cdot\sqrt{6}} = \frac{\sqrt{3}}{2}$$

より $\varphi = \frac{\pi}{6}$. よって $\frac{\pi}{6}$.

(3) $\ell, m$ はそれぞれ $\boldsymbol{v} \times \boldsymbol{w} = (0,2,-2)$, $\boldsymbol{w} \times \boldsymbol{u} = (-1,1,1)$ に平行なので, 求める角はこれらのベクトルのなす角 $\mu$ もしくは $\pi - \mu$ である.

$$\cos\mu = \frac{(\boldsymbol{v}\times\boldsymbol{w})\cdot(\boldsymbol{w}\times\boldsymbol{u})}{|\boldsymbol{v}\times\boldsymbol{w}||\boldsymbol{w}\times\boldsymbol{u}|} = \frac{0}{2\sqrt{2}\cdot\sqrt{3}} = 0$$

より $\mu = \frac{\pi}{2}$. よって $\frac{\pi}{2}$.

(4) 2 直線の交点は 3 平面 $\alpha, \beta, \gamma$ の交点であるから, 連立 1 次方程式

$$\begin{cases} x + y \phantom{{}+z} = 1 \\ \phantom{x+{}} y + z = 1 \\ 2x + y + z = -1 \end{cases}$$

を解いて $(x,y,z) = (-1,2,-1)$.

(5) 求める平面の法線ベクトルを $\boldsymbol{n} = (a,b,c)$ とすると, $\boldsymbol{n} \perp \boldsymbol{v}\times\boldsymbol{w}$ および $\boldsymbol{n}$ と $\boldsymbol{u}$ のなす角が $\frac{\pi}{4}$ であることより

$$\begin{cases} \boldsymbol{n}\cdot(\boldsymbol{v}\times\boldsymbol{w}) = 0 \\ \dfrac{\boldsymbol{n}\cdot\boldsymbol{u}}{|\boldsymbol{n}||\boldsymbol{u}|} = \cos\dfrac{\pi}{4} = \dfrac{\sqrt{2}}{2} \end{cases}$$

であるから

$$\begin{cases} 2b - 2c = 0 \\ \dfrac{a+b}{\sqrt{a^2+b^2+c^2}\cdot\sqrt{2}} = \dfrac{\sqrt{2}}{2} \end{cases}$$

となる. よって

$$\begin{cases} b = c & \cdots\cdots \ ① \\ c^2 = 2ab & \cdots\cdots \ ② \end{cases}$$

を得る．ここで②に①を代入し因数分解すると，$c(c-2a)=0$ より $c=0$ もしくは $c=2a$ となる．

(i) $c=0$ のとき．

$b=c=0$ だから，法線ベクトルとして $\boldsymbol{n}=(1,0,0)$ を考えることができる．このベクトルを法線ベクトルとし，点 $(-1,2,-1)$ を通る平面であるから，求める平面の方程式は

$$1\cdot(x+1)+0\cdot(y-2)+0\cdot(z+1)=0$$

より $x+1=0$．

(ii) $c=2a$ のとき．

$b=c=2a$ だから，法線ベクトルとして $\boldsymbol{n}=(1,2,2)$ を考えることができる．このベクトルを法線ベクトルとし，点 $(-1,2,-1)$ を通る平面であるから，求める平面の方程式は

$$1\cdot(x+1)+2(y-2)+2(z+1)=0$$

より $x+2y+2z-1=0$．

# 第 2 章

# 行列と連立 1 次方程式

## 2.1 行列とその演算

数や文字を長方形に並べて括弧で囲ったもの，すなわち $\begin{pmatrix} 1 & 2 & 3 \end{pmatrix}$，

$\begin{pmatrix} -1 \\ 1 \end{pmatrix}$，$\begin{pmatrix} 1 & 0 & 3 \\ 5 & 1 & -2 \\ 3 & 1 & -1 \end{pmatrix}$，$\begin{pmatrix} a & b & c \\ d & e & f \end{pmatrix}$ などを行列という（行列は $[1, 2, 3]$，

$\begin{bmatrix} -1 \\ 1 \end{bmatrix}$，$\begin{bmatrix} 1 & 0 & 3 \\ 5 & 1 & -2 \\ 3 & 1 & -1 \end{bmatrix}$，$\begin{bmatrix} a & b & c \\ d & e & f \end{bmatrix}$ と角括弧で表すこともある）．

一般に $mn$ 個の数や文字を縦に $m$ 個，横に $n$ 個の長方形に並べて括弧で囲んだものを $m$ 行 $n$ 列の行列または $m \times n$ 型の行列という．このとき行列を構成する $mn$ 個の数や文字をこの行列の成分という．

行列は大文字 $A, B, C$ などで表し，その成分は対応して小文字で表すことが多い．すなわち

$$A = \begin{pmatrix} a_{11} & \cdots\cdots & a_{1j} & \cdots\cdots & a_{1n} \\ \vdots & & \vdots & & \vdots \\ a_{i1} & \cdots\cdots & a_{ij} & \cdots\cdots & a_{in} \\ \vdots & & \vdots & & \vdots \\ a_{m1} & \cdots\cdots & a_{mj} & \cdots\cdots & a_{mn} \end{pmatrix} \begin{matrix} \cdots \quad \text{第 } 1 \text{ 行} \\ \\ \cdots \quad \text{第 } i \text{ 行} \\ \\ \cdots \quad \text{第 } m \text{ 行} \end{matrix}$$

$$\begin{matrix} \text{第} & & \text{第} & & \text{第} \\ 1 & & j & & n \\ \text{列} & & \text{列} & & \text{列} \end{matrix}$$

のように表すのが便利で，第 $i$ 行と第 $j$ 列の交差するところにある $a_{ij}$ を $A$ の $(i, j)$ 成分という．$A$ を $A = (a_{ij})$ と略記する．

特に，$m \times 1$ 型の行列を $m$ 次元列ベクトル，$1 \times n$ 型の行列を $n$ 次元行ベクトル，$n \times n$ 型の行列を $n$ 次正方行列という．$n$ 次正方行列 $A = (a_{ij})$ について $a_{11}, a_{22}, \cdots, a_{nn}$ を $A$ の対角成分という．

なお，$1 \times 1$ 型の行列 $(a)$ は $a$ と同一視する．

### 行列の相等

2つの行列 $A=(a_{ij}),\ B=(b_{ij})$ について

(1) $A$ と $B$ は同じ型，すなわち $m\times n$ 型の行列であり，

(2) 対応する成分がそれぞれ等しい，つまり $a_{ij}=b_{ij}\ (1\leq i\leq m,\ 1\leq j\leq n)$

が成り立つとき $A$ と $B$ は等しいといい，$A=B$ とかく．

### 行列の演算

(I) 加法とスカラー倍

$A, B$ を $m\times n$ 型の行列とする．

(1) 加法：$A=(a_{ij}),\ B=(b_{ij})$ に対し $A+B=(a_{ij}+b_{ij})$

(2) スカラー倍：任意の数 $k$ と $A=(a_{ij})$ に対し $kA=(ka_{ij})$

すなわち $A$ と $B$ の和 $A+B$，$k$ と $A$ のスカラー倍 $kA$ はともに $m\times n$ 型の行列となる．また $(-1)A=-A,\ A+(-B)=A-B$ とかく．

(II) 乗法

$A=(a_{ij})$ を $m\times \ell$ 型，$B=(b_{ij})$ を $\ell\times n$ 型の行列とする．このとき $c_{ij}=\displaystyle\sum_{k=1}^{\ell}a_{ik}b_{kj}$ とおき，$c_{ij}$ を $(i,j)$ 成分にもつ $m\times n$ 型の行列を $A, B$ の積といい，$AB$ とかく．

### 零行列，単位行列

成分がすべて 0 である $m\times n$ 型の行列を零行列といい，$O$ で表す．

$$O=\begin{pmatrix}0 & \cdots\cdots & 0\\ \vdots & & \vdots\\ 0 & \cdots\cdots & 0\end{pmatrix}\begin{matrix}\text{第 1 行}\\ \\ \text{第 } m \text{ 行}\end{matrix}$$

第1列 … 第 $n$ 列

また $n$ 次の正方行列で対角成分がすべて 1 で他の成分がすべて 0 である行列を $n$ 次の単位行列といい，$E$ で表す．$E$ の第 $j$ 列を $\boldsymbol{e}_j$ とかき，基本単位ベクトル（または基本ベクトル）という．

$$E=\begin{pmatrix}1 & 0 & \cdots & 0\\ 0 & 1 & \cdots & 0\\ \vdots & \vdots & \ddots & \vdots\\ 0 & 0 & \cdots & 1\end{pmatrix}\begin{matrix}\text{第 1 行}\\ \\ \\ \text{第 } n \text{ 行}\end{matrix}\qquad \boldsymbol{e}_j=\begin{pmatrix}0\\ \vdots\\ 1\\ \vdots\\ 0\end{pmatrix}\ \text{第 } j \text{ 行}\quad (j=1,2,\cdots,n)$$

第1列 … 第 $n$ 列

行列の演算に関して次の法則が成り立つ.

| | | |
|---|---|---|
| (1) | $(A+B)+C = A+(B+C)$ | (結合法則) |
| (2) | $A+B = B+A$ | (交換法則) |
| (3) | $k(A+B) = kA+kB$ | (行列に関する分配法則) |
| (4) | $(k+\ell)A = kA+\ell A$ | (スカラーに関する分配法則) |
| (5) | $k(\ell A) = (k\ell)A$ | (結合法則) |
| (6) | $(AB)C = A(BC)$ | (結合法則) |
| (7) | $A(B+C) = AB+AC$ | (左側分配の法則) |
| (8) | $(A+B)C = AC+BC$ | (右側分配の法則) |
| (9) | $(kA)B = A(kB) = k(AB)$ | |
| (10) | $A+(-A) = O,\ A+O = A$ | |
| (11) | $1A = A,\ 0A = O,\ kO = O$ | |
| (12) | $AE = EA = A,\ AO = O,\ OA = O$ | |

ただし, これらの式が意味をもつものとしてである.

**注 1.** これらの法則により, できるだけ括弧を省略し, $A+B+C$, $k\ell A$, $ABC$, $kAB$ とかく.

**注 2.** 数 $a, b$ に対し $ab = ba$ は成り立つが, 行列 $A, B$ に対し $AB = BA$ が成り立つとは限らない.

**注 3.** 数 $a, b$ に対し $ab = 0$ ならば $a = 0$ か $b = 0$ であるが, 行列 $A, B$ に対し $AB = O$ ならば $A = O$ か $B = O$ が成り立つとは限らない.

### 行列の累乗

正方行列 $A$ を $n$ 個掛け合わせた積を $A^n$ と表し, $A$ の $n$ 乗という. このとき, 0 以上の整数 $m, n$ に対し, 次の性質が成り立つ.

(1) $A^m A^n = A^{m+n}$ (2) $(A^m)^n = A^{mn}$ ただし, $A^0 = E$ とする.

### 行列の転置

$m \times n$ 型の行列 $A$ に対し, 行と列を入れ換えて得られる $n \times m$ 型の行列を $A$ の転置行列といい, ${}^tA$ とかく.

$$A = \begin{pmatrix} 1 & 2 & a \\ -3 & b & 0 \end{pmatrix} \text{ に対し } {}^tA = \begin{pmatrix} 1 & -3 \\ 2 & b \\ a & 0 \end{pmatrix}$$

$$A = \begin{pmatrix} 1 & 0 & 3 \\ 5 & 1 & -2 \\ 3 & 1 & -1 \end{pmatrix} \text{ に対し } {}^tA = \begin{pmatrix} 1 & 5 & 3 \\ 0 & 1 & 1 \\ 3 & -2 & -1 \end{pmatrix}$$

ベクトル $(a_1 \quad a_2 \quad \cdots \quad a_n)$ に対し ${}^t(a_1 \quad a_2 \quad \cdots \quad a_n) = \begin{pmatrix} a_1 \\ a_2 \\ \vdots \\ a_n \end{pmatrix}$

行列の演算と行列の転置に関して次の法則が成り立つ.

(1) ${}^t({}^tA) = A$ (2) ${}^t(A+B) = {}^tA + {}^tB$

(3) ${}^t(kA) = k\,{}^tA$ (4) ${}^t(AB) = {}^tB\,{}^tA$

**対角行列，対称行列，交代行列**

$A$ を $n$ 次正方行列とする.

(1) 対角成分以外の成分がすべて 0 のとき，$A$ を対角行列という.

$$A = \begin{pmatrix} a & 0 \\ 0 & b \end{pmatrix}, \quad A = \begin{pmatrix} a & 0 & 0 \\ 0 & 0 & 0 \\ 0 & 0 & 3 \end{pmatrix}, \quad A = \begin{pmatrix} 2 & 0 & 0 \\ 0 & 1 & 0 \\ 0 & 0 & -1 \end{pmatrix}$$

(2) ${}^tA = A$ のとき，$A$ を対称行列という.

$$A = \begin{pmatrix} a & b \\ b & c \end{pmatrix}, \quad A = \begin{pmatrix} 2 & -1 & 8 \\ -1 & 3 & 4 \\ 8 & 4 & 5 \end{pmatrix}$$

(3) ${}^tA = -A$ のとき，$A$ を交代行列という.

$$A = \begin{pmatrix} 0 & a \\ -a & 0 \end{pmatrix}, \quad A = \begin{pmatrix} 0 & -1 & 8 \\ 1 & 0 & 4 \\ -8 & -4 & 0 \end{pmatrix}$$

**注 4.** 交代行列の対角成分はすべて 0 になる.

**例題 1.**

次の式を計算せよ.

(1) $\begin{pmatrix} 1 & -2 \\ 2 & 0 \end{pmatrix} + \begin{pmatrix} -3 & 2 \\ 1 & 4 \end{pmatrix}$

(2) $\begin{pmatrix} 2 & -3 & 1 \\ 9 & 6 & -4 \end{pmatrix} - \begin{pmatrix} -1 & 2 & 6 \\ 5 & 8 & -7 \end{pmatrix}$

(3) $6\begin{pmatrix} 1 & 0 \\ -1 & 2 \\ 4 & 5 \end{pmatrix}$ (4) $\begin{pmatrix} 7 & 3 \end{pmatrix} - 2\begin{pmatrix} 4 & 1 \end{pmatrix}$

(5) $\begin{pmatrix} 1 & 3 \\ 2 & 4 \end{pmatrix}\begin{pmatrix} 5 & 7 & 9 \\ 6 & 8 & 10 \end{pmatrix}$ (6) $\begin{pmatrix} 1 & 2 \end{pmatrix}\begin{pmatrix} 2 & -3 & 6 \\ 4 & 7 & 0 \end{pmatrix}$

**解答**　(1) $\begin{pmatrix} 1 & -2 \\ 2 & 0 \end{pmatrix}+\begin{pmatrix} -3 & 2 \\ 1 & 4 \end{pmatrix}=\begin{pmatrix} 1-3 & -2+2 \\ 2+1 & 0+4 \end{pmatrix}=\begin{pmatrix} -2 & 0 \\ 3 & 4 \end{pmatrix}$

(2) $\begin{pmatrix} 2 & -3 & 1 \\ 9 & 6 & -4 \end{pmatrix}-\begin{pmatrix} -1 & 2 & 6 \\ 5 & 8 & -7 \end{pmatrix}$

$$=\begin{pmatrix} 2-(-1) & -3-2 & 1-6 \\ 9-5 & 6-8 & -4-(-7) \end{pmatrix}=\begin{pmatrix} 3 & -5 & -5 \\ 4 & -2 & 3 \end{pmatrix}$$

(3) $6\begin{pmatrix} 1 & 0 \\ -1 & 2 \\ 4 & 5 \end{pmatrix}=\begin{pmatrix} 6\cdot 1 & 6\cdot 0 \\ 6\cdot(-1) & 6\cdot 2 \\ 6\cdot 4 & 6\cdot 5 \end{pmatrix}=\begin{pmatrix} 6 & 0 \\ -6 & 12 \\ 24 & 30 \end{pmatrix}$

(4) $\begin{pmatrix} 7 & 3 \end{pmatrix}-2\begin{pmatrix} 4 & 1 \end{pmatrix}=\begin{pmatrix} 7 & 3 \end{pmatrix}-\begin{pmatrix} 8 & 2 \end{pmatrix}=\begin{pmatrix} -1 & 1 \end{pmatrix}$

(5) $\begin{pmatrix} 1 & 3 \\ 2 & 4 \end{pmatrix}\begin{pmatrix} 5 & 7 & 9 \\ 6 & 8 & 10 \end{pmatrix}=\begin{pmatrix} 1\cdot 5+3\cdot 6 & 1\cdot 7+3\cdot 8 & 1\cdot 9+3\cdot 10 \\ 2\cdot 5+4\cdot 6 & 2\cdot 7+4\cdot 8 & 2\cdot 9+4\cdot 10 \end{pmatrix}$

$$=\begin{pmatrix} 23 & 31 & 39 \\ 34 & 46 & 58 \end{pmatrix}$$

(6) $\begin{pmatrix} 1 & 2 \end{pmatrix}\begin{pmatrix} 2 & -3 & 6 \\ 4 & 7 & 0 \end{pmatrix}=\begin{pmatrix} 1\cdot 2+2\cdot 4 & 1\cdot(-3)+2\cdot 7 & 1\cdot 6+2\cdot 0 \end{pmatrix}$

$$=\begin{pmatrix} 10 & 11 & 6 \end{pmatrix}$$

**例題 2.**

次の行列の中から2つの行列の積が定義されるような組合せをすべて求め，さらにその組合せの積をすべて計算せよ．ただし，同じ行列同士の積も含める．

$$A=\begin{pmatrix} 1 & 4 \\ 2 & 5 \\ 3 & 6 \end{pmatrix},\quad B=\begin{pmatrix} 1 \\ 2 \\ 3 \end{pmatrix},\quad C=\begin{pmatrix} 1 & 3 & 5 \\ 2 & 4 & 6 \end{pmatrix},$$

$$D=\begin{pmatrix} 1 & 4 & 7 \\ 2 & 5 & 8 \\ 3 & 6 & 9 \end{pmatrix}$$

**解答**

$$AC=\begin{pmatrix} 9 & 19 & 29 \\ 12 & 26 & 40 \\ 15 & 33 & 51 \end{pmatrix},\quad CA=\begin{pmatrix} 22 & 49 \\ 28 & 64 \end{pmatrix},\quad CB=\begin{pmatrix} 22 \\ 28 \end{pmatrix}$$

$$CD = \begin{pmatrix} 22 & 49 & 76 \\ 28 & 64 & 100 \end{pmatrix}, \quad DA = \begin{pmatrix} 30 & 66 \\ 36 & 81 \\ 42 & 96 \end{pmatrix}, \quad DB = \begin{pmatrix} 30 \\ 36 \\ 42 \end{pmatrix},$$

$$D^2 = \begin{pmatrix} 30 & 66 & 102 \\ 36 & 81 & 126 \\ 42 & 96 & 150 \end{pmatrix}$$

**例題 3.**

$A = \begin{pmatrix} 2 & -1 \\ 0 & 1 \end{pmatrix}$, $B = \begin{pmatrix} 1 & -1 \\ 3 & 0 \end{pmatrix}$ について

(1) $(A+B)^2$ と $A^2 + 2AB + B^2$ を計算し，等しくならないことを確かめよ．

(2) $A^2 - B^2$ と $(A+B)(A-B)$ を計算し，等しくならないことを確かめよ．

**解答**　(1) $(A+B)^2 = \begin{pmatrix} 3 & -2 \\ 3 & 1 \end{pmatrix}^2 = \begin{pmatrix} 3 & -8 \\ 12 & -5 \end{pmatrix}$

$$\begin{aligned} &A^2 + 2AB + B^2 \\ &= \begin{pmatrix} 2 & -1 \\ 0 & 1 \end{pmatrix}^2 + 2\begin{pmatrix} 2 & -1 \\ 0 & 1 \end{pmatrix}\begin{pmatrix} 1 & -1 \\ 3 & 0 \end{pmatrix} + \begin{pmatrix} 1 & -1 \\ 3 & 0 \end{pmatrix}^2 \\ &= \begin{pmatrix} 4 & -3 \\ 0 & 1 \end{pmatrix} + 2\begin{pmatrix} -1 & -2 \\ 3 & 0 \end{pmatrix} + \begin{pmatrix} -2 & -1 \\ 3 & -3 \end{pmatrix} = \begin{pmatrix} 0 & -8 \\ 9 & -2 \end{pmatrix} \end{aligned}$$

(2)

$$\begin{aligned} A^2 - B^2 &= \begin{pmatrix} 2 & -1 \\ 0 & 1 \end{pmatrix}^2 - \begin{pmatrix} 1 & -1 \\ 3 & 0 \end{pmatrix}^2 \\ &= \begin{pmatrix} 4 & -3 \\ 0 & 1 \end{pmatrix} - \begin{pmatrix} -2 & -1 \\ 3 & -3 \end{pmatrix} = \begin{pmatrix} 6 & -2 \\ -3 & 4 \end{pmatrix} \end{aligned}$$

$$(A+B)(A-B) = \begin{pmatrix} 3 & -2 \\ 3 & 1 \end{pmatrix}\begin{pmatrix} 1 & 0 \\ -3 & 1 \end{pmatrix} = \begin{pmatrix} 9 & -2 \\ 0 & 1 \end{pmatrix}$$

**例題 4.**

正方行列 $A$ に対し，次のことを示せ.

(1) ${}^tAA$ は対称行列である.

(2) $A$ が対称行列ならば ${}^tPAP$ も対称行列である.

**解答**　(1) ${}^t({}^tAA) = {}^tA\,{}^t({}^tA) = {}^tAA$ より ${}^tAA$ は対称行列である.

(2) ${}^t({}^tPAP) = {}^tP\,{}^tA\,{}^t({}^tP) = {}^tP\,{}^tAP$ となり ${}^tA = A$ ならば ${}^tP\,{}^tAP = {}^tPAP$ となるので，${}^tPAP$ も対称行列である.

## A

**1.**　$(i,j)$ 成分が $3i+2j$ で与えられる $2\times 3$ 型の行列を書け.

**2.**　次の式を計算せよ.

(1) $\begin{pmatrix} 2 & -1 \\ -3 & 7 \\ 5 & -6 \end{pmatrix} + \begin{pmatrix} 1 & 4 \\ 2 & -2 \\ 0 & 3 \end{pmatrix}$　(2) $\begin{pmatrix} 2 & 3 \\ 1 & 2 \end{pmatrix} - \begin{pmatrix} 5 & 7 \\ 6 & 4 \end{pmatrix}$

(3) $3\begin{pmatrix} 4 & 1 & -2 \\ 2 & 5 & 6 \end{pmatrix} + 2\begin{pmatrix} -1 & 8 & 4 \\ 0 & -2 & 7 \end{pmatrix}$　(4) $12\begin{pmatrix} 1 \\ 0 \\ 21 \\ 0 \end{pmatrix} - 13\begin{pmatrix} -1 \\ 0 \\ 13 \\ 1 \end{pmatrix}$

(5) $\begin{pmatrix} 3 & 2 \\ 4 & 6 \end{pmatrix}\begin{pmatrix} 7 \\ 8 \end{pmatrix}$　(6) $\begin{pmatrix} 1 & 4 \\ 5 & 3 \end{pmatrix}\begin{pmatrix} 2 & 3 \\ 1 & -6 \end{pmatrix}$

(7) $\begin{pmatrix} 6 & 2 \\ -1 & 0 \\ 4 & 5 \end{pmatrix}\begin{pmatrix} -2 & 4 \\ 3 & 1 \end{pmatrix}$　(8) $\begin{pmatrix} 4 & 6 \end{pmatrix}\begin{pmatrix} 3 & 1 \\ 2 & 4 \end{pmatrix}$

(9) $\begin{pmatrix} 2 & 1 \\ 5 & 3 \end{pmatrix}\begin{pmatrix} 0 & 2 & -7 \\ -1 & 4 & 8 \end{pmatrix}$

**3.**　$A = \begin{pmatrix} 1 & -2 & 3 \\ 5 & 1 & -4 \\ 3 & 9 & 5 \end{pmatrix}$，$B = \begin{pmatrix} 2 & 0 & 1 \\ -3 & 1 & 5 \\ 2 & 7 & 1 \end{pmatrix}$，$C = \begin{pmatrix} 6 & 1 & 4 \\ 0 & 3 & 7 \\ 4 & 0 & -1 \end{pmatrix}$

のとき $(A+3B+C)-(-A+B-C)$ を計算せよ.

**4.** (1) ${}^t(A-2\,{}^tB)$ を ${}^tA, B$ を使って表せ.

(2) ${}^t(ABC)$ を ${}^tA, {}^tB, {}^tC$ を使って表せ.

**5.**　次の行列の積を計算せよ.

(1) $\begin{pmatrix} 1 & 2 & 3 \\ -4 & 0 & -5 \end{pmatrix}\begin{pmatrix} 6 & 7 \\ 0 & 207 \\ -2 & -3 \end{pmatrix}$ (2) $\begin{pmatrix} 1 & 0 \\ 0 & 1 \end{pmatrix}\begin{pmatrix} 1 & 2 & 3 & 4 \\ 5 & 6 & 7 & 8 \end{pmatrix}$

(3) $\begin{pmatrix} -11 & -12 & -1 \\ 0 & -7 & 8 \end{pmatrix}\begin{pmatrix} 1 & 0 & 0 \\ 0 & 1 & 0 \\ 0 & 0 & 1 \end{pmatrix}$ (4) $\begin{pmatrix} 0 & 0 \\ 0 & 0 \\ 0 & 0 \end{pmatrix}\begin{pmatrix} 1 & 2 & 3 \\ -4 & 0 & -5 \end{pmatrix}$

(5) $\begin{pmatrix} 1 & 2 \\ 3 & 4 \\ 5 & 6 \end{pmatrix}\begin{pmatrix} 6 & 5 & 4 & 3 \\ 2 & 1 & 0 & -1 \end{pmatrix}$ (6) $\begin{pmatrix} 1 \\ 2 \end{pmatrix}\begin{pmatrix} 5 & 2 & -8 \end{pmatrix}$

(7) $\begin{pmatrix} 2 & 3 & -6 \end{pmatrix}\begin{pmatrix} 4 & 3 \\ -1 & 2 \\ 7 & 2 \end{pmatrix}$

**6.** 次の行列の中から 2 つの行列の積が定義されるような組合せをすべて求め，さらにその組合せの積をすべて計算せよ．

$$A = \begin{pmatrix} -1 & 2 & 1 \\ 0 & 3 & -2 \\ 2 & 1 & 0 \end{pmatrix},\quad B = \begin{pmatrix} 3 & 1 & 2 \\ 0 & -2 & 1 \end{pmatrix},\quad C = \begin{pmatrix} 1 & 0 \\ 0 & 2 \\ -1 & -3 \end{pmatrix},$$

$$D = \begin{pmatrix} 2 \\ 1 \\ -1 \end{pmatrix},\quad F = \begin{pmatrix} 1 & 2 & 1 \end{pmatrix}$$

**7.** $f(x) = x^3 + 2x^2 - 5x + 4$, $A = \begin{pmatrix} 1 & -3 \\ 2 & 4 \end{pmatrix}$ として

$f(A) = A^3 + 2A^2 - 5A + 4E$ と定めるとき，これを計算せよ．

**8.** 正方行列 $A$ に対し，$E - A^{n+1} = (E - A)(E + A + A^2 + \cdots + A^n)$ であることを示せ．

**9.** 次の行列 $A$ について，$A^n$ を求めよ．

(1) $A = \begin{pmatrix} 0 & 0 & -1 & 0 \\ 0 & 0 & 0 & -1 \\ 1 & 0 & 0 & 0 \\ 0 & 1 & 0 & 0 \end{pmatrix}$ (2) $A = \begin{pmatrix} 0 & 1 & 0 & 0 \\ 0 & 0 & 1 & 0 \\ 0 & 0 & 0 & 1 \\ 1 & 0 & 0 & 0 \end{pmatrix}$

**10.** (1) $A \neq O, B \neq O$ であるが $AB = O$ となる $2 \times 2$ 行列 $A, B$ の例をあげよ．

(2) $A \neq O, A^2 \neq O$ であるが $A^3 = O$ となる $3 \times 3$ 行列 $A$ の例をあげよ．

**11.** 次の問に答えよ．

(1) $A, B$ が $n$ 次の対角行列ならば，$AB = BA$ が成り立つことを示せ．

(2) $A$ を $n$ 次の対角行列で，対角成分が相異なるものとする．このとき $AB = BA$ をみたす $n$ 次正方行列 $B$ は対角行列であることを示せ．

**12.**　正方行列 $A$ の対角成分よりも下にある成分がすべて 0，すなわち $a_{ij} = 0\ (i > j)$ であるとき，$A$ を上三角行列と呼ぶ．また，対角成分よりも上の成分がすべて 0 であるとき，$A$ を下三角行列と呼ぶ．上三角行列と下三角行列を合わせて三角行列と呼ぶ．

2つの $n$ 次の上三角行列 $A = (a_{ij})$，$B = (b_{ij})$ に対して

(1) $AB$ も上三角行列になることを示せ．

(2) $AB$ の対角成分を求めよ．

**13.**　$A = \begin{pmatrix} 1 & -2 \\ 4 & 1 \\ 0 & 5 \end{pmatrix}$ のとき ${}^tAA$, $A\,{}^tA$ を求めよ．

**14.**　$\boldsymbol{b} = \begin{pmatrix} b_1 \\ b_2 \\ \vdots \\ b_n \end{pmatrix} \neq \boldsymbol{0}$ とし，$\boldsymbol{b}\,{}^t\boldsymbol{b} = C$ とするとき

(1) $C$ は対称行列であることを示せ．

(2) $D = kC$ とするとき，$D^2 = D$ となる $k$ を $b_1, b_2, \cdots, b_n$ を用いた式で表せ．

**15.**　(1) 任意の正方行列 $A$ に対して $B = A + {}^tA$, $C = A - {}^tA$ とおくと，$B$ は対称行列，$C$ は交代行列になることを示せ．

(2) 任意の正方行列 $A$ は対称行列と交代行列の和として一意的に表されることを示せ．

(3) $A_1 = \begin{pmatrix} 3 & -9 & 7 \\ 4 & 5 & 1 \\ 0 & 3 & 8 \end{pmatrix}$ および $A_2 = \begin{pmatrix} 1 & 2 & 3 & -2 \\ 0 & 4 & 1 & 3 \\ 3 & 5 & 6 & 0 \\ 1 & -2 & 0 & 3 \end{pmatrix}$ を対称行列と交代行列の和として表せ．

## B

**1.**　$n$ 次正方行列 $A = (a_{ij})$, $B = (b_{ij})$ に対し $\mathrm{tr}\,({}^tAB)$ を求めよ．

なお，$n$ 次正方行列 $C = (c_{ij})$ に対し，対角成分の和 $\mathrm{tr}\,C = \sum_{i=1}^{n} c_{ii}$ を $C$ のトレースと呼ぶ．

**2.**　正方行列 $A$ が巾零であるとは，ある自然数 $k$ があって $A^k = O$ が成り立つときにいう．

(1) $n$ 次正方行列 $A, B$ が巾零であるとき，$A+B$ は巾零か．正しければ証明を与え，正しくなければ反例を与えよ．

(2) $n$ 次正方行列 $A, B$ が巾零で $AB=BA$ をみたすならば，$A+B$ は巾零であることを示せ．

**3.** $n$ 次正方行列 $A, B$ に対し，$[A,B]=AB-BA$ と定義する．$[A,B]$ を $A$ と $B$ の括弧積 (bracket) と呼ぶ．このとき，次を示せ．

(1) $[A,[B,C]]+[B,[C,A]]+[C,[A,B]]=O$ （ヤコビ (Jacobi) の恒等式）

(2) ${}^tA=-A,\ {}^tB=-B$ ならば ${}^t[A,B]=-[A,B]$

(3) $[A,B]\neq E$

**4.** $n$ 次実正方行列 $A$ が ${}^tAA=E$ を満たすとき，$A$ を直交行列という．$n$ 次直交行列 $A$ に対し $E-A$ が正則行列であれば

$$B=(E-A)^{-1}(E+A)$$

とおくとき，$B$ は交代行列になることを示せ．

**5.** 次を示せ．

(1) $m\times\ell$ 型の行列 $A=(a_{ij})$ と $\ell$ 次元列ベクトル $\boldsymbol{b}_j=\begin{pmatrix} b_{1j}\\ b_{2j}\\ \vdots\\ b_{\ell j}\end{pmatrix}$ $(j=1,2,\cdots,n)$ に対して

$$A\begin{pmatrix}\boldsymbol{b}_1 & \boldsymbol{b}_2 & \cdots & \boldsymbol{b}_n\end{pmatrix}=\begin{pmatrix}A\boldsymbol{b}_1 & A\boldsymbol{b}_2 & \cdots & A\boldsymbol{b}_n\end{pmatrix}$$

(2) $\begin{pmatrix} A & B\\ O & C\end{pmatrix}\begin{pmatrix} D & F\\ O & G\end{pmatrix}=\begin{pmatrix} AD & AF+BG\\ O & CG\end{pmatrix}$

ただし，$A=(a_{ij})$ は $m_1\times\ell_1$ 型の行列，$B=(b_{ij})$ は $m_1\times\ell_2$ 型の行列，$C=(c_{ij})$ は $m_2\times\ell_2$ 型の行列，$D=(d_{ij})$ は $\ell_1\times n_1$ 型の行列，$F=(f_{ij})$ は $\ell_1\times n_2$ 型の行列，$G=(g_{ij})$ は $\ell_2\times n_2$ 型の行列である．

(3) $m$ 次元列ベクトル $\boldsymbol{a}_j=\begin{pmatrix} a_{1j}\\ a_{2j}\\ \vdots\\ a_{mj}\end{pmatrix}$ $(j=1,2,\cdots,n)$ に対して

$$\begin{pmatrix}\boldsymbol{a}_1 & \boldsymbol{a}_2 & \cdots & \boldsymbol{a}_n\end{pmatrix}\begin{pmatrix} c_1\\ c_2\\ \vdots\\ c_n\end{pmatrix}=c_1\boldsymbol{a}_1+c_2\boldsymbol{a}_2+\cdots+c_n\boldsymbol{a}_n$$

**A の解答**

**1.** $\begin{pmatrix} 5 & 7 & 9 \\ 8 & 10 & 12 \end{pmatrix}$

**2.** (1) $\begin{pmatrix} 3 & 3 \\ -1 & 5 \\ 5 & -3 \end{pmatrix}$ (2) $\begin{pmatrix} -3 & -4 \\ -5 & -2 \end{pmatrix}$ (3) $\begin{pmatrix} 10 & 19 & 2 \\ 6 & 11 & 32 \end{pmatrix}$

(4) $\begin{pmatrix} 25 \\ 0 \\ 83 \\ -13 \end{pmatrix}$ (5) $\begin{pmatrix} 37 \\ 76 \end{pmatrix}$ (6) $\begin{pmatrix} 6 & -21 \\ 13 & -3 \end{pmatrix}$

(7) $\begin{pmatrix} -6 & 26 \\ 2 & -4 \\ 7 & 21 \end{pmatrix}$ (8) $\begin{pmatrix} 24 & 28 \end{pmatrix}$ (9) $\begin{pmatrix} -1 & 8 & -6 \\ -3 & 22 & -11 \end{pmatrix}$

**3.**
$$(A+3B+C)-(-A+B-C)=2(A+B+C)$$
$$=2\begin{pmatrix} 9 & -1 & 8 \\ 2 & 5 & 8 \\ 9 & 16 & 5 \end{pmatrix}=\begin{pmatrix} 18 & -2 & 16 \\ 4 & 10 & 16 \\ 18 & 32 & 10 \end{pmatrix}$$

**4.** (1) ${}^t(A-2\,{}^tB)={}^tA-2B$ (2) ${}^t(ABC)={}^tC\,{}^tB\,{}^tA$

**5.** (1) $\begin{pmatrix} 0 & 412 \\ -14 & -13 \end{pmatrix}$ (2) $\begin{pmatrix} 1 & 2 & 3 & 4 \\ 5 & 6 & 7 & 8 \end{pmatrix}$ (3) $\begin{pmatrix} -11 & -12 & -1 \\ 0 & -7 & 8 \end{pmatrix}$

(4) $\begin{pmatrix} 0 & 0 & 0 \\ 0 & 0 & 0 \\ 0 & 0 & 0 \end{pmatrix}$ (5) $\begin{pmatrix} 10 & 7 & 4 & 1 \\ 26 & 19 & 12 & 5 \\ 42 & 31 & 20 & 9 \end{pmatrix}$ (6) $\begin{pmatrix} 5 & 2 & -8 \\ 10 & 4 & -16 \end{pmatrix}$

(7) $\begin{pmatrix} -37 & 0 \end{pmatrix}$

**6.** $AC=\begin{pmatrix} -2 & 1 \\ 2 & 12 \\ 2 & 2 \end{pmatrix}$, $AD=\begin{pmatrix} -1 \\ 5 \\ 5 \end{pmatrix}$, $BA=\begin{pmatrix} 1 & 11 & 1 \\ 2 & -5 & 4 \end{pmatrix}$,

$BC=\begin{pmatrix} 1 & -4 \\ -1 & -7 \end{pmatrix}$, $BD=\begin{pmatrix} 5 \\ -3 \end{pmatrix}$, $CB=\begin{pmatrix} 3 & 1 & 2 \\ 0 & -4 & 2 \\ -3 & 5 & -5 \end{pmatrix}$,

$DF=\begin{pmatrix} 2 & 4 & 2 \\ 1 & 2 & 1 \\ -1 & -2 & -1 \end{pmatrix}$, $FA=\begin{pmatrix} 1 & 9 & -3 \end{pmatrix}$, $FC=\begin{pmatrix} 0 & 1 \end{pmatrix}$,

$FD = 3.$

**7.** $$A^2 = \begin{pmatrix} 1 & -3 \\ 2 & 4 \end{pmatrix}\begin{pmatrix} 1 & -3 \\ 2 & 4 \end{pmatrix} = \begin{pmatrix} -5 & -15 \\ 10 & 10 \end{pmatrix}$$

$$A^3 = A^2 \cdot A = \begin{pmatrix} -5 & -15 \\ 10 & 10 \end{pmatrix}\begin{pmatrix} 1 & -3 \\ 2 & 4 \end{pmatrix} = \begin{pmatrix} -35 & -45 \\ 30 & 10 \end{pmatrix}$$

よって

$$f(A) = \begin{pmatrix} -35 & -45 \\ 30 & 10 \end{pmatrix} + 2\begin{pmatrix} -5 & -15 \\ 10 & 10 \end{pmatrix} - 5\begin{pmatrix} 1 & -3 \\ 2 & 4 \end{pmatrix} + 4\begin{pmatrix} 1 & 0 \\ 0 & 1 \end{pmatrix}$$

$$= \begin{pmatrix} -46 & -60 \\ 40 & 14 \end{pmatrix}$$

**8.** $$(E - A)(E + A + A^2 + \cdots + A^n)$$

$$= E + A + A^2 + \cdots + A^n - (A + A^2 + \cdots + A^{n+1})$$

$$= E - A^{n+1}$$

**9.** (1) $A^2 = -E$ より

$n = 2p$ のとき　$A^n = (A^2)^p = (-E)^p = (-1)^p E$

$n = 2p + 1$ のとき　$A^n = A^{2p}A = (-1)^p EA = (-1)^p A$

(2)

$$A^2 = \begin{pmatrix} 0 & 0 & 1 & 0 \\ 0 & 0 & 0 & 1 \\ 1 & 0 & 0 & 0 \\ 0 & 1 & 0 & 0 \end{pmatrix}, A^3 = \begin{pmatrix} 0 & 0 & 0 & 1 \\ 1 & 0 & 0 & 0 \\ 0 & 1 & 0 & 0 \\ 0 & 0 & 1 & 0 \end{pmatrix}, A^4 = \begin{pmatrix} 1 & 0 & 0 & 0 \\ 0 & 1 & 0 & 0 \\ 0 & 0 & 1 & 0 \\ 0 & 0 & 0 & 1 \end{pmatrix} = E$$

となる．よって

$n = 4p$ のとき　$A^n = (A^4)^p = E^p = E$

$n = 4p + 1$ のとき　$A^n = A^{4p}A = A$

$n = 4p + 2$ のとき　$A^n = A^{4p}A^2 = A^2$

$n = 4p + 3$ のとき　$A^n = A^{4p}A^3 = A^3$

**10.**

(1) たとえば $A = \begin{pmatrix} 1 & 0 \\ 0 & 0 \end{pmatrix}$, $B = \begin{pmatrix} 0 & 0 \\ 1 & 0 \end{pmatrix}$ とすれば　$AB = \begin{pmatrix} 0 & 0 \\ 0 & 0 \end{pmatrix}$

(2) たとえば $A = \begin{pmatrix} 0 & 1 & 0 \\ 0 & 0 & 1 \\ 0 & 0 & 0 \end{pmatrix}$ とすれば $A^2 = \begin{pmatrix} 0 & 0 & 1 \\ 0 & 0 & 0 \\ 0 & 0 & 0 \end{pmatrix} \neq O$ で

$A^3 = \begin{pmatrix} 0 & 0 & 0 \\ 0 & 0 & 0 \\ 0 & 0 & 0 \end{pmatrix} = O$ となる.

注：他にも多くの例がある.

**11.**

(1) $A = \begin{pmatrix} a_{11} & & & \text{\huge 0} \\ & a_{22} & & \\ & & \ddots & \\ \text{\huge 0} & & & a_{nn} \end{pmatrix}$, $B = \begin{pmatrix} b_{11} & & & \text{\huge 0} \\ & b_{22} & & \\ & & \ddots & \\ \text{\huge 0} & & & b_{nn} \end{pmatrix}$ とおくと

$AB = \begin{pmatrix} a_{11}b_{11} & & & \text{\huge 0} \\ & a_{22}b_{22} & & \\ & & \ddots & \\ \text{\huge 0} & & & a_{nn}b_{nn} \end{pmatrix}, BA = \begin{pmatrix} b_{11}a_{11} & & & \text{\huge 0} \\ & b_{22}a_{22} & & \\ & & \ddots & \\ \text{\huge 0} & & & b_{nn}a_{nn} \end{pmatrix}$

となる．よって $AB = BA$.

注：上記の大きな $\text{\huge 0}$ はこの部分の成分がすべて0になっていることを表している.

(2) $A = \begin{pmatrix} a_{11} & & & \text{\huge 0} \\ & a_{22} & & \\ & & \ddots & \\ \text{\huge 0} & & & a_{nn} \end{pmatrix}$, $B = \begin{pmatrix} b_{11} & \cdots & b_{1n} \\ \vdots & & \vdots \\ b_{n1} & \cdots & b_{nn} \end{pmatrix}$ とおく

と，$AB$ と $BA$ の $(i,j)$ 成分はそれぞれ $a_{ii}b_{ij}$, $a_{jj}b_{ij}$ となる．$AB = BA$ とすると，$a_{ii}b_{ij} = a_{jj}b_{ij}$ であるが，$i \neq j$ のとき $a_{ii} \neq a_{jj}$ だから $b_{ij} = 0\ (i \neq j)$.

よって $B = \begin{pmatrix} b_{11} & & \text{\huge 0} \\ & \ddots & \\ \text{\huge 0} & & b_{nn} \end{pmatrix}$.

**12.** $AB = (c_{ij})$ とおく.

(1) $i > j$ のとき $c_{ij} = \sum_{k=1}^{n} a_{ik}b_{kj} = \sum_{k=1}^{i-1} a_{ik}b_{kj} + \sum_{k=i}^{n} a_{ik}b_{kj}$. ここで $1 \leq k \leq i-1$ のとき $i > k$ だから $a_{ik} = 0$ で，$i \leq k \leq n$ のとき $k > j$ だから $b_{kj} = 0$. よって $c_{ij} = 0\ (i > j)$ となり $AB$ は上三角行列である.

(2) $c_{ii}=\sum_{k=1}^{n}a_{ik}b_{ki}=\sum_{k=1}^{i-1}a_{ik}b_{ki}+a_{ii}b_{ii}+\sum_{k=i+1}^{n}a_{ik}b_{ki}=a_{ii}b_{ii}$

**13.**

$$ {}^tAA=\begin{pmatrix}1&4&0\\-2&1&5\end{pmatrix}\begin{pmatrix}1&-2\\4&1\\0&5\end{pmatrix}=\begin{pmatrix}17&2\\2&30\end{pmatrix} $$

$$ A\,{}^tA=\begin{pmatrix}1&-2\\4&1\\0&5\end{pmatrix}\begin{pmatrix}1&4&0\\-2&1&5\end{pmatrix}=\begin{pmatrix}5&2&-10\\2&17&5\\-10&5&25\end{pmatrix} $$

**14.**

(1) ${}^tC={}^t(\boldsymbol{b}\,{}^t\boldsymbol{b})={}^t({}^t\boldsymbol{b}){}^t\boldsymbol{b}=\boldsymbol{b}\,{}^t\boldsymbol{b}=C$ より $C$ は対称行列である.

(2) $D^2=(kC)(kC)=k^2C^2=k^2(\boldsymbol{b}\,{}^t\boldsymbol{b})(\boldsymbol{b}\,{}^t\boldsymbol{b})=k^2\boldsymbol{b}({}^t\boldsymbol{b}\boldsymbol{b}){}^t\boldsymbol{b}=$ $k^2\boldsymbol{b}({b_1}^2+{b_2}^2+\cdots+{b_n}^2){}^t\boldsymbol{b}=k^2({b_1}^2+{b_2}^2+\cdots+{b_n}^2)\boldsymbol{b}{}^t\boldsymbol{b}=$ $k^2({b_1}^2+{b_2}^2+\cdots+{b_n}^2)C=k({b_1}^2+{b_2}^2+\cdots+{b_n}^2)D$ より,

$$ k=\frac{1}{{b_1}^2+{b_2}^2+\cdots+{b_n}^2} $$

となる.

**15.**

(1) ${}^tB={}^t(A+{}^tA)={}^tA+{}^{tt}A={}^tA+A=A+{}^tA=B$. よって $B$ は対称行列である. ${}^tC={}^t(A-{}^tA)={}^tA-{}^{tt}A={}^tA-A=-(A-{}^tA)=-C$. よって $C$ は交代行列である.

(2) (1) より $A=\frac{1}{2}(A+{}^tA)+\frac{1}{2}(A-{}^tA)$ と対称行列と交代行列の和, 逆に $A=B+C$ ($B$ は対称行列, $C$ は交代行列) とすれば ${}^tA=B-C$. よって $B=\frac{1}{2}(A+{}^tA)$, $C=\frac{1}{2}(A-{}^tA)$ となる.

(3) ${}^tA_1=\begin{pmatrix}3&4&0\\-9&5&3\\7&1&8\end{pmatrix}$ だから

$$ \frac{1}{2}(A_1+{}^tA_1)=\begin{pmatrix}3&-\frac{5}{2}&\frac{7}{2}\\-\frac{5}{2}&5&2\\\frac{7}{2}&2&8\end{pmatrix},\ \frac{1}{2}(A_1-{}^tA_1)=\begin{pmatrix}0&-\frac{13}{2}&\frac{7}{2}\\\frac{13}{2}&0&-1\\-\frac{7}{2}&1&0\end{pmatrix}. $$

$$ \text{よって } A_1=\begin{pmatrix}3&-\frac{5}{2}&\frac{7}{2}\\-\frac{5}{2}&5&2\\\frac{7}{2}&2&8\end{pmatrix}+\begin{pmatrix}0&-\frac{13}{2}&\frac{7}{2}\\\frac{13}{2}&0&-1\\-\frac{7}{2}&1&0\end{pmatrix}. $$

$A_2$ の場合も同様にして

$$A_2 = \begin{pmatrix} 1 & 1 & 3 & -\frac{1}{2} \\ 1 & 4 & 3 & \frac{1}{2} \\ 3 & 3 & 6 & 0 \\ -\frac{1}{2} & \frac{1}{2} & 0 & 3 \end{pmatrix} + \begin{pmatrix} 0 & 1 & 0 & -\frac{3}{2} \\ -1 & 0 & -2 & \frac{5}{2} \\ 0 & 2 & 0 & 0 \\ \frac{3}{2} & -\frac{5}{2} & 0 & 0 \end{pmatrix}.$$

**B の解答**

**1.** ${}^tAB$ の $(i,i)$ 成分は $\sum_{k=1}^{n} a_{ki}b_{ki}$ であるから $\mathrm{tr}\,({}^tAB) = \sum_{i=1}^{n}\sum_{k=1}^{n} a_{ki}b_{ki}$

**2.** (1) 正しくない.

$A = \begin{pmatrix} 0 & 1 \\ 0 & 0 \end{pmatrix}$, $B = \begin{pmatrix} 0 & 0 \\ 1 & 0 \end{pmatrix}$ とおくと $A^2 = B^2 = O$ だが

$A + B = \begin{pmatrix} 0 & 1 \\ 1 & 0 \end{pmatrix}$ は巾零でない.

(2) $A^k = O$, $B^\ell = O$ とするとき，$m = k + \ell - 1$ とおくと

$$(A+B)^m = \sum_{r=0}^{m} {}_mC_r A^{m-r}B^r$$

ここで $r \geq \ell$ のとき $B^r = O$，$r \leq \ell - 1$ のとき $m - r = k + \ell - 1 - r \geq k$ だから $A^{m-r} = O$ となる．よって

$$(A+B)^m = \sum_{r=0}^{m} {}_mC_r A^{m-r}B^r = O.$$

**3.** (1)

$$\begin{aligned} &[A,[B,C]] + [B,[C,A]] + [C,[A,B]] \\ &\quad = A(BC-CB) - (BC-CB)A + B(CA-AC) - (CA-AC)B \\ &\qquad + C(AB-BA) - (AB-BA)C = O \end{aligned}$$

(2) ${}^t[A,B] = {}^t(AB - BA) = {}^tB\,{}^tA - {}^tA\,{}^tB = (-B)(-A) - (-A)(-B) = BA - AB = -[A,B]$

(3) $A = (a_{ij})$, $B = (b_{ij})$ とおくと，$AB$ の $(i,i)$ 成分の和は $\sum_{i=1}^{n}\sum_{k=1}^{n} a_{ik}b_{ki}$ で，$BA$ の $(i,i)$ 成分の和は $\sum_{i=1}^{n}\sum_{k=1}^{n} b_{ik}a_{ki}$ である．よって $AB - BA$ の $(i,i)$ 成分の和は $0$ で，$E$ の $(i,i)$ 成分の和は $n$ だから，$[A,B] \neq E$ となる.

**4.** ${}^tB = -B$ となることを示せばよい.

$${}^tB = (E + {}^tA)\,{}^t\{(E-A)^{-1}\}$$

ここで ${}^tA = A^{-1}$, ${}^t\{(E-A)^{-1}\} = \{{}^t(E-A)\}^{-1} = (E - {}^tA)^{-1}$ より

$$
\begin{aligned}
{}^tB &= (E + {}^tA)AA^{-1}(E - {}^tA)^{-1} = (A + {}^tAA)\{(E - {}^tA)A\}^{-1} \\
&= (A+E)(A-E)^{-1}
\end{aligned}
$$

ここで $A^2 - E = (A-E)(A+E) = (A+E)(A-E)$ より

$$
(A+E)(A-E)^{-1} = (A-E)^{-1}(A+E)
$$

より

$$
\begin{aligned}
{}^tB &= (A-E)^{-1}(A+E) = \{(-1)(E-A)\}^{-1}(A+E) \\
&= -(E-A)^{-1}(A+E) = -B
\end{aligned}
$$

**5.** (1) $A\begin{pmatrix} \boldsymbol{b}_1 & \boldsymbol{b}_2 & \cdots & \boldsymbol{b}_n \end{pmatrix}$ の $(i,j)$ 成分は $\displaystyle\sum_{k=1}^{\ell} a_{ik}b_{kj}$ である．これは $\begin{pmatrix} A\boldsymbol{b}_1 & A\boldsymbol{b}_2 & \cdots & A\boldsymbol{b}_n \end{pmatrix}$ の $(i,j)$ 成分にほかならない．

(2) $\begin{pmatrix} A & B \\ O & C \end{pmatrix}\begin{pmatrix} D & F \\ O & G \end{pmatrix}$ の $(i,j)$ 成分（$1 \leq i \leq m_1$, $1 \leq j \leq n_1$）は $\displaystyle\sum_{k=1}^{\ell_1} a_{ik}d_{kj}$ である．これは $\begin{pmatrix} AD & AF+BG \\ O & CG \end{pmatrix}$ の $(i,j)$ 成分にほかならない．

同様に $\begin{pmatrix} A & B \\ O & C \end{pmatrix}\begin{pmatrix} D & F \\ O & G \end{pmatrix}$ の $(i,j)$ 成分（$1 \leq i \leq m_1$, $n_1 + 1 \leq j \leq n_1 + n_2$）は $\displaystyle\sum_{k=1}^{\ell_1} a_{ik}f_{kj} + \sum_{k=1}^{\ell_2} b_{ik}g_{kj}$ である．これは $\begin{pmatrix} AD & AF+BG \\ O & CG \end{pmatrix}$ の $(i,j)$ 成分にほかならない．$\begin{pmatrix} A & B \\ O & C \end{pmatrix}\begin{pmatrix} D & F \\ O & G \end{pmatrix}$ の $(i,j)$ 成分（$m_1 + 1 \leq i \leq m_1 + m_2$, $1 \leq j \leq n_1$）は $0$ である．これは $\begin{pmatrix} AD & AF+BG \\ O & CG \end{pmatrix}$ の $(i,j)$ 成分にほかならない．$\begin{pmatrix} A & B \\ O & C \end{pmatrix}\begin{pmatrix} D & F \\ O & G \end{pmatrix}$ の $(i,j)$ 成分（$m_1 + 1 \leq i \leq m_1 + m_2$, $n_1 + 1 \leq j \leq n_1 + n_2$）は $\displaystyle\sum_{k=1}^{\ell_2} c_{ik}g_{kj}$ である．これは $\begin{pmatrix} AD & AF+BG \\ O & CG \end{pmatrix}$ の $(i,j)$ 成分にほかならない．

(3) $\begin{pmatrix} \boldsymbol{a}_1 & \boldsymbol{a}_2 & \cdots & \boldsymbol{a}_n \end{pmatrix} \begin{pmatrix} c_1 \\ c_2 \\ \vdots \\ c_n \end{pmatrix}$ は $m$ 次元列ベクトルである．この第 $i$ 成分は $\displaystyle\sum_{k=1}^{n} a_{ik}c_k$ である．これは $m$ 次元列ベクトル $c_1\boldsymbol{a}_1 + c_2\boldsymbol{a}_2 + \cdots + c_n\boldsymbol{a}_n$ の第 $i$ 成分にほかならない．

**注．** この問は行列を分割して積を計算する方法を示した．行列の分割の仕方は他にもたくさんある．たとえば (3) を拡張すると

$$\begin{pmatrix} \boldsymbol{a}_1 & \boldsymbol{a}_2 & \cdots & \boldsymbol{a}_n \end{pmatrix} \begin{pmatrix} c_{11} & c_{12} & \cdots & c_{1n} \\ c_{21} & c_{22} & \cdots & c_{2n} \\ \vdots & \vdots & & \vdots \\ c_{n1} & c_{n2} & \cdots & c_{nn} \end{pmatrix}$$

$$= \begin{pmatrix} c_{11}\boldsymbol{a}_1 + c_{21}\boldsymbol{a}_2 + \cdots + c_{n1}\boldsymbol{a}_n & c_{12}\boldsymbol{a}_1 + c_{22}\boldsymbol{a}_2 + \cdots + c_{n2}\boldsymbol{a}_n & \cdots & c_{1n}\boldsymbol{a}_1 + c_{2n}\boldsymbol{a}_2 + \cdots + c_{nn}\boldsymbol{a}_n \end{pmatrix}$$

のようになる．

## 2.2 連立 1 次方程式（掃き出し法）・行列の階数

次にあげる 3 つの例は与えられた連立 1 次方程式をそれと同値な方程式に変形して解く方法を紹介するものである.

**例 1.** 連立 1 次方程式 係数行列

$$\begin{cases} 2x-2y+\ \ z=0 \\ \ \ x+2y-4z=0 \\ -3x+2y \qquad\ =0 \end{cases} \longleftrightarrow \begin{pmatrix} 2 & -2 & 1 \\ 1 & 2 & -4 \\ -3 & 2 & 0 \end{pmatrix}$$

上から 2 つの方程式を入れ換えると $\downarrow$

$$\begin{cases} \ \ x+2y-4z=0 \quad \cdots \quad ① \\ 2x-2y+\ \ z=0 \quad \cdots \quad ② \\ -3x+2y \qquad\ =0 \quad \cdots \quad ③ \end{cases} \longleftrightarrow \begin{pmatrix} 1 & 2 & -4 \\ 2 & -2 & 1 \\ -3 & 2 & 0 \end{pmatrix}$$

② + ① × $(-2)$, ③ + ① × $3$ を作ると $\downarrow$

$$\begin{cases} x+2y-\ \ 4z=0 \quad \cdots \quad ① \\ \ \ -6y+\ \ 9z=0 \quad \cdots \quad ④ \\ \qquad 8y-12z=0 \quad \cdots \quad ⑤ \end{cases} \longleftrightarrow \begin{pmatrix} 1 & 2 & -4 \\ 0 & -6 & 9 \\ 0 & 8 & -12 \end{pmatrix}$$

④ × $(-\frac{4}{3})$ = ⑤ より⑤は不要.

④ × $(-\frac{1}{6})$ を作ると $\downarrow$

$$\begin{cases} x+2y-4z=0 \quad \cdots \quad ① \\ \qquad y-\frac{3}{2}z=0 \quad \cdots \quad ⑥ \end{cases} \longleftrightarrow \begin{pmatrix} 1 & 2 & -4 \\ 0 & 1 & -\frac{3}{2} \\ 0 & 0 & 0 \end{pmatrix}$$

① + ⑥ × $(-2)$ を作ると $\downarrow$

$$\begin{cases} x \quad - \quad z=0 \\ \quad y-\frac{3}{2}z=0 \end{cases} \longleftrightarrow \begin{pmatrix} 1 & 0 & -1 \\ 0 & 1 & -\frac{3}{2} \\ 0 & 0 & 0 \end{pmatrix}$$

この形の行列を簡約行列という.

よって与えられた連立 1 次方程式は $x=z,\ y=\dfrac{3}{2}z$ となるから，その解は $z=t$ とおけば

$$\begin{pmatrix} x \\ y \\ z \end{pmatrix} = t\begin{pmatrix} 1 \\ \frac{3}{2} \\ 1 \end{pmatrix} \qquad (t \text{ は任意定数})$$

となる．なお，$z=2t$ とおけば

$$\begin{pmatrix} x \\ y \\ z \end{pmatrix} = t\begin{pmatrix} 2 \\ 3 \\ 2 \end{pmatrix} \qquad (t \text{ は任意定数})$$

となる.

**例 2.**　　連立1次方程式　　　　拡大係数行列

$$\begin{cases} x - \ \ y - 2z = -17 \cdots \text{①} \\ 2x - \ \ y - 3z = -23 \cdots \text{②} \\ -x + 3y + 3z = \ \ 24 \cdots \text{③} \end{cases} \longleftrightarrow \left(\begin{array}{ccc|c} 1 & -1 & -2 & -17 \\ 2 & -1 & -3 & -23 \\ -1 & 3 & 3 & 24 \end{array}\right)$$

② + ① × (−2), ③ + ① を作ると　↓

$$\begin{cases} x - \ \ y - 2z = -17 \cdots \text{①} \\ y + \ \ z = \ \ 11 \cdots \text{④} \\ 2y + \ \ z = \ \ 7 \cdots \text{⑤} \end{cases} \longleftrightarrow \left(\begin{array}{ccc|c} 1 & -1 & -2 & -17 \\ 0 & 1 & 1 & 11 \\ 0 & 2 & 1 & 7 \end{array}\right)$$

① + ④, ⑤ + ④ × (−2) を作ると　↓

$$\begin{cases} x \quad - z = -16 \cdots \text{⑥} \\ y + z = \ \ 11 \cdots \text{④} \\ - z = -15 \cdots \text{⑦} \end{cases} \longleftrightarrow \left(\begin{array}{ccc|c} 1 & 0 & -1 & -6 \\ 0 & 1 & 1 & 11 \\ 0 & 0 & -1 & -15 \end{array}\right)$$

⑥ + ⑦ × (−1), ④ + ⑦, ⑦ × (−1) を作ると　↓

$$\begin{cases} x \qquad\qquad = \ \ 9 \\ \qquad y \qquad = -4 \\ \qquad\qquad z = \ \ 15 \end{cases} \longleftrightarrow \left(\begin{array}{ccc|c} 1 & 0 & 0 & 9 \\ 0 & 1 & 0 & -4 \\ 0 & 0 & 1 & 15 \end{array}\right)$$

簡約行列となる．

よって，与えられた連立1次方程式の解はただ一つで

$$\begin{pmatrix} x \\ y \\ z \end{pmatrix} = \begin{pmatrix} 9 \\ -4 \\ 15 \end{pmatrix}$$

となる．

**例 3.**

連立1次方程式　　　　拡大係数行列

$$\begin{cases} x - 2y + \ \ 8z - 3u = \ \ 7 \cdots \text{①} \\ -2x + 3y - 13z + 2u = -2 \cdots \text{②} \\ 3x + 3y - \ \ 3z + 2u = \ \ 13 \cdots \text{③} \end{cases} \longleftrightarrow \left(\begin{array}{cccc|c} 1 & -2 & 8 & -3 & 7 \\ -2 & 3 & -13 & 2 & -2 \\ 3 & 3 & -3 & 2 & 13 \end{array}\right)$$

② + ① × 2, ③ + ① × (−3) を作ると　↓

$$\begin{cases} x - \ \ 2y + \ \ 8z - \ \ 3u = \ \ 7 \cdots \text{①} \\ -y + \ \ 3z - \ \ 4u = \ \ 12 \cdots \text{④} \\ 9y - 27z + 11u = -8 \cdots \text{⑤} \end{cases} \longleftrightarrow \left(\begin{array}{cccc|c} 1 & -2 & 8 & -3 & 7 \\ 0 & -1 & 3 & -4 & 12 \\ 0 & 9 & -27 & 11 & -8 \end{array}\right)$$

{⑤ + ④ × 9} × $(-\frac{1}{25})$, ④ × (−1) を作ると　↓

$$\begin{cases} x-2y+8z-3u = \phantom{-1}7\cdots ① \\ \phantom{x-2}y-3z+4u=-12\cdots ⑥ \\ \phantom{x-2y+8z-3}u = \phantom{1}-4\cdots ⑦ \end{cases} \longleftrightarrow \left(\begin{array}{cccc|c} 1 & -2 & 8 & -3 & 7 \\ 0 & 1 & -3 & 4 & -12 \\ 0 & 0 & 0 & 1 & -4 \end{array}\right)$$

①＋⑦ × 3, ⑥＋⑦ × (−4) を作ると ↓

$$\begin{cases} x-2y+8z \phantom{-3u} = -5\cdots ⑧ \\ \phantom{x-2}y-3z \phantom{+4u}=\phantom{-}4\cdots ⑨ \\ \phantom{x-2y+8z-3}u = -4\cdots ⑦ \end{cases} \longleftrightarrow \left(\begin{array}{cccc|c} 1 & -2 & 8 & 0 & -5 \\ 0 & 1 & -3 & 0 & 4 \\ 0 & 0 & 0 & 1 & -4 \end{array}\right)$$

⑧＋⑨ × 2 を作ると ↓

$$\begin{cases} x \phantom{-2y}+2z \phantom{-3u} = \phantom{-}3 \\ \phantom{x-2}y-3z \phantom{+4u}=\phantom{-}4 \\ \phantom{x-2y+8z-3}u = -4 \end{cases} \longleftrightarrow \left(\begin{array}{cccc|c} 1 & 0 & 2 & 0 & 3 \\ 0 & 1 & -3 & 0 & 4 \\ 0 & 0 & 0 & 1 & -4 \end{array}\right)$$

簡約行列となる.

よって与えられた連立1次方程式は $x=3-2z$, $y=4+3z$, $u=-4$ となるから，$z=t$ とおけばその解は

$$\begin{pmatrix} x \\ y \\ z \\ u \end{pmatrix} = \begin{pmatrix} 3 \\ 4 \\ 0 \\ -4 \end{pmatrix} + t\begin{pmatrix} -2 \\ 3 \\ 1 \\ 0 \end{pmatrix} \qquad (t \text{ は任意定数})$$

となる.

例1〜3の変形を係数行列または拡大係数行列に注目してまとめてみると次のようになる.

### 行に関する基本変形

$m \times n$ 型の行列 $A$ に対し，次の (1)〜(3) の変形を $A$ の行に関する基本変形という.

(1) $A$ の2つの行を入れ換える.

(2) $A$ のある行を $c$ 倍（$c \neq 0$）する.

(3) $A$ のある行に他の行の $c$ 倍を加える.

さて，一般の連立1次方程式 $A\boldsymbol{x}=\boldsymbol{b}$ の解法についてふれてみよう．ここで，$\boldsymbol{x}$ は未知数ベクトルで

$$\boldsymbol{x} = \begin{pmatrix} x_1 \\ x_2 \\ \vdots \\ x_n \end{pmatrix}$$

であり，$A$ を係数行列，$(A \mid \boldsymbol{b})$ を拡大係数行列といい，$A$ は $m \times n$ 型の行列，

$(A \mid \boldsymbol{b})$ は $m \times (n+1)$ 型の行列である．行に関する基本変形を $(A \mid \boldsymbol{b})$ に数回適用し簡単な形の連立 1 次方程式になっても同値性は保たれる．このようにして連立 1 次方程式の解を求める方法を掃き出し法という．

例 1 は $\boldsymbol{b} = \boldsymbol{0}$ の場合であり，このような連立 1 次方程式を同次連立 1 次方程式と呼ぶ．同次連立 1 次方程式の場合は係数行列のみを基本変形して解くことができる．

**簡約行列と行列の階数**

$m \times n$ 型の行列 $A$ に対し，行に関する基本変形をして

$$\left(\begin{array}{ccccccccccccc}
1 & 0 & * & \cdots & * & 0 & * & \cdots & * & 0 & * & \cdots & * \\
0 & 1 & * & \cdots & * & 0 & * & \cdots & * & 0 & * & \cdots & * \\
0 & 0 & & \cdots & & 1 & & & & \vdots & \vdots & & \vdots \\
0 & \vdots & & & & 0 & & & & \vdots & \vdots & & \vdots \\
\vdots & \vdots & & & & \vdots & & & & 0 & \vdots & & \vdots \\
\vdots & \vdots & & & & \vdots & & & & 1 & * & \cdots & * \\
\vdots & \vdots & & & & \vdots & & & & 0 & 0 & \cdots & 0 \\
0 & 0 & & \cdots & & 0 & & \cdots & & 0 & 0 & \cdots & 0
\end{array}\right)
\begin{array}{l} \left.\begin{array}{l} \\ \\ \\ \\ \\ \\ \end{array}\right\} r \text{ 個の行} \\ \\ \\ \end{array}$$

となったとき，得られた行列を簡約行列といい，$A$ の階数は $r$ であるという．このとき $\operatorname{rank} A = r$ とかく．ただし零行列 $O$ については $\operatorname{rank} O = 0$ と定める．

例 1〜3 で得られた行列の階数は次のようになる．

$$\operatorname{rank}\begin{pmatrix} 1 & 0 & -1 \\ 0 & 1 & -\frac{3}{2} \\ 0 & 0 & 0 \end{pmatrix} = 2, \quad \operatorname{rank}\begin{pmatrix} 1 & 0 & 0 & 9 \\ 0 & 1 & 0 & -4 \\ 0 & 0 & 1 & 15 \end{pmatrix} = 3,$$

$$\operatorname{rank}\begin{pmatrix} 1 & 0 & 2 & 0 & 3 \\ 0 & 1 & -3 & 0 & 4 \\ 0 & 0 & 0 & 1 & -4 \end{pmatrix} = 3$$

**注 1.** 階段のできる個数が行列の階数である．

**注 2.** 行列の階数は変形の仕方によらず決まる数であるから簡約行列になる前の時点で階数は求まる．

**注 3.** $m \times n$ 型の行列 $A$ に対し，

$$\operatorname{rank} A \leq m, n$$

である．

**定理 1 (連立 1 次方程式 $A\boldsymbol{x} = \boldsymbol{b}$ の解)**

$A$ を $m \times n$ 型行列，$\boldsymbol{b}$ を $m$ 次列ベクトルとする．連立 1 次方程式 $A\boldsymbol{x} = \boldsymbol{b}$ について，次の (1), (2) が成立する．

(1) $\mathrm{rank}A = \mathrm{rank}(A\,|\,b)$ ならば，$A\boldsymbol{x} = \boldsymbol{b}$ は解をもつ．さらに，次が成り立つ．

 (i) $\mathrm{rank}A = n$ のとき，$A\boldsymbol{x} = \boldsymbol{b}$ の解はただ 1 つである．

 (ii) $\mathrm{rank}A < n$ のとき，$A\boldsymbol{x} = \boldsymbol{b}$ は無数の解をもち，それらは $(n - \mathrm{rank}A)$ 個の任意定数を用いて表される．この任意定数の個数 $n - \mathrm{rank}A$ を解の自由度という．

(2) $\mathrm{rank}A < \mathrm{rank}(A\,|\,b)$ ならば，$A\boldsymbol{x} = \boldsymbol{b}$ は解をもたない．

**定理 2 (同次連立 1 次方程式 $A\boldsymbol{x} = \boldsymbol{0}$ の解)**

$A$ を $m \times n$ 型行列とする．同次連立 1 次方程式 $A\boldsymbol{x} = \boldsymbol{0}$ は，つねに解 $\boldsymbol{x} = \boldsymbol{0}$ をもつ．この解を自明な解という．さらに，次が成立する．

(i) $\mathrm{rank}A = n$ のとき，$A\boldsymbol{x} = \boldsymbol{0}$ の解は自明な解 $\boldsymbol{x} = \boldsymbol{0}$ のみである．

(ii) $\mathrm{rank}A < n$ のとき，$A\boldsymbol{x} = \boldsymbol{0}$ は $\boldsymbol{x} = \boldsymbol{0}$ を含む無数の解をもち，それらは $(n - \mathrm{rank}A)$ 個の任意定数を用いて表される．このとき，$\boldsymbol{x} = \boldsymbol{0}$ 以外の解を非自明解という．

**例題 1.**

行列 $A = \begin{pmatrix} 1 & 1 & 1 & 1 \\ 1 & 2 & 3 & 4 \\ 1 & 3 & 5 & 5 \end{pmatrix}$ の階数 $\mathrm{rank}A$ を求めよ．

解答

$$A = \begin{pmatrix} 1 & 1 & 1 & 1 \\ 1 & 2 & 3 & 4 \\ 1 & 3 & 5 & 5 \end{pmatrix} \to \begin{pmatrix} 1 & 1 & 1 & 1 \\ 0 & 1 & 2 & 3 \\ 0 & 2 & 4 & 4 \end{pmatrix} \to \begin{pmatrix} 1 & 0 & -1 & -2 \\ 0 & 1 & 2 & 3 \\ 0 & 0 & 0 & -2 \end{pmatrix}$$

$$\to \begin{pmatrix} 1 & 0 & -1 & 0 \\ 0 & 1 & 2 & 0 \\ 0 & 0 & 0 & 1 \end{pmatrix}$$

より，$\mathrm{rank}A = 3$ である．

**例題 2.**

$A = \begin{pmatrix} 1 & 2 & 1 & 1 \\ 0 & -1 & 2 & 1 \\ 2 & 3 & x & y \end{pmatrix}$ とするとき，$\mathrm{rank}\,A = 2$ となる $x, y$ を求めよ．

**解答**

$$A = \begin{pmatrix} 1 & 2 & 1 & 1 \\ 0 & -1 & 2 & 1 \\ 2 & 3 & x & y \end{pmatrix} \to \begin{pmatrix} 1 & 2 & 1 & 1 \\ 0 & 1 & -2 & -1 \\ 0 & -1 & x-2 & y-2 \end{pmatrix} \to \begin{pmatrix} 1 & 2 & 1 & 1 \\ 0 & 1 & -2 & -1 \\ 0 & 0 & x-4 & y-3 \end{pmatrix}$$

よって

$$\operatorname{rank} A = 2 \iff \begin{cases} x - 4 = 0 \\ y - 3 = 0 \end{cases}$$

より $x = 4,\ y = 3$.

**例題 3.**

次の同次連立 1 次方程式を解け.

(1) $\begin{cases} x + 2y + 4z &= 0 \\ 3x + y + 2z &= 0 \\ -x + 5y + z &= 0 \end{cases}$　　(2) $\begin{cases} x_1 + x_2 + x_3 + x_4 &= 0 \\ x_1 + 2x_2 + 3x_4 + 4x_4 &= 0 \\ x_1 + 3x_2 + 5x_3 + 7x_4 &= 0 \end{cases}$

**解答**　(1), (2) ともに同次連立 1 次方程式であるから，係数行列に対する行基本変形を行う.

(1)

$$\begin{pmatrix} 1 & 2 & 4 \\ 3 & 1 & 2 \\ -1 & 5 & 1 \end{pmatrix} \to \begin{pmatrix} 1 & 2 & 4 \\ 0 & -5 & -10 \\ 0 & 7 & 5 \end{pmatrix} \to \begin{pmatrix} 1 & 2 & 4 \\ 0 & 1 & 2 \\ 0 & 7 & 5 \end{pmatrix}$$

$$\to \begin{pmatrix} 1 & 0 & 0 \\ 0 & 1 & 2 \\ 0 & 0 & -9 \end{pmatrix} \to \begin{pmatrix} 1 & 0 & 0 \\ 0 & 1 & 0 \\ 0 & 0 & 1 \end{pmatrix}$$

より，この係数行列に対応する同次連立 1 次方程式は $\begin{cases} x = 0 \\ y = 0 \\ z = 0 \end{cases}$ である．すなわち，解は自明な解 $\begin{pmatrix} x \\ y \\ z \end{pmatrix} = \begin{pmatrix} 0 \\ 0 \\ 0 \end{pmatrix}$ のみである.

(2)

$$\begin{pmatrix} 1 & 1 & 1 & 1 \\ 1 & 2 & 3 & 4 \\ 1 & 3 & 5 & 7 \end{pmatrix} \to \begin{pmatrix} 1 & 1 & 1 & 1 \\ 0 & 1 & 2 & 3 \\ 0 & 2 & 4 & 6 \end{pmatrix} \to \begin{pmatrix} 1 & 0 & -1 & -2 \\ 0 & 1 & 2 & 3 \\ 0 & 0 & 0 & 0 \end{pmatrix}$$

より，この係数行列に対応する同次連立 1 次方程式は $\begin{cases} x_1 \quad - \ x_3 - 2x_4 = 0 \\ \quad x_2 + 2x_3 + 3x_4 = 0 \end{cases}$

である．$x_3 = t_1,\ x_4 = t_2$ とおくと，求める解は

$$\begin{pmatrix} x_1 \\ x_2 \\ x_3 \\ x_4 \end{pmatrix} = \begin{pmatrix} t_1 + 2t_2 \\ -2t_1 - 3t_2 \\ t_1 \\ t_2 \end{pmatrix} = t_1 \begin{pmatrix} 1 \\ -2 \\ 1 \\ 0 \end{pmatrix} + t_2 \begin{pmatrix} 2 \\ -3 \\ 0 \\ 1 \end{pmatrix} \quad (t_1,\ t_2 \text{は任意定数}).$$

**例題 4.**

$a$ を実数とするとき，連立 1 次方程式 $\begin{cases} x + 3y \qquad + \ u = 3 \\ x + 2y + \ z \qquad = 1 \\ -x + \ y - 4z + 3u = a \end{cases}$ を解け．

解答

$$\left(\begin{array}{cccc|c} 1 & 3 & 0 & 1 & 3 \\ 1 & 2 & 1 & 0 & 1 \\ -1 & 1 & -4 & 3 & a \end{array}\right) \longrightarrow \left(\begin{array}{cccc|c} 1 & 3 & 0 & 1 & 3 \\ 0 & -1 & 1 & -1 & -2 \\ 0 & 4 & -4 & 4 & a+3 \end{array}\right)$$

$$\longrightarrow \left(\begin{array}{cccc|c} 1 & 3 & 0 & 1 & 3 \\ 0 & 1 & -1 & 1 & 2 \\ 0 & 0 & 0 & 0 & a-5 \end{array}\right) \longrightarrow \left(\begin{array}{cccc|c} 1 & 0 & 3 & -2 & -3 \\ 0 & 1 & -1 & 1 & 2 \\ 0 & 0 & 0 & 0 & a-5 \end{array}\right)$$

よって

$$a = 5 \text{ のとき} \quad \begin{pmatrix} x \\ y \\ z \\ u \end{pmatrix} = \begin{pmatrix} -3 \\ 2 \\ 0 \\ 0 \end{pmatrix} + t_1 \begin{pmatrix} -3 \\ 1 \\ 1 \\ 0 \end{pmatrix} + t_2 \begin{pmatrix} 2 \\ -1 \\ 0 \\ 1 \end{pmatrix}$$

（ただし，$t_1, t_2$ は任意定数）

$a \neq 5$ のとき　解なし．

## A

**1.**　次の行列 $A$ の階数を求めよ．

(1) $A = \begin{pmatrix} 1 & 2 \\ -3 & 1 \end{pmatrix}$　(2) $A = \begin{pmatrix} 2 & -5 \\ -4 & 10 \end{pmatrix}$　(3) $A = \begin{pmatrix} 0 & 1 & 1 \\ 1 & 0 & 1 \\ 1 & 1 & 0 \end{pmatrix}$

(4) $A = \begin{pmatrix} 1 & 2 & 2 & 1 \\ 2 & 3 & 1 & 4 \\ 3 & 7 & 9 & 1 \end{pmatrix}$　(5) $A = \begin{pmatrix} 2 & -4 & 2 & -3 & 6 \\ -1 & 2 & -5 & -1 & 0 \\ 2 & -4 & -14 & -13 & 18 \\ -5 & 10 & -17 & 0 & -6 \end{pmatrix}$

**2.**　次の行列 $A$ の階数を求めよ.

(1) $A = \begin{pmatrix} 1 & a & a \\ 1 & 1 & a \\ 1 & 1 & 1 \end{pmatrix}$　(2) $A = \begin{pmatrix} x & 1 & 1 \\ 1 & x & 1 \\ 1 & 1 & x \end{pmatrix}$　(3) $A = \begin{pmatrix} 1 & 2 & 3 & 4 \\ -1 & a-2 & 4 & 6 \\ -2 & -4 & a-3 & 6 \\ -1 & -2 & -3 & a-4 \end{pmatrix}$

**3.**　次の連立1次方程式を解け.

(1) $\begin{cases} 2x - 3y = 7 \\ 3x + 4y = 2 \end{cases}$　(2) $\begin{cases} 3x + 7y + 5z = 24 \\ 2x + 4y + 2z = 14 \end{cases}$　(3) $\begin{cases} 5x + 6y - 7z = -3 \\ 4x + 7y + 3z = 4 \\ -3x - 9y + z = 4 \end{cases}$

(4) $\begin{cases} -x + y - z = 2 \\ 2x - y + 3z = 4 \\ x + 2z = 1 \end{cases}$　(5) $\begin{cases} 5x + y + 2z = 9 \\ x + y + z = 7 \\ 9x + y + 3z = 11 \end{cases}$　(6) $\begin{cases} 2x - y - z = 1 \\ 2x - 2y - 3z = -3 \\ -2x - 3z = -11 \\ x - y - 2z = -3 \end{cases}$

**4.**　次の連立1次方程式を解け.

(1) $\begin{cases} x_1 + x_2 + x_3 + 2x_4 = 2 \\ 3x_1 + 5x_2 - 5x_3 + 2x_4 = 12 \\ 4x_1 + 4x_2 + 3x_3 - 5x_4 = 4 \end{cases}$　(2) $\begin{cases} 2x_1 + 2x_2 - x_3 + 2x_4 = 1 \\ 2x_1 + x_2 - 4x_3 + 3x_4 = 0 \\ 4x_1 + 5x_2 + x_3 + 3x_4 = -3 \end{cases}$

(3) $\begin{cases} x + 2y + z + 3u = 0 \\ 4x - y - 5z - 6u = 9 \\ x - 3y - 4z - 7u = 5 \\ 2x + y - z = 3 \end{cases}$

**5.**　次の連立1次方程式を解け.

(1) $\begin{cases} x_1 + 2x_2 + 3x_4 + 4x_5 = 2 \\ -x_1 + 2x_2 - 4x_3 + x_4 = 2 \\ 2x_1 + x_2 + 3x_3 - 2x_4 - 10x_5 = -4 \\ -2x_1 + x_2 - 5x_3 + x_4 + 3x_5 = 3 \end{cases}$　(2) $\begin{cases} x_1 - 2x_2 + 4x_3 + 2x_4 + 9x_5 = 0 \\ x_1 + x_2 + x_3 + 2x_4 + 3x_5 = 3 \\ -2x_1 + x_2 - 5x_3 + 2x_4 + 6x_5 = 4 \\ 2x_1 + x_2 + 3x_3 - x_4 - 7x_5 = -4 \end{cases}$

**6.**　$A = \begin{pmatrix} 2 & 3 & 1 \\ -1 & 2 & 4 \\ 4 & -1 & -7 \end{pmatrix}$ とするとき, 連立1次方程式

$$A\begin{pmatrix} x \\ y \\ z \end{pmatrix} = \begin{pmatrix} 1 \\ -1 \\ 3 \end{pmatrix}$$ および $$A\begin{pmatrix} u \\ v \\ w \end{pmatrix} = \begin{pmatrix} 0 \\ 1 \\ -2 \end{pmatrix}$$ を解け．

**7.**　連立 1 次方程式 $\begin{cases} x + y + z & = 1 \\ x + y \quad + \quad u = 1 \\ x \quad + z + \quad u = 1 \\ \quad y + z + (c-2)u = 1 \end{cases}$ がただ 1 組の解をもつためのの $c$ の条件を求めよ．また，このときの解を求めよ．

**8.**　$A = \begin{pmatrix} 1 & 2 & 0 & 1 \\ 2 & 2 & 1 & 1 \\ 3 & 4 & 1 & 2 \\ -2 & -2 & -1 & -1 \end{pmatrix}$, $\boldsymbol{x} = \begin{pmatrix} x_1 \\ x_2 \\ x_3 \\ x_4 \end{pmatrix}$, $\boldsymbol{b} = \begin{pmatrix} 1 \\ 1 \\ a \\ b \end{pmatrix}$ とするとき，連立 1 次方程式 $A\boldsymbol{x} = \boldsymbol{b}$ が解をもつように $a, b$ を定めよ．また，そのときの解 $\boldsymbol{x}$ を求めよ．

**9.**　同次連立 1 次方程式 $\begin{cases} x + \ \ y + \ \ \ z = 0 \\ x + ay + a^2z = 0 \\ x + by + b^2z = 0 \end{cases}$ が非自明解をもつための $a, b$ の条件を求め，その条件を満たす $(a, b)$ を $ab$ 平面上に図示せよ．

**10.**　$A = \begin{pmatrix} 1 & 2 & a \\ -1 & -2 & 1-a \\ 2 & 4 & b \end{pmatrix}$ とするとき，次の問に答えよ．

(1) $\operatorname{rank} A$ を求めよ．

(2) 連立 1 次方程式 $A\boldsymbol{x} = \begin{pmatrix} 1 \\ 0 \\ 2 \end{pmatrix}$ が解をもつための $a, b$ の条件を求めよ．

(3) (2) の条件が成立しているとき，この方程式の解を求めよ．

## B

**1.**　$\mathbf{0}$ でないベクトル $\boldsymbol{a} = (a_1 \quad a_2 \quad \cdots \quad a_m)$, $\boldsymbol{b} = (b_1 \quad b_2 \quad \cdots \quad b_m)$ に対して $A = {}^t\boldsymbol{a}\boldsymbol{b}$ とおくとき，$\operatorname{rank} A = 1$ であることを示せ．

**2.**　行列 $A = \begin{pmatrix} 1 & a-1 & 2 & -1 \\ a & 2 & -3 & 2 \\ 0 & a+1 & 3 & 3 \end{pmatrix}$ の階数を求めよ．

**3.**　次の行列 $A$ の階数を求めよ．

(1) $A = \begin{pmatrix} a^2 & ab \\ ab & b^2 \end{pmatrix}$　(2) $A = \begin{pmatrix} a^2 & ab & ac \\ ab & b^2 & bc \\ ac & bc & c^2 \end{pmatrix}$　(3) $A = \begin{pmatrix} a & b & c \\ b & c & a \\ c & a & b \end{pmatrix}$

**A の解答**

**1.** (1) $A = \begin{pmatrix} 1 & 2 \\ -3 & 1 \end{pmatrix} \to \begin{pmatrix} 1 & 2 \\ 0 & 7 \end{pmatrix} \to \begin{pmatrix} 1 & 0 \\ 0 & 1 \end{pmatrix}$ より $\operatorname{rank} A = 2$.

(2) $A = \begin{pmatrix} 2 & -5 \\ -4 & 10 \end{pmatrix} \to \begin{pmatrix} 2 & -5 \\ 0 & 0 \end{pmatrix} \to \begin{pmatrix} 1 & -\frac{5}{2} \\ 0 & 0 \end{pmatrix}$ より $\operatorname{rank} A = 1$.

(3) $A = \begin{pmatrix} 0 & 1 & 1 \\ 1 & 0 & 1 \\ 1 & 1 & 0 \end{pmatrix} \to \begin{pmatrix} 1 & 0 & 1 \\ 0 & 1 & 1 \\ 1 & 1 & 0 \end{pmatrix} \to \begin{pmatrix} 1 & 0 & 1 \\ 0 & 1 & 1 \\ 0 & 1 & -1 \end{pmatrix}$

$\to \begin{pmatrix} 1 & 0 & 1 \\ 0 & 1 & 1 \\ 0 & 0 & -2 \end{pmatrix} \to \begin{pmatrix} 1 & 0 & 1 \\ 0 & 1 & 1 \\ 0 & 0 & 1 \end{pmatrix} \to \begin{pmatrix} 1 & 0 & 0 \\ 0 & 1 & 0 \\ 0 & 0 & 1 \end{pmatrix}$ より $\operatorname{rank} A = 3$.

(4) $A = \begin{pmatrix} 1 & 2 & 2 & 1 \\ 2 & 3 & 1 & 4 \\ 3 & 7 & 9 & 1 \end{pmatrix} \to \begin{pmatrix} 1 & 2 & 2 & 1 \\ 0 & -1 & -3 & 2 \\ 0 & 1 & 3 & -2 \end{pmatrix}$

$\to \begin{pmatrix} 1 & 2 & 2 & 1 \\ 0 & 1 & 3 & -2 \\ 0 & 0 & 0 & 0 \end{pmatrix} \to \begin{pmatrix} 1 & 0 & -4 & 5 \\ 0 & 1 & 3 & -2 \\ 0 & 0 & 0 & 0 \end{pmatrix}$ より $\operatorname{rank} A = 2$.

(5) $A = \begin{pmatrix} 2 & -4 & 2 & -3 & 6 \\ -1 & 2 & -5 & -1 & 0 \\ 2 & -4 & -14 & -13 & 18 \\ -5 & 10 & -17 & 0 & -6 \end{pmatrix} \to \begin{pmatrix} -1 & 2 & -5 & -1 & 0 \\ 2 & -4 & 2 & -3 & 6 \\ 2 & -4 & -14 & -13 & 18 \\ -5 & 10 & -17 & 0 & -6 \end{pmatrix}$

$\to \begin{pmatrix} -1 & 2 & -5 & -1 & 0 \\ 0 & 0 & -8 & -5 & 6 \\ 0 & 0 & -24 & -15 & 18 \\ 0 & 0 & 8 & 5 & -6 \end{pmatrix} \to \begin{pmatrix} -1 & 2 & -5 & -1 & 0 \\ 0 & 0 & -8 & -5 & 6 \\ 0 & 0 & 0 & 0 & 0 \\ 0 & 0 & 0 & 0 & 0 \end{pmatrix}$

この段階で $\operatorname{rank} A = 2$ がわかる.

**2.** (1)

$$A=\begin{pmatrix}1&a&a\\1&1&a\\1&1&1\end{pmatrix}\to\begin{pmatrix}1&a&a\\0&1-a&0\\0&0&1-a\end{pmatrix}$$

より $a=1$ のとき $\operatorname{rank}A=1$，$a\neq1$ のとき $\operatorname{rank}A=3$.

(2)

$$A=\begin{pmatrix}x&1&1\\1&x&1\\1&1&x\end{pmatrix}\to\begin{pmatrix}1&1&x\\1&x&1\\x&1&1\end{pmatrix}\to\begin{pmatrix}1&1&x\\0&x-1&1-x\\0&1-x&1-x^2\end{pmatrix},$$

ここで $x=1$ のとき $A\to\begin{pmatrix}1&1&1\\0&0&0\\0&0&0\end{pmatrix}$ となり $\operatorname{rank}A=1$.

$x\neq1$ のとき

$$A\to\begin{pmatrix}1&1&x\\0&1&-1\\0&1&1+x\end{pmatrix}\to\begin{pmatrix}1&1&x\\0&1&-1\\0&0&2+x\end{pmatrix}$$

となるので，$x=-2$ のとき $\operatorname{rank}A=2$，$x\neq-2$ のとき $\operatorname{rank}A=3$．以上よりまとめると

$x=1$ のとき　$\operatorname{rank}A=1$

$x=-2$ のとき　$\operatorname{rank}A=2$

$x\neq1$ かつ $x\neq-2$ のとき　$\operatorname{rank}A=3$.

(3)

$$A=\begin{pmatrix}1&2&3&4\\-1&a-2&4&6\\-2&-4&a-3&6\\-1&-2&-3&a-4\end{pmatrix}\to\begin{pmatrix}1&2&3&4\\0&a&7&10\\0&0&a+3&14\\0&0&0&a\end{pmatrix}$$

より $a=0$ のとき

$$A\to\begin{pmatrix}1&2&3&4\\0&0&7&10\\0&0&3&14\\0&0&0&0\end{pmatrix}\to\begin{pmatrix}1&2&3&4\\0&0&1&-18\\0&0&3&14\\0&0&0&0\end{pmatrix}\to\begin{pmatrix}1&2&3&4\\0&0&1&-18\\0&0&0&68\\0&0&0&0\end{pmatrix}$$

$a+3=0$ のとき

$$A \to \begin{pmatrix} 1 & 2 & 3 & 4 \\ 0 & -3 & 7 & 10 \\ 0 & 0 & 0 & 14 \\ 0 & 0 & 0 & -3 \end{pmatrix} \to \begin{pmatrix} 1 & 2 & 3 & 4 \\ 0 & -3 & 7 & 10 \\ 0 & 0 & 0 & 1 \\ 0 & 0 & 0 & 0 \end{pmatrix}$$

となる．よって

$$a=0 \text{ または } a=-3 \text{ のとき} \quad \operatorname{rank} A = 3$$

$$a \neq 0 \text{ かつ } a \neq -3 \text{ のとき} \quad \operatorname{rank} A = 4.$$

**3.** (1)

$$\left(\begin{array}{cc|c} 2 & -3 & 7 \\ 3 & 4 & 2 \end{array}\right) \to \left(\begin{array}{cc|c} 2 & -3 & 7 \\ 1 & 7 & -5 \end{array}\right) \to \left(\begin{array}{cc|c} 1 & 7 & -5 \\ 0 & -17 & 17 \end{array}\right)$$

$$\to \left(\begin{array}{cc|c} 1 & 7 & -5 \\ 0 & 1 & -1 \end{array}\right) \to \left(\begin{array}{cc|c} 1 & 0 & 2 \\ 0 & 1 & -1 \end{array}\right) \text{ より } x=2, y=-1.$$

(2)

$$\left(\begin{array}{ccc|c} 3 & 7 & 5 & 24 \\ 2 & 4 & 2 & 14 \end{array}\right) \to \left(\begin{array}{ccc|c} 1 & 3 & 3 & 10 \\ 1 & 2 & 1 & 7 \end{array}\right)$$

$$\to \left(\begin{array}{ccc|c} 1 & 3 & 3 & 10 \\ 0 & -1 & -2 & -3 \end{array}\right) \to \left(\begin{array}{ccc|c} 1 & 0 & -3 & 1 \\ 0 & 1 & 2 & 3 \end{array}\right)$$

よって $\begin{cases} x \quad\quad -3z = 1 \\ \quad\quad y + 2z = 3 \end{cases}$ となるから，$z=t$ とおけば

$$\begin{pmatrix} x \\ y \\ z \end{pmatrix} = \begin{pmatrix} 1 \\ 3 \\ 0 \end{pmatrix} + t \begin{pmatrix} 3 \\ -2 \\ 1 \end{pmatrix} \quad (t \text{ は任意定数}).$$

(3)

$$\left(\begin{array}{ccc|c} 5 & 6 & -7 & -3 \\ 4 & 7 & 3 & 4 \\ -3 & -9 & 1 & 4 \end{array}\right) \to \left(\begin{array}{ccc|c} 1 & -1 & -10 & -7 \\ 4 & 7 & 3 & 4 \\ -3 & -9 & 1 & 4 \end{array}\right) \to \left(\begin{array}{ccc|c} 1 & -1 & -10 & -7 \\ 0 & 11 & 43 & 32 \\ 0 & -12 & -29 & -17 \end{array}\right)$$

$$\to \left(\begin{array}{ccc|c} 1 & -1 & -10 & -7 \\ 0 & -1 & 14 & 15 \\ 0 & -12 & -29 & -17 \end{array}\right) \to \left(\begin{array}{ccc|c} 1 & 0 & -24 & -22 \\ 0 & 1 & -14 & -15 \\ 0 & 0 & -197 & -197 \end{array}\right) \to \left(\begin{array}{ccc|c} 1 & 0 & -24 & -22 \\ 0 & 1 & 0 & -1 \\ 0 & 0 & 1 & 1 \end{array}\right)$$

$$\to \left(\begin{array}{ccc|c} 1 & 0 & 0 & 2 \\ 0 & 1 & 0 & -1 \\ 0 & 0 & 1 & 1 \end{array}\right) \text{ より } x=2, \quad y=-1, \quad z=1.$$

(4)

$$\left(\begin{array}{ccc|c} -1 & 1 & -1 & 2 \\ 2 & -1 & 3 & 4 \\ 1 & 0 & 2 & 1 \end{array}\right) \to \left(\begin{array}{ccc|c} 1 & 0 & 2 & 1 \\ 0 & -1 & -1 & 2 \\ 0 & 1 & 1 & 3 \end{array}\right) \to \left(\begin{array}{ccc|c} 1 & 0 & 2 & 1 \\ 0 & 1 & 1 & -2 \\ 0 & 0 & 0 & 5 \end{array}\right)$$ より解なし.

(5)

$$\left(\begin{array}{ccc|c} 5 & 1 & 2 & 9 \\ 1 & 1 & 1 & 7 \\ 9 & 1 & 3 & 11 \end{array}\right) \to \left(\begin{array}{ccc|c} 1 & 1 & 1 & 7 \\ 0 & -4 & -3 & -26 \\ 0 & -8 & -6 & -52 \end{array}\right) \to \left(\begin{array}{ccc|c} 1 & 1 & 1 & 7 \\ 0 & 1 & \frac{3}{4} & \frac{13}{2} \\ 0 & 0 & 0 & 0 \end{array}\right)$$

$$\to \left(\begin{array}{ccc|c} 1 & 0 & \frac{1}{4} & \frac{1}{2} \\ 0 & 1 & \frac{3}{4} & \frac{13}{2} \\ 0 & 0 & 0 & 0 \end{array}\right)$$ より $\begin{cases} x \quad + \dfrac{1}{4}z = \dfrac{1}{2} \\ \quad y + \dfrac{3}{4}z = \dfrac{13}{2} \end{cases}$ となるから, $z = 4t$ とおけば

$$\begin{pmatrix} x \\ y \\ z \end{pmatrix} = \begin{pmatrix} \frac{1}{2} \\ \frac{13}{2} \\ 0 \end{pmatrix} + t \begin{pmatrix} -1 \\ -3 \\ 4 \end{pmatrix} \quad (t \text{ は任意定数}).$$

(6)

$$\left(\begin{array}{ccc|c} 2 & -1 & -1 & 1 \\ 2 & -2 & -3 & -3 \\ -2 & 0 & -3 & -11 \\ 1 & -1 & -2 & -3 \end{array}\right) \to \left(\begin{array}{ccc|c} 1 & -1 & -2 & -3 \\ 2 & -1 & -1 & 1 \\ 2 & -2 & -3 & -3 \\ -2 & 0 & -3 & -11 \end{array}\right) \to \left(\begin{array}{ccc|c} 1 & -1 & -2 & -3 \\ 0 & 1 & 3 & 7 \\ 0 & 0 & 1 & 3 \\ 0 & -2 & -7 & -17 \end{array}\right)$$

$$\to \left(\begin{array}{ccc|c} 1 & -1 & -2 & -3 \\ 0 & 1 & 3 & 7 \\ 0 & 0 & 1 & 3 \\ 0 & 0 & -1 & -3 \end{array}\right) \to \left(\begin{array}{ccc|c} 1 & -1 & 0 & 3 \\ 0 & 1 & 0 & -2 \\ 0 & 0 & 1 & 3 \\ 0 & 0 & 0 & 0 \end{array}\right) \to \left(\begin{array}{ccc|c} 1 & 0 & 0 & 1 \\ 0 & 1 & 0 & -2 \\ 0 & 0 & 1 & 3 \\ 0 & 0 & 0 & 0 \end{array}\right)$$ より

$$x = 1, \quad y = -2, \quad z = 3.$$

**4.** (1)

$$\left(\begin{array}{cccc|c} 1 & 1 & 1 & 2 & 2 \\ 3 & 5 & -5 & 2 & 12 \\ 4 & 4 & 3 & -5 & 4 \end{array}\right) \to \left(\begin{array}{cccc|c} 1 & 1 & 1 & 2 & 2 \\ 0 & 2 & -8 & -4 & 6 \\ 0 & 0 & -1 & -13 & -4 \end{array}\right) \to \left(\begin{array}{cccc|c} 1 & 1 & 1 & 2 & 2 \\ 0 & 1 & -4 & -2 & 3 \\ 0 & 0 & 1 & 13 & 4 \end{array}\right)$$

$$\to \left(\begin{array}{cccc|c} 1 & 1 & 0 & -11 & -2 \\ 0 & 1 & 0 & 50 & 19 \\ 0 & 0 & 1 & 13 & 4 \end{array}\right) \to \left(\begin{array}{cccc|c} 1 & 0 & 0 & -61 & -21 \\ 0 & 1 & 0 & 50 & 19 \\ 0 & 0 & 1 & 13 & 4 \end{array}\right)$$ より

$$\begin{pmatrix} x_1 \\ x_2 \\ x_3 \\ x_4 \end{pmatrix} = \begin{pmatrix} -21 \\ 19 \\ 4 \\ 0 \end{pmatrix} + t \begin{pmatrix} 61 \\ -50 \\ -13 \\ 1 \end{pmatrix} \quad (t \text{ は任意定数}).$$

(2)

$$\left(\begin{array}{cccc|c} 2 & 2 & -1 & 2 & 1 \\ 2 & 1 & -4 & 3 & 0 \\ 4 & 5 & 1 & 3 & -3 \end{array}\right) \to \left(\begin{array}{cccc|c} 2 & 2 & -1 & 2 & 1 \\ 0 & -1 & -3 & 1 & -1 \\ 0 & 1 & 3 & -1 & -5 \end{array}\right) \to \left(\begin{array}{cccc|c} 2 & 2 & -1 & 2 & 1 \\ 0 & 1 & 3 & -1 & 1 \\ 0 & 0 & 0 & 0 & -6 \end{array}\right)$$

より解なし.

(3)

$$\left(\begin{array}{cccc|c} 1 & 2 & 1 & 3 & 0 \\ 4 & -1 & -5 & -6 & 9 \\ 1 & -3 & -4 & -7 & 5 \\ 2 & 1 & -1 & 0 & 3 \end{array}\right) \to \left(\begin{array}{cccc|c} 1 & 2 & 1 & 3 & 0 \\ 0 & -9 & -9 & -18 & 9 \\ 0 & -5 & -5 & -10 & 5 \\ 0 & -3 & -3 & -6 & 3 \end{array}\right) \to \left(\begin{array}{cccc|c} 1 & 2 & 1 & 3 & 0 \\ 0 & 1 & 1 & 2 & -1 \\ 0 & 1 & 1 & 2 & -1 \\ 0 & 1 & 1 & 2 & -1 \end{array}\right)$$

$$\to \left(\begin{array}{cccc|c} 1 & 2 & 1 & 3 & 0 \\ 0 & 1 & 1 & 2 & -1 \\ 0 & 0 & 0 & 0 & 0 \\ 0 & 0 & 0 & 0 & 0 \end{array}\right) \to \left(\begin{array}{cccc|c} 1 & 0 & -1 & -1 & 2 \\ 0 & 1 & 1 & 2 & -1 \\ 0 & 0 & 0 & 0 & 0 \\ 0 & 0 & 0 & 0 & 0 \end{array}\right) \text{ より}$$

$$\begin{pmatrix} x \\ y \\ z \\ u \end{pmatrix} = \begin{pmatrix} 2 \\ -1 \\ 0 \\ 0 \end{pmatrix} + t_1 \begin{pmatrix} 1 \\ -1 \\ 1 \\ 0 \end{pmatrix} + t_2 \begin{pmatrix} 1 \\ -2 \\ 0 \\ 1 \end{pmatrix} \quad (t_1, t_2 \text{ は任意定数}).$$

**5.** (1)

$$\left(\begin{array}{ccccc|c} 1 & 2 & 0 & 3 & 4 & 2 \\ -1 & 2 & -4 & 1 & 0 & 2 \\ 2 & 1 & 3 & -2 & -10 & -4 \\ -2 & 1 & -5 & 1 & 3 & 3 \end{array}\right) \to \left(\begin{array}{ccccc|c} 1 & 2 & 0 & 3 & 4 & 2 \\ 0 & 4 & -4 & 4 & 4 & 4 \\ 0 & -3 & 3 & -8 & -18 & -8 \\ 0 & 5 & -5 & 7 & 11 & 7 \end{array}\right)$$

$$\to \left(\begin{array}{ccccc|c} 1 & 2 & 0 & 3 & 4 & 2 \\ 0 & 1 & -1 & 1 & 1 & 1 \\ 0 & -3 & 3 & -8 & -18 & -8 \\ 0 & 5 & -5 & 7 & 11 & 7 \end{array}\right) \to \left(\begin{array}{ccccc|c} 1 & 2 & 0 & 3 & 4 & 2 \\ 0 & 1 & -1 & 1 & 1 & 1 \\ 0 & 0 & 0 & -5 & -15 & -5 \\ 0 & 0 & 0 & 2 & 6 & 2 \end{array}\right)$$

$$\to \left(\begin{array}{ccccc|c} 1 & 2 & 0 & 3 & 4 & 2 \\ 0 & 1 & -1 & 1 & 1 & 1 \\ 0 & 0 & 0 & 1 & 3 & 1 \\ 0 & 0 & 0 & 0 & 0 & 0 \end{array}\right) \to \left(\begin{array}{ccccc|c} 1 & 2 & 0 & 0 & -5 & -1 \\ 0 & 1 & -1 & 0 & -2 & 0 \\ 0 & 0 & 0 & 1 & 3 & 1 \\ 0 & 0 & 0 & 0 & 0 & 0 \end{array}\right)$$

$$\to \left(\begin{array}{ccccc|c} 1 & 0 & 2 & 0 & -1 & -1 \\ 0 & 1 & -1 & 0 & -2 & 0 \\ 0 & 0 & 0 & 1 & 3 & 1 \\ 0 & 0 & 0 & 0 & 0 & 0 \end{array}\right) \text{より}$$

$$\begin{pmatrix} x_1 \\ x_2 \\ x_3 \\ x_4 \\ x_5 \end{pmatrix} = \begin{pmatrix} -1 \\ 0 \\ 0 \\ 1 \\ 0 \end{pmatrix} + t_1 \begin{pmatrix} -2 \\ 1 \\ 1 \\ 0 \\ 0 \end{pmatrix} + t_2 \begin{pmatrix} 1 \\ 2 \\ 0 \\ -3 \\ 1 \end{pmatrix} \quad (t_1, t_2 \text{ は任意定数}).$$

(2)

$$\left(\begin{array}{ccccc|c} 1 & -2 & 4 & 2 & 9 & 0 \\ 1 & 1 & 1 & 2 & 3 & 3 \\ -2 & 1 & -5 & 2 & 6 & 4 \\ 2 & 1 & 3 & -1 & -7 & -4 \end{array}\right) \to \left(\begin{array}{ccccc|c} 1 & 1 & 1 & 2 & 3 & 3 \\ 1 & -2 & 4 & 2 & 9 & 0 \\ -2 & 1 & -5 & 2 & 6 & 4 \\ 2 & 1 & 3 & -1 & -7 & -4 \end{array}\right)$$

$$\to \left(\begin{array}{ccccc|c} 1 & 1 & 1 & 2 & 3 & 3 \\ 0 & -3 & 3 & 0 & 6 & -3 \\ 0 & 3 & -3 & 6 & 12 & 10 \\ 0 & -1 & 1 & -5 & -13 & -10 \end{array}\right) \to \left(\begin{array}{ccccc|c} 1 & 1 & 1 & 2 & 3 & 3 \\ 0 & 1 & -1 & 0 & -2 & 1 \\ 0 & 3 & -3 & 6 & 12 & 10 \\ 0 & -1 & 1 & -5 & -13 & -10 \end{array}\right)$$

$$\to \left(\begin{array}{ccccc|c} 1 & 1 & 1 & 2 & 3 & 3 \\ 0 & 1 & -1 & 0 & -2 & 1 \\ 0 & 0 & 0 & 6 & 18 & 7 \\ 0 & 0 & 0 & -5 & -15 & -9 \end{array}\right) \to \left(\begin{array}{ccccc|c} 1 & 1 & 1 & 2 & 3 & 3 \\ 0 & 1 & -1 & 0 & -2 & 1 \\ 0 & 0 & 0 & 6 & 18 & 7 \\ 0 & 0 & 0 & 1 & 3 & -2 \end{array}\right)$$

$$\to \left(\begin{array}{ccccc|c} 1 & 1 & 1 & 2 & 3 & 3 \\ 0 & 1 & -1 & 0 & -2 & 1 \\ 0 & 0 & 0 & 1 & 3 & -2 \\ 0 & 0 & 0 & 0 & 0 & 19 \end{array}\right) \text{より解なし.}$$

**6.**

$$\left(\begin{array}{ccc|cc} 2 & 3 & 1 & 1 & 0 \\ -1 & 2 & 4 & -1 & 1 \\ 4 & -1 & -7 & 3 & -2 \end{array}\right) \to \left(\begin{array}{ccc|cc} 0 & 7 & 9 & -1 & 2 \\ -1 & 2 & 4 & -1 & 1 \\ 0 & 7 & 9 & -1 & 2 \end{array}\right)$$

$$\to \left(\begin{array}{ccc|cc} 1 & -2 & -4 & 1 & -1 \\ 0 & 1 & \frac{9}{7} & -\frac{1}{7} & \frac{2}{7} \\ 0 & 0 & 0 & 0 & 0 \end{array}\right) \to \left(\begin{array}{ccc|cc} 1 & 0 & -\frac{10}{7} & \frac{5}{7} & -\frac{3}{7} \\ 0 & 1 & \frac{9}{7} & -\frac{1}{7} & \frac{2}{7} \\ 0 & 0 & 0 & 0 & 0 \end{array}\right)$$

$$A\begin{pmatrix} x \\ y \\ z \end{pmatrix} = \begin{pmatrix} 1 \\ -1 \\ 3 \end{pmatrix} \iff \begin{cases} x - \dfrac{10}{7}z = \dfrac{5}{7} \\ y + \dfrac{9}{7}z = -\dfrac{1}{7} \end{cases}$$

よって

$$\begin{pmatrix} x \\ y \\ z \end{pmatrix} = \begin{pmatrix} \frac{5}{7} \\ -\frac{1}{7} \\ 0 \end{pmatrix} + t\begin{pmatrix} 10 \\ -9 \\ 7 \end{pmatrix} \quad (t\text{ は任意定数}).$$

$$A\begin{pmatrix} u \\ v \\ w \end{pmatrix} = \begin{pmatrix} 0 \\ 1 \\ -2 \end{pmatrix} \iff \begin{cases} u - \dfrac{10}{7}w = -\dfrac{3}{7} \\ v + \dfrac{9}{7}w = \dfrac{2}{7} \end{cases}$$

よって

$$\begin{pmatrix} u \\ v \\ w \end{pmatrix} = \begin{pmatrix} -\frac{3}{7} \\ \frac{2}{7} \\ 0 \end{pmatrix} + s\begin{pmatrix} 10 \\ -9 \\ 7 \end{pmatrix} \quad (s\text{ は任意定数}).$$

**7.**

$$\left(\begin{array}{cccc|c} 1 & 1 & 1 & 0 & 1 \\ 1 & 1 & 0 & 1 & 1 \\ 1 & 0 & 1 & 1 & 1 \\ 0 & 1 & 1 & c-2 & 1 \end{array}\right) \to \left(\begin{array}{cccc|c} 1 & 1 & 1 & 0 & 1 \\ 0 & 0 & -1 & 1 & 0 \\ 0 & -1 & 0 & 1 & 0 \\ 0 & 1 & 1 & c-2 & 1 \end{array}\right)$$

$$\to \left(\begin{array}{cccc|c} 1 & 0 & 1 & 1 & 1 \\ 0 & 0 & -1 & 1 & 0 \\ 0 & -1 & 0 & 1 & 0 \\ 0 & 0 & 1 & c-1 & 1 \end{array}\right) \to \left(\begin{array}{cccc|c} 1 & 0 & 1 & 1 & 1 \\ 0 & 1 & 0 & -1 & 0 \\ 0 & 0 & 1 & -1 & 0 \\ 0 & 0 & 0 & c & 1 \end{array}\right)$$

より $c = 0$ のとき解なし．$c \neq 0$ のとき，さらに変形して

$$A \to \left(\begin{array}{cccc|c} 1 & 0 & 0 & 0 & 1-\frac{2}{c} \\ 0 & 1 & 0 & 0 & \frac{1}{c} \\ 0 & 0 & 1 & 0 & \frac{1}{c} \\ 0 & 0 & 0 & 1 & \frac{1}{c} \end{array}\right) \text{となるから} \begin{pmatrix} x \\ y \\ z \\ u \end{pmatrix} = \begin{pmatrix} 1-\frac{2}{c} \\ \frac{1}{c} \\ \frac{1}{c} \\ \frac{1}{c} \end{pmatrix}.$$

**8.**

$$\left(\begin{array}{cccc|c} 1 & 2 & 0 & 1 & 1 \\ 2 & 2 & 1 & 1 & 1 \\ 3 & 4 & 1 & 2 & a \\ -2 & -2 & -1 & -1 & b \end{array}\right) \to \left(\begin{array}{cccc|c} 1 & 2 & 0 & 1 & 1 \\ 0 & -2 & 1 & -1 & -1 \\ 0 & -2 & 1 & -1 & a-3 \\ 0 & 2 & -1 & 1 & b+2 \end{array}\right)$$

$$\to \left(\begin{array}{cccc|c} 1 & 2 & 0 & 1 & 1 \\ 0 & -2 & 1 & -1 & -1 \\ 0 & 0 & 0 & 0 & a-2 \\ 0 & 0 & 0 & 0 & b+1 \end{array}\right) \to \left(\begin{array}{cccc|c} 1 & 0 & 1 & 0 & 0 \\ 0 & 1 & -\frac{1}{2} & \frac{1}{2} & \frac{1}{2} \\ 0 & 0 & 0 & 0 & a-2 \\ 0 & 0 & 0 & 0 & b+1 \end{array}\right)$$

よって $A\boldsymbol{x} = \boldsymbol{b}$ が解をもつためには $a = 2, b = -1$．このとき $x_3 = t_1$，$x_4 = t_2$ とすると

$$x_1 = -t_1, \quad x_2 = \frac{1}{2} + \frac{1}{2}t_1 - \frac{1}{2}t_2$$

したがって

$$x = \begin{pmatrix} 0 \\ \frac{1}{2} \\ 0 \\ 0 \end{pmatrix} + t_1 \begin{pmatrix} -1 \\ \frac{1}{2} \\ 1 \\ 0 \end{pmatrix} + t_2 \begin{pmatrix} 0 \\ -\frac{1}{2} \\ 0 \\ 1 \end{pmatrix} \quad (t_1, t_2 \text{ は任意定数}).$$

**9.**

$$A = \begin{pmatrix} 1 & 1 & 1 \\ 1 & a & a^2 \\ 1 & b & b^2 \end{pmatrix} \to \begin{pmatrix} 1 & 1 & 1 \\ 0 & a-1 & a^2-1 \\ 0 & b-1 & b^2-1 \end{pmatrix}$$

ここで $a = 1$ または $b = 1$ のとき $\operatorname{rank} A < 3$ となり，非自明解をもつ．

$a \neq 1$ かつ $b \neq 1$ のとき

$$A \to \begin{pmatrix} 1 & 1 & 1 \\ 0 & 1 & a+1 \\ 0 & 1 & b+1 \end{pmatrix} \to \begin{pmatrix} 1 & 1 & 1 \\ 0 & 1 & a+1 \\ 0 & 0 & b-a \end{pmatrix}$$

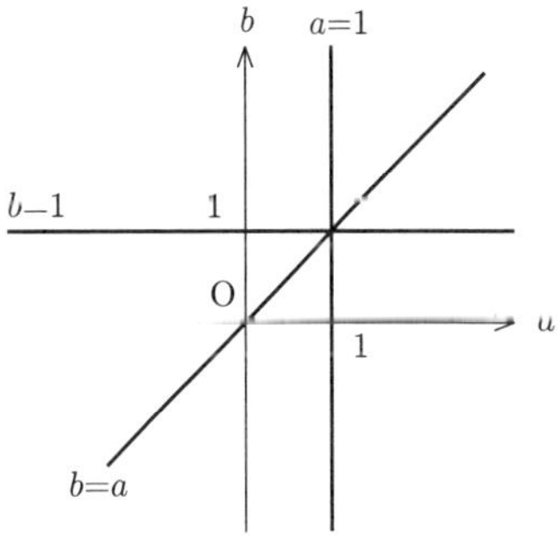


より $b - a = 0$ ならば非自明解をもち，$b - a \neq 0$ ならば非自明解をもたない．よって非自明解をもつ条件は $a = 1$ または $b = 1$ または $a = b$．図示すると欄外の図のようになる（太線部分）．

**10.**

(1)

$$A=\begin{pmatrix}1&2&a\\-1&-2&1-a\\2&4&b\end{pmatrix}\to\begin{pmatrix}1&2&a\\0&0&1\\0&0&b-2a\end{pmatrix}\to\begin{pmatrix}1&2&a\\0&0&1\\0&0&0\end{pmatrix}\text{より}$$

$\mathrm{rank}\,A=2$.

(2)

$$\left(\begin{array}{ccc|c}1&2&a&1\\-1&-2&1-a&0\\2&4&b&2\end{array}\right)\to\left(\begin{array}{ccc|c}1&2&a&1\\0&0&1&1\\0&0&b-2a&0\end{array}\right)\to\left(\begin{array}{ccc|c}1&2&a&1\\0&0&1&1\\0&0&0&2a-b\end{array}\right)\text{より}$$

$A\boldsymbol{x}=\begin{pmatrix}1\\0\\2\end{pmatrix}$ が解をもつためには $2a-b=0$. よって $b=2a$.

(3)

$$\left(\begin{array}{ccc|c}1&2&a&1\\-1&-2&1-a&0\\2&4&2a&2\end{array}\right)\to\left(\begin{array}{ccc|c}1&2&a&1\\0&0&1&1\\0&0&0&0\end{array}\right)\to\left(\begin{array}{ccc|c}1&2&0&1-a\\0&0&1&1\\0&0&0&0\end{array}\right)\text{より}$$

$$\boldsymbol{x}=\begin{pmatrix}1-a\\0\\1\end{pmatrix}+t\begin{pmatrix}-2\\1\\0\end{pmatrix}\quad(t\text{ は任意定数}).$$

**B の解答**

**1.** $a_i\neq 0$ とするとき, $A$ の第 $j$ 行 $(j\neq i)$ に第 $i$ 行の $\left(-\dfrac{a_j}{a_i}\right)$ 倍を加えてみればよい.

**2.**

$$A=\begin{pmatrix}1&a-1&2&-1\\a&2&-3&2\\0&a+1&3&3\end{pmatrix}\to\begin{pmatrix}1&a-1&2&-1\\0&-(a+1)(a-2)&-2a-3&a+2\\0&a+1&3&3\end{pmatrix}$$

$$\to\begin{pmatrix}1&a-1&2&-1\\0&0&a-9&4(a-1)\\0&a+1&3&3\end{pmatrix}\to\begin{pmatrix}1&a-1&2&-1\\0&a+1&3&3\\0&0&a-9&4(a-1)\end{pmatrix}$$

より $a+1=0$ のとき

$$A \to \begin{pmatrix} 1 & -2 & 2 & -1 \\ 0 & 0 & 1 & 1 \\ 0 & 0 & -10 & -8 \end{pmatrix},$$

$a-9=0$ のとき

$$A \to \begin{pmatrix} 1 & 8 & 2 & -1 \\ 0 & 10 & 3 & 3 \\ 0 & 0 & 0 & 32 \end{pmatrix},$$

$a+1 \neq 0$ かつ $a-9 \neq 0$ のとき

$$A \to \begin{pmatrix} 1 & a-1 & 2 & -1 \\ 0 & 1 & \frac{3}{a+1} & \frac{3}{a+1} \\ 0 & 0 & 1 & \frac{4(a-1)}{a-9} \end{pmatrix}$$

となる．以上をまとめると $\mathrm{rank}\, A = 3$.

（別解）　$A\boldsymbol{x} = \boldsymbol{0}$ の変数ベクトル $\boldsymbol{x} = \begin{pmatrix} x \\ y \\ z \\ w \end{pmatrix}$ の変数の順序を変えると $A$ の列が入れ換わるが，そのようにしても最終的に得られる解に含まれる任意定数の個数は同じであることが保証されているので，$A' = \begin{pmatrix} -1 & 2 & 1 & a-1 \\ 2 & -3 & a & 2 \\ 3 & 3 & 0 & a+1 \end{pmatrix}$ とすると，$\mathrm{rank}\, A = \mathrm{rank}\, A'$ である．

$$A' \to \begin{pmatrix} -1 & 2 & 1 & a-1 \\ 0 & 1 & a+2 & 2a \\ 0 & 9 & 3 & 4a-2 \end{pmatrix} \to \begin{pmatrix} -1 & 2 & 1 & a-1 \\ 0 & 1 & a+2 & 2a \\ 0 & 0 & -9a-15 & -14a-2 \end{pmatrix}$$

$-9a-15=0$ のとき $-14a-2 \neq 0$ であり，$\mathrm{rank}\, A' = 3$.

**3.** (1) (i) $a=b=0$ のとき $\mathrm{rank}\, A = 0$.

(ii) $a \neq 0$ のとき $A \to \begin{pmatrix} a & b \\ ab & b^2 \end{pmatrix} \to \begin{pmatrix} a & b \\ 0 & 0 \end{pmatrix}$.

(iii) $b \neq 0$ のとき $A \to \begin{pmatrix} a^2 & ab \\ a & b \end{pmatrix} \to \begin{pmatrix} a & b \\ 0 & 0 \end{pmatrix}$.

以上まとめて，$a=b=0$ のとき $\mathrm{rank}\, A = 0$, それ以外のとき $\mathrm{rank}\, A = 1$.

(2) (i) $a=b=c=0$ のとき $\operatorname{rank} A=0$.

(ii) $a,b,c$ のうち，少なくとも1つが0でない場合，例えば $a\neq 0$ のとき

$$A=\begin{pmatrix} a^2 & ab & ac \\ ab & b^2 & bc \\ ac & bc & c^2 \end{pmatrix}\to\begin{pmatrix} a & b & c \\ ab & b^2 & bc \\ ac & bc & c^2 \end{pmatrix}\to\begin{pmatrix} a & b & c \\ 0 & 0 & 0 \\ 0 & 0 & 0 \end{pmatrix}.$$

以上まとめて, $a=b=c=0$ のとき $\operatorname{rank} A=0$, それ以外のとき $\operatorname{rank} A=1$.

(3) (i) $a=b=c=0$ のとき $\operatorname{rank} A=0$.

(ii) $a=b=c\neq 0$ のとき $\operatorname{rank} A=1$.

(iii) $a=b=c$ でない場合

①$a+b+c=0$ のとき，$a,b,c$ の中に0でないものが存在しているので，例えば $a\neq 0$ とすると

$$A\to\begin{pmatrix} a & b & c \\ b & c & a \\ a+b+c & a+b+c & +a+b+c \end{pmatrix}$$

$$=\begin{pmatrix} a & b & c \\ b & c & a \\ 0 & 0 & 0 \end{pmatrix}\to\begin{pmatrix} 1 & \frac{b}{a} & \frac{c}{a} \\ 0 & \frac{ac-b^2}{a} & \frac{a^2-bc}{a} \\ 0 & 0 & 0 \end{pmatrix},$$

ここで $\dfrac{ac-b^2}{a}=\dfrac{1}{a}\{a(-a-b)-b^2\}=\dfrac{1}{a}\{-(a+\dfrac{b}{2})^2-\dfrac{3}{4}b^2\}\neq 0$. よって $\operatorname{rank} A=2$.

② $a+b+c\neq 0$ のとき

$$A\to\begin{pmatrix} a & b & c \\ b & c & a \\ a+b+c & a+b+c & a+b+c \end{pmatrix}\to\begin{pmatrix} a & b & c \\ b & c & a \\ 1 & 1 & 1 \end{pmatrix}$$

$$\to\begin{pmatrix} 1 & 1 & 1 \\ a & b & c \\ b & c & a \end{pmatrix}\to\begin{pmatrix} 1 & 1 & 1 \\ 0 & b-a & c-a \\ 0 & c-b & a-b \end{pmatrix}$$ となるが

$a,b,c$ の中に異なるものがあるから $\operatorname{rank} A=3$.

## 2.3 逆行列

### 正則行列

$n$ 次正方行列 $A$ に対し，$AX = XA = E$ となる $n$ 次正方行列 $X$ が存在するとき $A$ を正則行列という．このとき $X$ を $A$ の逆行列といい，$X = A^{-1}$ とかく．たとえば $A = \begin{pmatrix} a & b \\ c & d \end{pmatrix}$ のとき $\varDelta = ad - bc \neq 0$ ならば $A$ は正則で，$A^{-1} = \dfrac{1}{\varDelta}\begin{pmatrix} d & -b \\ -c & a \end{pmatrix}$ である．

正則行列に対して，次の性質が成り立つ．

(1) $A$ が正則行列ならば，$A^{-1}$ も正則行列で，$(A^{-1})^{-1} = A$ である．

(2) $A, B$ が正則行列ならば，$AB$ も正則行列で，$(AB)^{-1} = B^{-1}A^{-1}$ である．

(3) $A$ が正則行列ならば ${}^tA$ も正則行列で，$({}^tA)^{-1} = {}^t(A^{-1})$ である．

### 行列の負の累乗

正則行列 $A$ の逆行列 $A^{-1}$ を $n$ 個掛け合わせた積を $A^{-n}$ と表す．このとき，0 以上の整数 $m, n$ に対して成り立っていた

$$(1) \quad A^m A^n = A^{m+n} \qquad (2) \quad (A^m)^n = A^{mn}$$

はすべての整数に対して成り立つことがわかる．

**定理 1.** 行列 $X$ が $AX = E$ をみたせば $XA = E$ が成り立つ．

（第 3 章 3.2 の定理 5 を参照せよ．）

**定理 2.** $n$ 次正方行列 $A$ に対し，次の (1)–(3) は互いに同値である．

(1) $A$ は正則行列である．

(2) $\operatorname{rank} A = n$.

(3) 連立 1 次方程式 $A\boldsymbol{x} = \boldsymbol{b}$ は任意の $n$ 次元列ベクトル $\boldsymbol{b}$ に対してただ一つの解をもつ．

さらに，これらの条件が満たされたとき，(3) の解 $\boldsymbol{x}$ は $\boldsymbol{x} = A^{-1}\boldsymbol{b}$ と表される．

### 逆行列の求め方

$A$ を $n$ 次の正則行列とし，$X$ を $A$ の逆行列とすると $AX = XA = E$ となる．

$$X = \begin{pmatrix} x_{11} & x_{12} & \cdots & x_{1n} \\ x_{21} & x_{22} & \cdots & x_{2n} \\ \vdots & \vdots & & \vdots \\ x_{n1} & x_{n2} & \cdots & x_{nn} \end{pmatrix} \text{ の第 } j \text{ 列を } \boldsymbol{x}_j = \begin{pmatrix} x_{1j} \\ x_{2j} \\ \vdots \\ x_{nj} \end{pmatrix} \text{ とおけば}$$

$$AX = E \Longleftrightarrow A\boldsymbol{x}_j = \boldsymbol{e}_j \quad (1 \leq j \leq n)$$

となる．よって $AX = E$ をみたす $X$ を求めることは $n$ 個の連立1次方程式 $A\boldsymbol{x}_1 = \boldsymbol{e}_1, A\boldsymbol{x}_2 = \boldsymbol{e}_2, \cdots, A\boldsymbol{x}_n = \boldsymbol{e}_n$ をみたす $\boldsymbol{x}_1, \boldsymbol{x}_2, \cdots, \boldsymbol{x}_n$ を求めることと同値だから $(A|E)$ が行に関する基本変形で $(A|E) \to (E|B)$ となれば $X = B = A^{-1}$ である．

**注**．行に関する基本変形で $(A|E) \to (C|D)$ となり $\operatorname{rank} C < n$ であれば $A$ は正則行列でない．

**例題 1.**

$n$ 次正方行列 $A$ が $A^3 = O$ を満たせば $A + E$ は正則行列になることを示せ．

**解答**

$$(A+E)(A^2 - A + E) = (A^2 - A + E)(A+E) = A^3 + E = E.$$

よって $A + E$ は正則で，$(A+E)^{-1} = A^2 - A + E$ となる．

**例題 2.**

次の行列 $A$ が正則かどうかを調べて，正則ならば逆行列 $A^{-1}$ を求めよ．

(1) $A = \begin{pmatrix} 2 & 1 & 1 \\ 1 & 2 & 1 \\ -1 & 3 & 1 \end{pmatrix}$　　(2) $A = \begin{pmatrix} 1 & 2 & 3 \\ 1 & 1 & 2 \\ 2 & 4 & 6 \end{pmatrix}$

**解答**　(1)

$$\left(\begin{array}{ccc|ccc} 2 & 1 & 1 & 1 & 0 & 0 \\ 1 & 2 & 1 & 0 & 1 & 0 \\ -1 & 3 & 1 & 0 & 0 & 1 \end{array}\right) \to \left(\begin{array}{ccc|ccc} 1 & 2 & 1 & 0 & 1 & 0 \\ 2 & 1 & 1 & 1 & 0 & 0 \\ -1 & 3 & 1 & 0 & 0 & 1 \end{array}\right)$$

$$\to \left(\begin{array}{ccc|ccc} 1 & 2 & 1 & 0 & 1 & 0 \\ 0 & -3 & -1 & 1 & -2 & 0 \\ 0 & 5 & 2 & 0 & 1 & 1 \end{array}\right) \to \left(\begin{array}{ccc|ccc} 1 & 2 & 1 & 0 & 1 & 0 \\ 0 & -3 & -1 & 1 & -2 & 0 \\ 0 & 2 & 1 & 1 & -1 & 1 \end{array}\right)$$

$$\to \left(\begin{array}{ccc|ccc} 1 & 2 & 1 & 0 & 1 & 0 \\ 0 & -1 & 0 & 2 & -3 & 1 \\ 0 & 2 & 1 & 1 & -1 & 1 \end{array}\right) \to \left(\begin{array}{ccc|ccc} 1 & 2 & 1 & 0 & 1 & 0 \\ 0 & 1 & 0 & -2 & 3 & -1 \\ 0 & 0 & 1 & 5 & -7 & 3 \end{array}\right)$$

$$\to \left(\begin{array}{ccc|ccc} 1 & 0 & 0 & -1 & 2 & -1 \\ 0 & 1 & 0 & -2 & 3 & -1 \\ 0 & 0 & 1 & 5 & -7 & 3 \end{array}\right).$$

よって $A$ は正則で $A^{-1} = \begin{pmatrix} -1 & 2 & -1 \\ -2 & 3 & -1 \\ 5 & -7 & 3 \end{pmatrix}$

(2) $\left(\begin{array}{ccc|ccc} 1 & 2 & 3 & 1 & 0 & 0 \\ 1 & 1 & 2 & 0 & 1 & 0 \\ 2 & 4 & 6 & 0 & 0 & 1 \end{array}\right) \to \left(\begin{array}{ccc|ccc} 1 & 2 & 3 & 1 & 0 & 0 \\ 0 & -1 & -1 & -1 & 1 & 0 \\ 0 & 0 & 0 & -2 & 0 & 1 \end{array}\right)$,

$\mathrm{rank}\begin{pmatrix} 1 & 2 & 3 \\ 0 & -1 & -1 \\ 0 & 0 & 0 \end{pmatrix} = 2 < 3$ だから $A$ は正則でない.

## A

**1.** 次を示せ.

(1) $n$ 次正方行列 $A$ が正則ならば逆行列 $A^{-1}$ も正則で

$$(A^{-1})^{-1} = A$$

(2) $n$ 次正方行列 $A, B$ が正則ならば $AB$ も正則で

$$(AB)^{-1} = B^{-1}A^{-1}$$

(3) $n$ 次正方行列 $A$ が正則ならば ${}^tA$ も正則で

$$({}^tA)^{-1} = {}^t(A^{-1})$$

**2.** $A(\theta) = \begin{pmatrix} \cos\theta & -\sin\theta \\ \sin\theta & \cos\theta \end{pmatrix}$, $S = \begin{pmatrix} 1 & 0 \\ 0 & -1 \end{pmatrix}$ とするとき, 次のことを示せ.

(1) $A(\theta_1 + \theta_2) = A(\theta_1)A(\theta_2)$

(2) $A(\theta)^{-1} = A(-\theta)$

(3) $SA(\theta)S^{-1} = A(\theta)^{-1}$

**3.** 正方行列 $A$ が $A^2 - A + E = O$ をみたすとき $A$ は正則であることを示せ. さらに $A^{-1}$ を求めよ.

**4.** 正方行列 $A$ が $A^m = O$ ($m$ は自然数) となるとき $E - A$ の逆行列を求めよ.

**5.** 次の行列が正則であるかどうかを調べて正則ならばその逆行列を求めよ.

(1) $\begin{pmatrix} 3 & -1 \\ -2 & 1 \end{pmatrix}$ (2) $\begin{pmatrix} 1 & 2 \\ -2 & -4 \end{pmatrix}$ (3) $\begin{pmatrix} 101 & 99 \\ 99 & 101 \end{pmatrix}$

(4) $\begin{pmatrix} \sqrt{2}-1 & -\sqrt{3} \\ 0 & \sqrt{2}+1 \end{pmatrix}$

**6.**　次の行列 $A$ の逆行列を求めよ．

(1) $A = \begin{pmatrix} 1 & 1 & -1 \\ 2 & 3 & 2 \\ 3 & 3 & -2 \end{pmatrix}$　(2) $A = \begin{pmatrix} 2 & 0 & 1 \\ 2 & 2 & 2 \\ -4 & 2 & -1 \end{pmatrix}$　(3) $A = \begin{pmatrix} 1 & -2 & 2 \\ 2 & 1 & 5 \\ 1 & 1 & 3 \end{pmatrix}$

(4) $A = \begin{pmatrix} 3 & 2 & 6 \\ 2 & 7 & 3 \\ 4 & 3 & 8 \end{pmatrix}$　(5) $A = \begin{pmatrix} 1+i & 0 & -i \\ 0 & 1 & 1+i \\ 2+2i & 1 & 1+i \end{pmatrix}$

**7.**　次の行列 $A$ の逆行列を求めよ．

(1) $A = \begin{pmatrix} 2 & -1 & 0 & 0 \\ -1 & 2 & -1 & 0 \\ 0 & -1 & 2 & -1 \\ 0 & 0 & -1 & 1 \end{pmatrix}$　(2) $A = \begin{pmatrix} -1 & 1 & 1 & 1 \\ 1 & -1 & 1 & 1 \\ 1 & 1 & -1 & 1 \\ 1 & 1 & 1 & -1 \end{pmatrix}$

**8.**　$A = \begin{pmatrix} 1 & -3 & 1 \\ 0 & 1 & 4 \\ 0 & 0 & 1 \end{pmatrix}$, $B = \begin{pmatrix} 1 & 0 & 0 \\ 2 & 1 & 0 \\ -4 & 2 & 1 \end{pmatrix}$ とするとき $A^{-1}$, $B^{-1}$, $(AB)^{-1}$ を求めよ．

**9.**　次の行列 $A$ の逆行列を求めよ．

(1) $A = \begin{pmatrix} 1 & a & b \\ 0 & 1 & c \\ 0 & 0 & 1 \end{pmatrix}$　(2) $A = \begin{pmatrix} a & 1 & 0 \\ 1 & b & 1 \\ 0 & 1 & 0 \end{pmatrix}$　(3) $A = \begin{pmatrix} 1 & a & ab & 0 \\ 0 & 1 & b & bc \\ 0 & 0 & 1 & c \\ 0 & 0 & 0 & 1 \end{pmatrix}$

**10.**　$A = \begin{pmatrix} 1 & 0 & 1 & c \\ 0 & 1 & 0 & 1 \\ 1 & 0 & 2 & 0 \\ 0 & 1 & c & 0 \end{pmatrix}$ とするとき，次の問に答えよ．

(1) $A$ が正則であるための $c$ の条件を求めよ．

(2) $c = \sqrt{2}$ のとき $A$ の逆行列を求めよ．

## B

**1.**　$A$ を $m$ 次正方行列，$D$ を $n$ 次正方行列，$B$ を $m \times n$ 型の行列，$C$ を $n \times m$ 型の行列とし，$X = \begin{pmatrix} A & B \\ O & D \end{pmatrix}$, $Y = \begin{pmatrix} A & O \\ C & D \end{pmatrix}$ とおく．$A, D$ が正則行列のとき $X$ および $Y$ の逆行列を求めよ．

**2.**　$k$ を自然数とし，$A$ を $m \times n$ 型の行列とするとき，次の問に答えよ．ただし，$E_m$ は $m$ 次の単位行列を表す．

(1) $\begin{pmatrix} E_m & A \\ O & E_n \end{pmatrix}^k$ を求めよ.

(2) $\begin{pmatrix} E_m & -A \\ O & E_n \end{pmatrix}\begin{pmatrix} E_m & A \\ O & E_n \end{pmatrix}$, $\begin{pmatrix} E_m & A \\ O & E_n \end{pmatrix}\begin{pmatrix} E_m & -A \\ O & E_n \end{pmatrix}$ を求めよ.

(3) $\begin{pmatrix} E_m & A \\ O & E_n \end{pmatrix}^{-k}$ を求めよ.

(4) $B^2 = \begin{pmatrix} E_m & A \\ O & E_n \end{pmatrix}$ となる行列 $B$ を1つ求めよ.

**A の解答**

**1.** (1) $A^{-1}$ が正則であるということは $A^{-1}X = XA^{-1} = E$ を満たす行列 $X$ が存在するということである. ところが $A^{-1}A = AA^{-1} = E$ だから $A^{-1}$ は正則で $(A^{-1})^{-1} = A$ である.

(2)
$$(AB)(B^{-1}A^{-1}) = A(BB^{-1})A^{-1} = AEA^{-1} = E$$
$$(B^{-1}A^{-1})(AB) = B^{-1}(A^{-1}A)B = B^{-1}EB = E$$
よって $AB$ は正則で $(AB)^{-1} = B^{-1}A^{-1}$ である.

(3) ${}^tA\,{}^t(A^{-1}) = {}^t(A^{-1}A) = E$, ${}^t(A^{-1}){}^tA = {}^t(AA^{-1}) = E$ だから ${}^tA$ は正則で $({}^tA)^{-1} = {}^t(A^{-1})$ である.

**2.** (1)
$$A(\theta_1)A(\theta_2) = \begin{pmatrix} \cos\theta_1 & -\sin\theta_1 \\ \sin\theta_1 & \cos\theta_1 \end{pmatrix}\begin{pmatrix} \cos\theta_2 & -\sin\theta_2 \\ \sin\theta_2 & \cos\theta_2 \end{pmatrix}$$
$$= \begin{pmatrix} \cos\theta_1\cos\theta_2 - \sin\theta_1\sin\theta_2 & -(\cos\theta_1\sin\theta_2 + \sin\theta_1\cos\theta_2) \\ \sin\theta_1\cos\theta_2 + \cos\theta_1\sin\theta_2 & -\sin\theta_1\sin\theta_2 + \cos\theta_1\cos\theta_2 \end{pmatrix}$$
$$= \begin{pmatrix} \cos(\theta_1+\theta_2) & -\sin(\theta_1+\theta_2) \\ \sin(\theta_1+\theta_2) & \cos(\theta_1+\theta_2) \end{pmatrix} = A(\theta_1+\theta_2)$$

(2)
$$A(\theta)^{-1} = \begin{pmatrix} \cos\theta & -\sin\theta \\ \sin\theta & \cos\theta \end{pmatrix}^{-1}$$
$$= \begin{pmatrix} \cos\theta & \sin\theta \\ -\sin\theta & \cos\theta \end{pmatrix} = \begin{pmatrix} \cos(-\theta) & -\sin(-\theta) \\ \sin(-\theta) & \cos(-\theta) \end{pmatrix}$$
$$= A(-\theta)$$

(3)

$$SA(\theta)S^{-1} = \begin{pmatrix} 1 & 0 \\ 0 & -1 \end{pmatrix} \begin{pmatrix} \cos\theta & -\sin\theta \\ \sin\theta & \cos\theta \end{pmatrix} \begin{pmatrix} 1 & 0 \\ 0 & -1 \end{pmatrix}$$

$$= \begin{pmatrix} \cos\theta & -\sin\theta \\ -\sin\theta & -\cos\theta \end{pmatrix} \begin{pmatrix} 1 & 0 \\ 0 & -1 \end{pmatrix}$$

$$= \begin{pmatrix} \cos\theta & \sin\theta \\ -\sin\theta & \cos\theta \end{pmatrix} = A(\theta)^{-1}$$

**3.** $A(E-A) = A - A^2 = E$, $(E-A)A = A - A^2 = E$. よって $A$ は正則で, $A^{-1} = E - A$ である.

**4.**

$$E - A^m = (E-A)(E + A + A^2 + \cdots + A^{m-1})$$

$$= (E + A + A^2 + \cdots + A^{m-1})(E-A).$$

$A^m = O$ より

$$(E-A)(E + A + A^2 + \cdots + A^{m-1})$$

$$= (E + A + A^2 + \cdots + A^{m-1})(E-A) = E$$

となり $E - A$ の逆行列は $E + A + A^2 + \cdots + A^{m-1}$ である.

**5.** (1) $3 \times 1 - (-1)(-2) = 1$ より $\begin{pmatrix} 3 & -1 \\ -2 & 1 \end{pmatrix}^{-1} = \begin{pmatrix} 1 & 1 \\ 2 & 3 \end{pmatrix}$

(2) $1 \times (-4) - 2 \times (-2) = 0$ より $\begin{pmatrix} 1 & 2 \\ -2 & -4 \end{pmatrix}$ は正則でない.

(3) $101^2 - 99^2 = 200 \times 2 = 400$ より $\begin{pmatrix} 101 & 99 \\ 99 & 101 \end{pmatrix}^{-1} = \dfrac{1}{400} \begin{pmatrix} 101 & -99 \\ -99 & 101 \end{pmatrix}$

(4) $(\sqrt{2}-1)(\sqrt{2}+1) - (-\sqrt{3}) \cdot 0 = 1$ より

$$\begin{pmatrix} \sqrt{2}-1 & -\sqrt{3} \\ 0 & \sqrt{2}+1 \end{pmatrix}^{-1} = \begin{pmatrix} \sqrt{2}+1 & \sqrt{3} \\ 0 & \sqrt{2}-1 \end{pmatrix}$$

**6.** (1)

$$\left(\begin{array}{ccc|ccc} 1 & 1 & -1 & 1 & 0 & 0 \\ 2 & 3 & 2 & 0 & 1 & 0 \\ 3 & 3 & -2 & 0 & 0 & 1 \end{array}\right) \to \left(\begin{array}{ccc|ccc} 1 & 1 & -1 & 1 & 0 & 0 \\ 0 & 1 & 4 & -2 & 1 & 0 \\ 0 & 0 & 1 & -3 & 0 & 1 \end{array}\right) \to$$

$$\left(\begin{array}{ccc|ccc} 1 & 1 & -1 & 1 & 0 & 0 \\ 0 & 1 & 0 & 10 & 1 & -4 \\ 0 & 0 & 1 & -3 & 0 & 1 \end{array}\right) \to \left(\begin{array}{ccc|ccc} 1 & 0 & 0 & -12 & -1 & 5 \\ 0 & 1 & 0 & 10 & 1 & -4 \\ 0 & 0 & 1 & -3 & 0 & 1 \end{array}\right) \text{より}$$

$$A^{-1} = \begin{pmatrix} -12 & -1 & 5 \\ 10 & 1 & -4 \\ -3 & 0 & 1 \end{pmatrix}$$

(2)

$$\left(\begin{array}{ccc|ccc} 2 & 0 & 1 & 1 & 0 & 0 \\ 2 & 2 & 2 & 0 & 1 & 0 \\ -4 & 2 & -1 & 0 & 0 & 1 \end{array}\right) \to \left(\begin{array}{ccc|ccc} 2 & 0 & 1 & 1 & 0 & 0 \\ 0 & 2 & 1 & -1 & 1 & 0 \\ 0 & 2 & 1 & 2 & 0 & 1 \end{array}\right)$$

$$\to \left(\begin{array}{ccc|ccc} 2 & 0 & 1 & 1 & 0 & 0 \\ 0 & 2 & 1 & -1 & 1 & 0 \\ 0 & 0 & 0 & 3 & -1 & 1 \end{array}\right) \text{より逆行列は存在しない.}$$

(3)

$$\left(\begin{array}{ccc|ccc} 1 & -2 & 2 & 1 & 0 & 0 \\ 2 & 1 & 5 & 0 & 1 & 0 \\ 1 & 1 & 3 & 0 & 0 & 1 \end{array}\right) \to \left(\begin{array}{ccc|ccc} 1 & -2 & 2 & 1 & 0 & 0 \\ 0 & 5 & 1 & -2 & 1 & 0 \\ 0 & 3 & 1 & -1 & 0 & 1 \end{array}\right)$$

$$\to \left(\begin{array}{ccc|ccc} 1 & -2 & 2 & 1 & 0 & 0 \\ 0 & 2 & 0 & -1 & 1 & -1 \\ 0 & 3 & 1 & -1 & 0 & 1 \end{array}\right) \to \left(\begin{array}{ccc|ccc} 1 & -2 & 2 & 1 & 0 & 0 \\ 0 & 1 & 0 & -\frac{1}{2} & \frac{1}{2} & -\frac{1}{2} \\ 0 & 3 & 1 & -1 & 0 & 1 \end{array}\right)$$

$$\to \left(\begin{array}{ccc|ccc} 1 & -2 & 2 & 1 & 0 & 0 \\ 0 & 1 & 0 & -\frac{1}{2} & \frac{1}{2} & -\frac{1}{2} \\ 0 & 0 & 1 & \frac{1}{2} & -\frac{3}{2} & \frac{5}{2} \end{array}\right) \to \left(\begin{array}{ccc|ccc} 1 & 0 & 0 & -1 & 4 & -6 \\ 0 & 1 & 0 & -\frac{1}{2} & \frac{1}{2} & -\frac{1}{2} \\ 0 & 0 & 1 & \frac{1}{2} & -\frac{3}{2} & \frac{5}{2} \end{array}\right)$$

より

$$A^{-1} = \frac{1}{2}\begin{pmatrix} -2 & 8 & -12 \\ -1 & 1 & -1 \\ 1 & -3 & 5 \end{pmatrix}$$

(4)

$$\left(\begin{array}{ccc|ccc} 3 & 2 & 6 & 1 & 0 & 0 \\ 2 & 7 & 3 & 0 & 1 & 0 \\ 4 & 3 & 8 & 0 & 0 & 1 \end{array}\right) \to \left(\begin{array}{ccc|ccc} 1 & -5 & 3 & 1 & -1 & 0 \\ 2 & 7 & 3 & 0 & 1 & 0 \\ 4 & 3 & 8 & 0 & 0 & 1 \end{array}\right)$$

$$\to \left(\begin{array}{ccc|ccc} 1 & -5 & 3 & 1 & -1 & 0 \\ 0 & 17 & -3 & -2 & 3 & 0 \\ 0 & 23 & -4 & -4 & 4 & 1 \end{array}\right) \to \left(\begin{array}{ccc|ccc} 1 & -5 & 3 & 1 & -1 & 0 \\ 0 & 17 & -3 & -2 & 3 & 0 \\ 0 & 6 & -1 & -2 & 1 & 1 \end{array}\right)$$

$$\to \left(\begin{array}{ccc|ccc} 1 & -5 & 3 & 1 & -1 & 0 \\ 0 & -1 & 0 & 4 & 0 & -3 \\ 0 & 6 & -1 & -2 & 1 & 1 \end{array}\right) \to \left(\begin{array}{ccc|ccc} 1 & 0 & 3 & -19 & -1 & 15 \\ 0 & 1 & 0 & -4 & 0 & 3 \\ 0 & 0 & -1 & 22 & 1 & -17 \end{array}\right)$$

$$\to \left(\begin{array}{ccc|ccc} 1 & 0 & 0 & 47 & 2 & -36 \\ 0 & 1 & 0 & -4 & 0 & 3 \\ 0 & 0 & 1 & -22 & -1 & 17 \end{array}\right) \text{より}$$

$$A^{-1} = \begin{pmatrix} 47 & 2 & -36 \\ -4 & 0 & 3 \\ -22 & -1 & 17 \end{pmatrix}$$

(5)

$$\left(\begin{array}{ccc|ccc} 1+i & 0 & -i & 1 & 0 & 0 \\ 0 & 1 & 1+i & 0 & 1 & 0 \\ 2+2i & 1 & 1+i & 0 & 0 & 1 \end{array}\right) \to \left(\begin{array}{ccc|ccc} 1+i & 0 & -i & 1 & 0 & 0 \\ 0 & 1 & 1+i & 0 & 1 & 0 \\ 0 & 1 & 1+3i & -2 & 0 & 1 \end{array}\right)$$

$$\to \left(\begin{array}{ccc|ccc} 1+i & 0 & -i & 1 & 0 & 0 \\ 0 & 1 & 1+i & 0 & 1 & 0 \\ 0 & 0 & 2i & -2 & -1 & 1 \end{array}\right) \to \left(\begin{array}{ccc|ccc} 1+i & 0 & -i & 1 & 0 & 0 \\ 0 & 1 & 1+i & 0 & 1 & 0 \\ 0 & 0 & 1 & i & \frac{1}{2}i & -\frac{1}{2}i \end{array}\right)$$

$$\to \left(\begin{array}{ccc|ccc} 1+i & 0 & 0 & 0 & -\frac{1}{2} & \frac{1}{2} \\ 0 & 1 & 0 & 1-i & \frac{3-i}{2} & \frac{-1+i}{2} \\ 0 & 0 & 1 & i & \frac{1}{2}i & -\frac{1}{2}i \end{array}\right) \to \left(\begin{array}{ccc|ccc} 1 & 0 & 0 & 0 & -\frac{1-i}{4} & \frac{1-i}{4} \\ 0 & 1 & 0 & 1-i & \frac{3-i}{2} & \frac{-1+i}{2} \\ 0 & 0 & 1 & i & \frac{1}{2}i & -\frac{1}{2}i \end{array}\right)$$

より

$$A^{-1} = \frac{1}{4}\begin{pmatrix} 0 & -1+i & 1-i \\ 4-4i & 6-2i & -2+2i \\ 4i & 2i & -2i \end{pmatrix}$$

**7.** (1)

$$\left(\begin{array}{cccc|cccc} 2 & -1 & 0 & 0 & 1 & 0 & 0 & 0 \\ -1 & 2 & -1 & 0 & 0 & 1 & 0 & 0 \\ 0 & -1 & 2 & -1 & 0 & 0 & 1 & 0 \\ 0 & 0 & -1 & 1 & 0 & 0 & 0 & 1 \end{array}\right) \to \left(\begin{array}{cccc|cccc} 1 & -2 & 1 & 0 & 0 & -1 & 0 & 0 \\ 0 & 1 & -2 & 1 & 0 & 0 & -1 & 0 \\ 0 & 0 & 1 & -1 & 0 & 0 & 0 & -1 \\ 2 & -1 & 0 & 0 & 1 & 0 & 0 & 0 \end{array}\right)$$

$$\to \left(\begin{array}{cccc|cccc} 1 & -2 & 1 & 0 & 0 & -1 & 0 & 0 \\ 0 & 1 & -2 & 1 & 0 & 0 & -1 & 0 \\ 0 & 0 & 1 & -1 & 0 & 0 & 0 & -1 \\ 0 & 3 & -2 & 0 & 1 & 2 & 0 & 0 \end{array}\right) \to \left(\begin{array}{cccc|cccc} 1 & -2 & 1 & 0 & 0 & -1 & 0 & 0 \\ 0 & 1 & -2 & 1 & 0 & 0 & -1 & 0 \\ 0 & 0 & 1 & -1 & 0 & 0 & 0 & -1 \\ 0 & 0 & 4 & -3 & 1 & 2 & 3 & 0 \end{array}\right)$$

$$\to \left(\begin{array}{cccc|cccc} 1 & -2 & 1 & 0 & 0 & -1 & 0 & 0 \\ 0 & 1 & -2 & 1 & 0 & 0 & -1 & 0 \\ 0 & 0 & 1 & -1 & 0 & 0 & 0 & -1 \\ 0 & 0 & 0 & 1 & 1 & 2 & 3 & 4 \end{array}\right) \to \left(\begin{array}{cccc|cccc} 1 & -2 & 1 & 0 & 0 & -1 & 0 & 0 \\ 0 & 1 & -2 & 0 & -1 & -2 & -4 & -4 \\ 0 & 0 & 1 & 0 & 1 & 2 & 3 & 3 \\ 0 & 0 & 0 & 1 & 1 & 2 & 3 & 4 \end{array}\right)$$

$$\to \left(\begin{array}{cccc|cccc} 1 & -2 & 1 & 0 & 0 & -1 & 0 & 0 \\ 0 & 1 & 0 & 0 & 1 & 2 & 2 & 2 \\ 0 & 0 & 1 & 0 & 1 & 2 & 3 & 3 \\ 0 & 0 & 0 & 1 & 1 & 2 & 3 & 4 \end{array}\right) \to \left(\begin{array}{cccc|cccc} 1 & 0 & 0 & 0 & 1 & 1 & 1 & 1 \\ 0 & 1 & 0 & 0 & 1 & 2 & 2 & 2 \\ 0 & 0 & 1 & 0 & 1 & 2 & 3 & 3 \\ 0 & 0 & 0 & 1 & 1 & 2 & 3 & 4 \end{array}\right) \text{より}$$

$$A^{-1} = \begin{pmatrix} 1 & 1 & 1 & 1 \\ 1 & 2 & 2 & 2 \\ 1 & 2 & 3 & 3 \\ 1 & 2 & 3 & 4 \end{pmatrix}$$

(2)

$$\left(\begin{array}{cccc|cccc} -1 & 1 & 1 & 1 & 1 & 0 & 0 & 0 \\ 1 & -1 & 1 & 1 & 0 & 1 & 0 & 0 \\ 1 & 1 & -1 & 1 & 0 & 0 & 1 & 0 \\ 1 & 1 & 1 & -1 & 0 & 0 & 0 & 1 \end{array}\right) \to \left(\begin{array}{cccc|cccc} -1 & 1 & 1 & 1 & 1 & 0 & 0 & 0 \\ 0 & 0 & 2 & 2 & 1 & 1 & 0 & 0 \\ 0 & 2 & 0 & 2 & 1 & 0 & 1 & 0 \\ 0 & 2 & 2 & 0 & 1 & 0 & 0 & 1 \end{array}\right)$$

$$\to \left(\begin{array}{cccc|cccc} 1 & -1 & -1 & -1 & -1 & 0 & 0 & 0 \\ 0 & 2 & 0 & 2 & 1 & 0 & 1 & 0 \\ 0 & 0 & 2 & 2 & 1 & 1 & 0 & 0 \\ 0 & 0 & 2 & -2 & 0 & 0 & -1 & 1 \end{array}\right) \to \left(\begin{array}{cccc|cccc} 1 & -1 & -1 & -1 & -1 & 0 & 0 & 0 \\ 0 & 2 & 0 & 2 & 1 & 0 & 1 & 0 \\ 0 & 0 & 2 & 2 & 1 & 1 & 0 & 0 \\ 0 & 0 & 0 & -4 & -1 & -1 & -1 & 1 \end{array}\right)$$

$$\to \left(\begin{array}{cccc|cccc} 1 & -1 & -1 & -1 & -1 & 0 & 0 & 0 \\ 0 & 1 & 0 & 1 & \frac{1}{2} & 0 & \frac{1}{2} & 0 \\ 0 & 0 & 1 & 1 & \frac{1}{2} & \frac{1}{2} & 0 & 0 \\ 0 & 0 & 0 & 1 & \frac{1}{4} & \frac{1}{4} & \frac{1}{4} & -\frac{1}{4} \end{array}\right) \to \left(\begin{array}{cccc|cccc} 1 & -1 & -1 & -1 & -1 & 0 & 0 & 0 \\ 0 & 1 & 0 & 0 & \frac{1}{4} & -\frac{1}{4} & \frac{1}{4} & \frac{1}{4} \\ 0 & 0 & 1 & 0 & \frac{1}{4} & \frac{1}{4} & -\frac{1}{4} & \frac{1}{4} \\ 0 & 0 & 0 & 1 & \frac{1}{4} & \frac{1}{4} & \frac{1}{4} & -\frac{1}{4} \end{array}\right)$$

$$\to \left(\begin{array}{cccc|cccc} 1 & 0 & 0 & 0 & -\frac{1}{4} & \frac{1}{4} & \frac{1}{4} & \frac{1}{4} \\ 0 & 1 & 0 & 0 & \frac{1}{4} & -\frac{1}{4} & \frac{1}{4} & \frac{1}{4} \\ 0 & 0 & 1 & 0 & \frac{1}{4} & \frac{1}{4} & -\frac{1}{4} & \frac{1}{4} \\ 0 & 0 & 0 & 1 & \frac{1}{4} & \frac{1}{4} & \frac{1}{4} & -\frac{1}{4} \end{array}\right) \text{より}$$

$$A^{-1} = \frac{1}{4}\begin{pmatrix} -1 & 1 & 1 & 1 \\ 1 & -1 & 1 & 1 \\ 1 & 1 & -1 & 1 \\ 1 & 1 & 1 & -1 \end{pmatrix} \left(= \frac{1}{4}A\right)$$

**8.** $\left(\begin{array}{ccc|ccc} 1 & -3 & 1 & 1 & 0 & 0 \\ 0 & 1 & 4 & 0 & 1 & 0 \\ 0 & 0 & 1 & 0 & 0 & 1 \end{array}\right) \to \left(\begin{array}{ccc|ccc} 1 & -3 & 0 & 1 & 0 & -1 \\ 0 & 1 & 0 & 0 & 1 & -4 \\ 0 & 0 & 1 & 0 & 0 & 1 \end{array}\right) \to \left(\begin{array}{ccc|ccc} 1 & 0 & 0 & 1 & 3 & -13 \\ 0 & 1 & 0 & 0 & 1 & -4 \\ 0 & 0 & 1 & 0 & 0 & 1 \end{array}\right)$

より $A^{-1} = \begin{pmatrix} 1 & 3 & -13 \\ 0 & 1 & -4 \\ 0 & 0 & 1 \end{pmatrix}$.

$$\left(\begin{array}{ccc|ccc} 1 & 0 & 0 & 1 & 0 & 0 \\ 2 & 1 & 0 & 0 & 1 & 0 \\ -4 & 2 & 1 & 0 & 0 & 1 \end{array}\right) \to \left(\begin{array}{ccc|ccc} 1 & 0 & 0 & 1 & 0 & 0 \\ 0 & 1 & 0 & -2 & 1 & 0 \\ 0 & 2 & 1 & 4 & 0 & 1 \end{array}\right)$$

$$\to \left(\begin{array}{ccc|ccc} 1 & 0 & 0 & 1 & 0 & 0 \\ 0 & 1 & 0 & -2 & 1 & 0 \\ 0 & 0 & 1 & 8 & -2 & 1 \end{array}\right) \text{より } B^{-1} = \begin{pmatrix} 1 & 0 & 0 \\ -2 & 1 & 0 \\ 8 & -2 & 1 \end{pmatrix}.$$

$$(AB)^{-1} = B^{-1}A^{-1} = \begin{pmatrix} 1 & 0 & 0 \\ -2 & 1 & 0 \\ 8 & -2 & 1 \end{pmatrix}\begin{pmatrix} 1 & 3 & -13 \\ 0 & 1 & -4 \\ 0 & 0 & 1 \end{pmatrix} = \begin{pmatrix} 1 & 3 & -13 \\ -2 & -5 & 22 \\ 8 & 22 & -95 \end{pmatrix}.$$

**9.** (1)

$$\left(\begin{array}{ccc|ccc} 1 & a & b & 1 & 0 & 0 \\ 0 & 1 & c & 0 & 1 & 0 \\ 0 & 0 & 1 & 0 & 0 & 1 \end{array}\right) \to \left(\begin{array}{ccc|ccc} 1 & a & b & 1 & 0 & 0 \\ 0 & 1 & 0 & 0 & 1 & -c \\ 0 & 0 & 1 & 0 & 0 & 1 \end{array}\right)$$

$$\rightarrow \left(\begin{array}{ccc|ccc} 1 & 0 & 0 & 1 & -a & ac-b \\ 0 & 1 & 0 & 0 & 1 & -c \\ 0 & 0 & 1 & 0 & 0 & 1 \end{array}\right) \text{より } A^{-1} = \begin{pmatrix} 1 & -a & ac-b \\ 0 & 1 & -c \\ 0 & 0 & 1 \end{pmatrix}$$

(2)

$$\left(\begin{array}{ccc|ccc} a & 1 & 0 & 1 & 0 & 0 \\ 1 & b & 1 & 0 & 1 & 0 \\ 0 & 1 & 0 & 0 & 0 & 1 \end{array}\right) \rightarrow \left(\begin{array}{ccc|ccc} 1 & b & 1 & 0 & 1 & 0 \\ 0 & 1 & 0 & 0 & 0 & 1 \\ a & 1 & 0 & 1 & 0 & 0 \end{array}\right) \rightarrow \left(\begin{array}{ccc|ccc} 1 & b & 1 & 0 & 1 & 0 \\ 0 & 1 & 0 & 0 & 0 & 1 \\ a & 0 & 0 & 1 & 0 & -1 \end{array}\right)$$

$$\rightarrow \left(\begin{array}{ccc|ccc} 1 & b & 1 & 0 & 1 & 0 \\ 0 & 1 & 0 & 0 & 0 & 1 \\ 0 & -ab & -a & 1 & -a & -1 \end{array}\right) \rightarrow \left(\begin{array}{ccc|ccc} 1 & b & 1 & 0 & 1 & 0 \\ 0 & 1 & 0 & 0 & 0 & 1 \\ 0 & 0 & -a & 1 & -a & ab-1 \end{array}\right)$$

$a \neq 0$ のとき，さらに変形して

$$\left(\begin{array}{ccc|ccc} 1 & 0 & 0 & \frac{1}{a} & 0 & -\frac{1}{a} \\ 0 & 1 & 0 & 0 & 0 & 1 \\ 0 & 0 & 1 & -\frac{1}{a} & 1 & \frac{1}{a}-b \end{array}\right)$$

となる．よって $a \neq 0$ のとき

$$A^{-1} = \begin{pmatrix} \frac{1}{a} & 0 & -\frac{1}{a} \\ 0 & 0 & 1 \\ -\frac{1}{a} & 1 & \frac{1}{a}-b \end{pmatrix}$$

$a = 0$ のとき $A$ の逆行列は存在しない．

(3)

$$\left(\begin{array}{cccc|cccc} 1 & a & ab & 0 & 1 & 0 & 0 & 0 \\ 0 & 1 & b & bc & 0 & 1 & 0 & 0 \\ 0 & 0 & 1 & c & 0 & 0 & 1 & 0 \\ 0 & 0 & 0 & 1 & 0 & 0 & 0 & 1 \end{array}\right) \rightarrow \left(\begin{array}{cccc|cccc} 1 & a & ab & 0 & 1 & 0 & 0 & 0 \\ 0 & 1 & 0 & 0 & 0 & 1 & -b & 0 \\ 0 & 0 & 1 & c & 0 & 0 & 1 & 0 \\ 0 & 0 & 0 & 1 & 0 & 0 & 0 & 1 \end{array}\right)$$

$$\rightarrow \left(\begin{array}{cccc|cccc} 1 & a & ab & 0 & 1 & 0 & 0 & 0 \\ 0 & 1 & 0 & 0 & 0 & 1 & -b & 0 \\ 0 & 0 & 1 & 0 & 0 & 0 & 1 & -c \\ 0 & 0 & 0 & 1 & 0 & 0 & 0 & 1 \end{array}\right) \rightarrow \left(\begin{array}{cccc|cccc} 1 & 0 & 0 & 0 & 1 & -a & 0 & abc \\ 0 & 1 & 0 & 0 & 0 & 1 & -b & 0 \\ 0 & 0 & 1 & 0 & 0 & 0 & 1 & -c \\ 0 & 0 & 0 & 1 & 0 & 0 & 0 & 1 \end{array}\right)$$

より

$$A^{-1} = \begin{pmatrix} 1 & -a & 0 & abc \\ 0 & 1 & -b & 0 \\ 0 & 0 & 1 & -c \\ 0 & 0 & 0 & 1 \end{pmatrix}$$

**10.** (1)

$$\left(\begin{array}{cccc|cccc} 1 & 0 & 1 & c & 1 & 0 & 0 & 0 \\ 0 & 1 & 0 & 1 & 0 & 1 & 0 & 0 \\ 1 & 0 & 2 & 0 & 0 & 0 & 1 & 0 \\ 0 & 1 & c & 0 & 0 & 0 & 0 & 1 \end{array}\right) \to \left(\begin{array}{cccc|cccc} 1 & 0 & 1 & c & 1 & 0 & 0 & 0 \\ 0 & 1 & 0 & 1 & 0 & 1 & 0 & 0 \\ 0 & 0 & 1 & -c & -1 & 0 & 1 & 0 \\ 0 & 0 & c & -1 & 0 & -1 & 0 & 1 \end{array}\right)$$

$$\to \left(\begin{array}{cccc|cccc} 1 & 0 & 1 & c & 1 & 0 & 0 & 0 \\ 0 & 1 & 0 & 1 & 0 & 1 & 0 & 0 \\ 0 & 0 & 1 & -c & -1 & 0 & 1 & 0 \\ 0 & 0 & 0 & c^2-1 & c & -1 & -c & 1 \end{array}\right) \text{より}$$

$A$ が正則である条件は $c^2-1 \neq 0$ である．よって $c \neq \pm 1$.

(2) $c = \sqrt{2}$ のとき (1) の最終の変形に代入すると

$$\left(\begin{array}{cccc|cccc} 1 & 0 & 1 & \sqrt{2} & 1 & 0 & 0 & 0 \\ 0 & 1 & 0 & 1 & 0 & 1 & 0 & 0 \\ 0 & 0 & 1 & -\sqrt{2} & -1 & 0 & 1 & 0 \\ 0 & 0 & 0 & 1 & \sqrt{2} & -1 & -\sqrt{2} & 1 \end{array}\right)$$

$$\to \left(\begin{array}{cccc|cccc} 1 & 0 & 1 & \sqrt{2} & 1 & 0 & 0 & 0 \\ 0 & 1 & 0 & 0 & -\sqrt{2} & 2 & \sqrt{2} & -1 \\ 0 & 0 & 1 & 0 & 1 & -\sqrt{2} & -1 & \sqrt{2} \\ 0 & 0 & 0 & 1 & \sqrt{2} & -1 & -\sqrt{2} & 1 \end{array}\right)$$

$$\to \left(\begin{array}{cccc|cccc} 1 & 0 & 0 & 0 & -2 & 2\sqrt{2} & 3 & -2\sqrt{2} \\ 0 & 1 & 0 & 0 & -\sqrt{2} & 2 & \sqrt{2} & -1 \\ 0 & 0 & 1 & 0 & 1 & -\sqrt{2} & -1 & \sqrt{2} \\ 0 & 0 & 0 & 1 & \sqrt{2} & -1 & -\sqrt{2} & 1 \end{array}\right) \text{より}$$

$$A^{-1} = \begin{pmatrix} -2 & 2\sqrt{2} & 3 & -2\sqrt{2} \\ -\sqrt{2} & 2 & \sqrt{2} & -1 \\ 1 & -\sqrt{2} & -1 & \sqrt{2} \\ \sqrt{2} & -1 & -\sqrt{2} & 1 \end{pmatrix}$$

**B の解答**

**1.** $X^{-1} = \begin{pmatrix} P & Q \\ O & R \end{pmatrix}$ であろうと予想すると

$$\begin{pmatrix} A & B \\ O & D \end{pmatrix}\begin{pmatrix} P & Q \\ O & R \end{pmatrix} = \begin{pmatrix} AP & AQ+BR \\ O & DR \end{pmatrix} = \begin{pmatrix} E_m & O \\ O & E_n \end{pmatrix}$$

より $P = A^{-1}$, $R = D^{-1}$, $AQ+BR = O$, $Q = -A^{-1}BD^{-1}$ とならねばならない．実際に計算すれば

$$X\begin{pmatrix} A^{-1} & -A^{-1}BD^{-1} \\ O & D^{-1} \end{pmatrix} = \begin{pmatrix} A & B \\ O & D \end{pmatrix}\begin{pmatrix} A^{-1} & -A^{-1}BD^{-1} \\ O & D^{-1} \end{pmatrix}$$

$$= \begin{pmatrix} AA^{-1} & -AA^{-1}BD^{-1}+BD^{-1} \\ O & DD^{-1} \end{pmatrix} = \begin{pmatrix} E_m & O \\ O & E_n \end{pmatrix} = E_{m+n}.$$

$$\begin{pmatrix} A^{-1} & -A^{-1}BD^{-1} \\ O & D^{-1} \end{pmatrix}X = \begin{pmatrix} A^{-1} & -A^{-1}BD^{-1} \\ O & D^{-1} \end{pmatrix}\begin{pmatrix} A & B \\ O & D \end{pmatrix}$$

$$= \begin{pmatrix} A^{-1}A & A^{-1}B - A^{-1}BD^{-1}D \\ O & D^{-1}D \end{pmatrix} = \begin{pmatrix} E_m & O \\ O & E_n \end{pmatrix} = E_{m+n}.$$

よって

$$X^{-1} = \begin{pmatrix} A & B \\ O & D \end{pmatrix}^{-1} = \begin{pmatrix} A^{-1} & -A^{-1}BD^{-1} \\ O & D^{-1} \end{pmatrix}.$$

同様に $Y^{-1} = \begin{pmatrix} A^{-1} & O \\ -D^{-1}CA^{-1} & D^{-1} \end{pmatrix}$ であることも確かめられる．

**2.** (1) $\begin{pmatrix} E_m & A \\ O & E_n \end{pmatrix}^k = \begin{pmatrix} E_m & kA \\ O & E_n \end{pmatrix}$ となることを数学的帰納法を用いて示す．

$k=1$ のときは成り立っている．$k-1$ で成り立つと仮定すれば

$$\begin{pmatrix} E_m & A \\ O & E_n \end{pmatrix}^k = \begin{pmatrix} E_m & A \\ O & E_n \end{pmatrix}\begin{pmatrix} E_m & A \\ O & E_n \end{pmatrix}^{k-1}$$

$$= \begin{pmatrix} E_m & A \\ O & E_n \end{pmatrix}\begin{pmatrix} E_m & (k-1)A \\ O & E_n \end{pmatrix}$$

$$= \begin{pmatrix} E_m & (k-1)A+A \\ O & E_n \end{pmatrix} = \begin{pmatrix} E_m & kA \\ O & E_n \end{pmatrix}.$$

よって $k$ のときも成り立つ.

(2)

$$\begin{pmatrix} E_m & -A \\ O & E_n \end{pmatrix}\begin{pmatrix} E_m & A \\ O & E_n \end{pmatrix} = \begin{pmatrix} E_m & O \\ O & E_n \end{pmatrix} = E_{m+n},$$

$$\begin{pmatrix} E_m & A \\ O & E_n \end{pmatrix}\begin{pmatrix} E_m & -A \\ O & E_n \end{pmatrix} = \begin{pmatrix} E_m & O \\ O & E_n \end{pmatrix} = E_{m+n}$$

(3) 行列 $\begin{pmatrix} E_m & A \\ O & E_n \end{pmatrix}$ は (2) より正則だから

$$\begin{pmatrix} E_m & A \\ O & E_n \end{pmatrix}^{-k} = \left\{\begin{pmatrix} E_m & A \\ O & E_n \end{pmatrix}^{-1}\right\}^k$$

$$= \begin{pmatrix} E_m & -A \\ O & E_n \end{pmatrix}^k = \begin{pmatrix} E_m & -kA \\ O & E_n \end{pmatrix}$$

(4) $B = \begin{pmatrix} E_m & \frac{1}{2}A \\ O & E_n \end{pmatrix}$ とすると

$$B^2 = \begin{pmatrix} E_m & \frac{1}{2}A \\ O & E_n \end{pmatrix}^2 = \begin{pmatrix} E_m & 2\cdot\frac{1}{2}A \\ O & E_n \end{pmatrix} = \begin{pmatrix} E_m & A \\ O & E_n \end{pmatrix}$$

# 第 3 章

# 行列式

## 3.1 行列式の定義と性質

### 行列式の導入

次の連立 1 次方程式を消去法で解いてみよう.

$$\begin{cases} a_{11}x_1 + a_{12}x_2 = b_1 \cdots ① \\ a_{21}x_1 + a_{22}x_2 = b_2 \cdots ② \end{cases}$$

① $\times a_{22} -$ ② $\times a_{12}$ を計算すると

$$(a_{11}a_{22} - a_{12}a_{21})x_1 = a_{22}b_1 - a_{12}b_2.$$

また ② $\times a_{11} -$ ① $\times a_{21}$ を計算すると

$$(a_{11}a_{22} - a_{12}a_{21})x_2 = a_{11}b_2 - a_{21}b_1.$$

よって

$$a_{11}a_{22} - a_{12}a_{21} \neq 0 \tag{1}$$

ならば, 解

$$x_1 = \frac{a_{22}b_1 - a_{12}b_2}{a_{11}a_{22} - a_{12}a_{21}}, \quad x_2 = \frac{a_{11}b_2 - a_{21}b_1}{a_{11}a_{22} - a_{12}a_{21}}$$

を得る.

同じようにして, 連立 1 次方程式

$$\begin{cases} a_{11}x_1 + a_{12}x_2 + a_{13}x_3 = b_1 \\ a_{21}x_1 + a_{22}x_2 + a_{23}x_3 = b_2 \\ a_{31}x_1 + a_{32}x_2 + a_{33}x_3 = b_3 \end{cases}$$

を考えると

$$a_{11}a_{22}a_{33} + a_{12}a_{23}a_{31} + a_{13}a_{21}a_{32} - a_{11}a_{23}a_{32} - a_{12}a_{21}a_{33} - a_{13}a_{22}a_{31} \neq 0 \tag{2}$$

のとき, 解を表す式が得られることがわかる.

(1) の左辺を $\begin{vmatrix} a_{11} & a_{12} \\ a_{21} & a_{22} \end{vmatrix}$，(2) の左辺を $\begin{vmatrix} a_{11} & a_{12} & a_{13} \\ a_{21} & a_{22} & a_{23} \\ a_{31} & a_{32} & a_{33} \end{vmatrix}$ と表し，それぞれ 2 次の行列式，3 次の行列式という．

**順列**

$n$ 個の数 $1, 2, \cdots, n$ を任意の順序で 1 列に並べたものを $n$ 次の順列といい，$(p_1 p_2 \cdots p_n)$ で表す．$n$ 次の順列は全部で $n!$ 個ある．

$(p_1 p_2 \cdots p_n)$ を順列とする．各 $p_i\ (i = 1, 2, \cdots, n-1)$ に対し，$p_i$ の右側にある数 $p_{i+1}, \cdots, p_n$ のうち $p_i$ より小さい数の個数を $k_i$ とおく．また $k_n = 0$ とする．このとき和 $k_1 + k_2 + \cdots + k_{n-1}$ を順列 $(p_1 p_2 \cdots p_n)$ の転倒数という．

順列 $(p_1 p_2 \cdots p_n)$ の転倒数が偶数のとき $(p_1 p_2 \cdots p_n)$ は偶順列，転倒数が奇数のとき奇順列であるという．このとき順列の符号 $\varepsilon(p_1 p_2 \cdots p_n)$ を

$$\varepsilon(p_1 p_2 \cdots p_n) = \begin{cases} 1 & ((p_1 p_2 \cdots p_n) \text{ が偶順列のとき}) \\ -1 & ((p_1 p_2 \cdots p_n) \text{ が奇順列のとき}) \end{cases}$$

によって定める．

**例．**　4 次の順列 (2143) について，$k_1 = 1,\ k_2 = 0,\ k_3 = 1$ だから転倒数は $1 + 0 + 1 = 2$．よって (2143) は偶順列である．

**定理 1.**　順列の隣同士の数を入れ換えると，順列の符号が変わる:

$$\varepsilon(p_1 \cdots p_i p_{i+1} \cdots p_n) = -\varepsilon(p_1 \cdots p_{i+1} p_i \cdots p_n).$$

**行列式の定義**

正方行列

$$A = \begin{pmatrix} a_{11} & a_{12} & \cdots & a_{1n} \\ a_{21} & a_{22} & \cdots & a_{2n} \\ & \cdots\cdots\cdots\cdots & & \\ a_{n1} & a_{n2} & \cdots & a_{nn} \end{pmatrix}$$

に対し，その成分によって定義される式

$$\sum \varepsilon(p_1 p_2 \cdots p_n) a_{1p_1} a_{2p_2} \cdots a_{np_n}$$

を $A$ の行列式 (determinant) という．$A$ が $n$ 次のとき，その行列式を $n$ 次の行列式という．ここで $\sum$ は $n$ 次の順列 $(p_1 p_2 \cdots p_n)$ すべてについて和をとる

ことを表す．$A$ の行列式は

$$\begin{vmatrix} a_{11} & a_{12} & \cdots & a_{1n} \\ a_{21} & a_{22} & \cdots & a_{2n} \\ & \cdots\cdots\cdots\cdots & & \\ a_{n1} & a_{n2} & \cdots & a_{nn} \end{vmatrix}$$

で表し，略して $|A|, \det A$ とも書く．行列を記述するときに用いる括弧は ( ) あるいは [ ] であり，行列と行列式を混同せず，それぞれ正しく記述することが大切である．

**例．**　1 次と 2 次の行列式はそれぞれ次のようになる:

$$|a_{11}| = a_{11},\quad \text{（絶対値とは異なることに注意）}$$

$$\begin{vmatrix} a_{11} & a_{12} \\ a_{21} & a_{22} \end{vmatrix} = \varepsilon(12)a_{11}a_{22} + \varepsilon(21)a_{12}a_{21} = a_{11}a_{22} - a_{12}a_{21}.$$

また，3 次の行列式は

$$\begin{vmatrix} a_{11} & a_{12} & a_{13} \\ a_{21} & a_{22} & a_{23} \\ a_{31} & a_{32} & a_{33} \end{vmatrix} = \varepsilon(123)a_{11}a_{22}a_{33} + \varepsilon(231)a_{12}a_{23}a_{31} + \varepsilon(312)a_{13}a_{21}a_{32}$$

$$+ \varepsilon(132)a_{11}a_{23}a_{32} + \varepsilon(213)a_{12}a_{21}a_{33} + \varepsilon(321)a_{13}a_{22}a_{31}$$

$$= a_{11}a_{22}a_{33} + a_{12}a_{23}a_{31} + a_{13}a_{21}a_{32} - a_{11}a_{23}a_{32} - a_{12}a_{21}a_{33} - a_{13}a_{22}a_{31}$$

となり，これらは先に述べた定義と一致する．2 次と 3 次の行列式は次のたすき掛けの方法で記憶すると便利である．なお，**4 次以上の行列式にはこの方法は適用できない．**

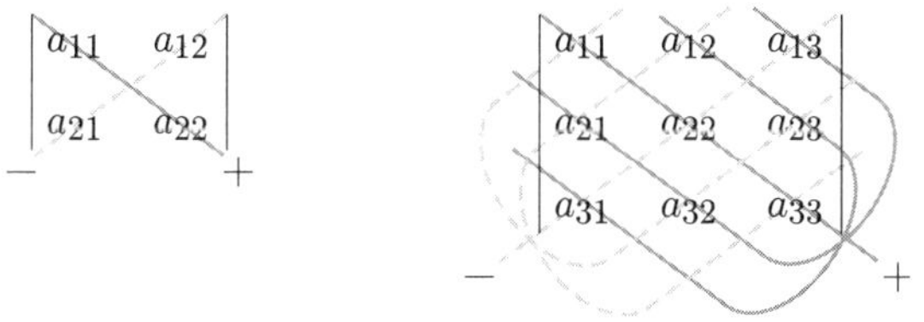

### 行列式の性質

**定理 2.**

$$\begin{vmatrix} a_{11} & 0 & \cdots & 0 \\ a_{21} & a_{22} & \cdots & a_{2n} \\ & \cdots\cdots\cdots\cdots & & \\ a_{n1} & a_{n2} & \cdots & a_{nn} \end{vmatrix} = \begin{vmatrix} a_{11} & a_{12} & \cdots & a_{1n} \\ 0 & a_{22} & \cdots & a_{2n} \\ \vdots & \vdots & & \vdots \\ 0 & a_{n2} & \cdots & a_{nn} \end{vmatrix} = a_{11}\begin{vmatrix} a_{22} & \cdots & a_{2n} \\ & \cdots & \\ a_{n2} & \cdots & a_{nn} \end{vmatrix}$$

定理2より，特に次の式が成り立つことがわかる．

$$\begin{vmatrix} a_{11} & & & \text{\Large 0} \\ a_{21} & a_{22} & & \\ \vdots & \vdots & \ddots & \\ a_{n1} & a_{n2} & \cdots & a_{nn} \end{vmatrix} = \begin{vmatrix} a_{11} & a_{12} & \cdots & a_{1n} \\ & a_{22} & \cdots & a_{2n} \\ & & \ddots & \vdots \\ \text{\Large 0} & & & a_{nn} \end{vmatrix} = a_{11}a_{22}\cdots a_{nn}$$

**定理 3.**

$$\begin{vmatrix} a_{11} & a_{12} & \cdots & a_{1n} \\ \cdots & \cdots & \cdots & \cdots \\ \lambda a_{i1} & \lambda a_{i2} & \cdots & \lambda a_{in} \\ \cdots & \cdots & \cdots & \cdots \\ a_{n1} & a_{n2} & \cdots & a_{nn} \end{vmatrix} = \lambda \begin{vmatrix} a_{11} & a_{12} & \cdots & a_{1n} \\ \cdots & \cdots & \cdots & \cdots \\ a_{i1} & a_{i2} & \cdots & a_{in} \\ \cdots & \cdots & \cdots & \cdots \\ a_{n1} & a_{n2} & \cdots & a_{nn} \end{vmatrix}$$

**定理 4.**

$$\begin{vmatrix} a_{11} & a_{12} & \cdots & a_{1n} \\ \cdots & \cdots & \cdots & \cdots \\ a_{i1}+b_{i1} & a_{i2}+b_{i2} & \cdots & a_{in}+b_{in} \\ \cdots & \cdots & \cdots & \cdots \\ a_{n1} & a_{n2} & \cdots & a_{nn} \end{vmatrix}$$

$$= \begin{vmatrix} a_{11} & a_{12} & \cdots & a_{1n} \\ \cdots & \cdots & \cdots & \cdots \\ a_{i1} & a_{i2} & \cdots & a_{in} \\ \cdots & \cdots & \cdots & \cdots \\ a_{n1} & a_{n2} & \cdots & a_{nn} \end{vmatrix} + \begin{vmatrix} a_{11} & a_{12} & \cdots & a_{1n} \\ \cdots & \cdots & \cdots & \cdots \\ b_{i1} & b_{i2} & \cdots & b_{in} \\ \cdots & \cdots & \cdots & \cdots \\ a_{n1} & a_{n2} & \cdots & a_{nn} \end{vmatrix}$$

**定理 5.**　2つの行を入れ換えると行列式の符号が変わる:

$$\begin{vmatrix} \cdots & \cdots & \cdots & \cdots \\ a_{j1} & a_{j2} & \cdots & a_{jn} \\ \cdots & \cdots & \cdots & \cdots \\ a_{i1} & a_{i2} & \cdots & a_{in} \\ \cdots & \cdots & \cdots & \cdots \end{vmatrix} = - \begin{vmatrix} \cdots & \cdots & \cdots & \cdots \\ a_{i1} & a_{i2} & \cdots & a_{in} \\ \cdots & \cdots & \cdots & \cdots \\ a_{j1} & a_{j2} & \cdots & a_{jn} \\ \cdots & \cdots & \cdots & \cdots \end{vmatrix}$$

**定理 6.**　2つの行が一致すれば，行列式の値は0である．

**定理 7.** 1つの行に他の行の定数倍を加えても行列式の値は変わらない:

$$\begin{vmatrix} \multicolumn{4}{c}{\cdots\cdots\cdots\cdots\cdots\cdots} \\ a_{i1}+\lambda a_{j1} & a_{i2}+\lambda a_{j2} & \cdots & a_{in}+\lambda a_{jn} \\ \multicolumn{4}{c}{\cdots\cdots\cdots\cdots\cdots\cdots} \\ a_{j1} & a_{j2} & \cdots & a_{jn} \\ \multicolumn{4}{c}{\cdots\cdots\cdots\cdots\cdots\cdots} \end{vmatrix} = \begin{vmatrix} \multicolumn{4}{c}{\cdots\cdots\cdots} \\ a_{i1} & a_{i2} & \cdots & a_{in} \\ \multicolumn{4}{c}{\cdots\cdots\cdots} \\ a_{j1} & a_{j2} & \cdots & a_{jn} \\ \multicolumn{4}{c}{\cdots\cdots\cdots} \end{vmatrix}$$

**定理 8.** 行と列を入れ換えても行列式の値は変わらない:

$$\begin{vmatrix} a_{11} & a_{12} & \cdots & a_{1n} \\ a_{21} & a_{22} & \cdots & a_{2n} \\ \multicolumn{4}{c}{\cdots\cdots\cdots\cdots} \\ a_{n1} & a_{n2} & \cdots & a_{nn} \end{vmatrix} = \begin{vmatrix} a_{11} & a_{21} & \cdots & a_{n1} \\ a_{12} & a_{22} & \cdots & a_{n2} \\ \multicolumn{4}{c}{\cdots\cdots\cdots} \\ a_{1n} & a_{2n} & \cdots & a_{nn} \end{vmatrix}$$

定理8より，行列式の行に関する性質 (定理3〜定理7) は列に対しても同様に成り立つ.

**定理 9 (積の行列式).** $n$ 次正方行列 $A, B$ に対して，次の等式が成り立つ.

$$|AB| = |A|\,|B|$$

### 行列式の幾何学的意味

平面上の点 O を始点とする 2 つのベクトル $\overrightarrow{\mathrm{OA}} = (a, b), \overrightarrow{\mathrm{OB}} = (c, d)$ のつくる平行四辺形の面積 $S$ は 2 次正方行列 $A = \begin{pmatrix} a & b \\ c & d \end{pmatrix}$ の行列式の絶対値 $|\det A|$ に他ならない:

$$S = |ad - bc| = |\det A|.$$

一方，空間の点 O を始点とする 3 つのベクトル $\overrightarrow{\mathrm{OA}} = \boldsymbol{a} = (a_1, a_2, a_3)$, $\overrightarrow{\mathrm{OB}} = \boldsymbol{b} = (b_1, b_2, b_3)$, $\overrightarrow{\mathrm{OC}} = \boldsymbol{c} = (c_1, c_2, c_3)$ について，$\boldsymbol{a}, \boldsymbol{b}, \boldsymbol{c}$ が右手系 (左手系) をなす条件は 3 次正方行列 $A = \begin{pmatrix} a_1 & a_2 & a_3 \\ b_1 & b_2 & b_3 \\ c_1 & c_2 & c_3 \end{pmatrix}$ の行列式 $\det A$ が正 (負) であることである．また，ベクトル $\boldsymbol{a}, \boldsymbol{b}, \boldsymbol{c}$ のつくる平行六面体の体積 $V$ は行列 $A$ の行列式の絶対値 $|\det A|$ に他ならない:

$$V = |\boldsymbol{a} \cdot (\boldsymbol{b} \times \boldsymbol{c})| = |\det A|.$$

**例題 1.**

$\boldsymbol{a} = (a_1, a_2, a_3)$, $\boldsymbol{b} = (b_1, b_2, b_3)$, $\boldsymbol{c} = (c_1, c_2, c_3)$ とする．このとき

$$(\boldsymbol{a} \times \boldsymbol{b}) \cdot \boldsymbol{c} = \begin{vmatrix} a_1 & a_2 & a_3 \\ b_1 & b_2 & b_3 \\ c_1 & c_2 & c_3 \end{vmatrix}$$

を示せ．また，$(\boldsymbol{a} \times \boldsymbol{b}) \cdot \boldsymbol{a} = 0$ を示せ．

**解答**

$$\boldsymbol{a} \times \boldsymbol{b} = (a_2b_3 - a_3b_2,\ a_3b_1 - a_1b_3,\ a_1b_2 - a_2b_1)$$

だから

$$\begin{aligned}(\boldsymbol{a} \times \boldsymbol{b}) \cdot \boldsymbol{c} &= (a_2b_3 - a_3b_2)c_1 + (a_3b_1 - a_1b_3)c_2 + (a_1b_2 - a_2b_1)c_3 \\ &= a_1b_2c_3 + a_2b_3c_1 + a_3b_1c_2 - a_1b_3c_2 - a_2b_1c_3 - a_3b_2c_1 \\ &= \begin{vmatrix} a_1 & a_2 & a_3 \\ b_1 & b_2 & b_3 \\ c_1 & c_2 & c_3 \end{vmatrix}.\end{aligned}$$

次に定理 6 より

$$(\boldsymbol{a} \times \boldsymbol{b}) \cdot \boldsymbol{a} = \begin{vmatrix} a_1 & a_2 & a_3 \\ b_1 & b_2 & b_3 \\ a_1 & a_2 & a_3 \end{vmatrix} = 0.$$

**例題 2.**

次の行列式を計算せよ．

$$\varDelta = \begin{vmatrix} -1 & -4 & 5 & 1 \\ 1 & 3 & -1 & 2 \\ 2 & -1 & 4 & 3 \\ 2 & -4 & 3 & -4 \end{vmatrix}$$

**解答**　2 行に 1 行を，3 行と 4 行に 1 行の 2 倍をそれぞれ加えると

$$\varDelta = \begin{vmatrix} -1 & -4 & 5 & 1 \\ 0 & -1 & 4 & 3 \\ 0 & -9 & 14 & 5 \\ 0 & -12 & 13 & -2 \end{vmatrix} = (-1) \begin{vmatrix} -1 & 4 & 3 \\ -9 & 14 & 5 \\ -12 & 13 & -2 \end{vmatrix}$$

さらに2行に1行の $(-9)$ 倍，3行に1行の $(-12)$ 倍をそれぞれ加えると

$$\varDelta = (-1)\begin{vmatrix} -1 & 4 & 3 \\ 0 & -22 & -22 \\ 0 & -35 & -38 \end{vmatrix} = (-1)^2\begin{vmatrix} -22 & -22 \\ -35 & -38 \end{vmatrix}$$

1行から $(-22)$ を，2行から $(-1)$ をそれぞれくくり出すと

$$\varDelta = (-1)^2\cdot(-22)(-1)\begin{vmatrix} 1 & 1 \\ 35 & 38 \end{vmatrix} = (-1)^4\ 22(38-35) = 66.$$

**例題 3.**

次の行列式を因数分解せよ．

$$\varDelta = \begin{vmatrix} a & b & c \\ c & a & b \\ b & c & a \end{vmatrix}$$

**解答**　1行に2行と3行を加えて，1行から $(a+b+c)$ をくくり出すと

$$\varDelta = \begin{vmatrix} a+b+c & a+b+c & a+b+c \\ c & a & b \\ b & c & a \end{vmatrix} = (a+b+c)\begin{vmatrix} 1 & 1 & 1 \\ c & a & b \\ b & c & a \end{vmatrix}$$

2列と3列に1列の $(-1)$ 倍をそれぞれ加えて，直接展開すると

$$\begin{aligned} \varDelta &= (a+b+c)\begin{vmatrix} 1 & 0 & 0 \\ c & a-c & b-c \\ b & c-b & a-b \end{vmatrix} \\ &= (a+b+c)\begin{vmatrix} a-c & b-c \\ c-b & a-b \end{vmatrix} \\ &= (a+b+c)\{(a-c)(a-b)-(b-c)(c-b)\} \\ &= (a+b+c)(a^2+b^2+c^2-ab-bc-ca). \end{aligned}$$

## A

**1.**　次の順列の転倒数を求め，偶順列か奇順列かを判定せよ．さらに符号を求めよ．

(1) $(4\quad 3\quad 2\quad 1)$　(2) $(2\quad 5\quad 3\quad 1\quad 4)$　(3) $(3\quad 1\quad 4\quad 6\quad 5\quad 2)$

**2.**　4次の行列式は，たすき掛けの方法では求められない．その理由を行列式の定義に戻り説明せよ．

**3.**　次の行列式の値を求めよ．

(1) $\begin{vmatrix} 5 & -9 \\ 3 & 7 \end{vmatrix}$　(2) $\begin{vmatrix} \cos\theta & -\sin\theta \\ \sin\theta & \cos\theta \end{vmatrix}$　(3) $\begin{vmatrix} 5 & 0 & 0 \\ -1 & 2 & 0 \\ 4 & 1 & 3 \end{vmatrix}$

(4) $\begin{vmatrix} 1 & 2 & 4 \\ 3 & 1 & 2 \\ -1 & 5 & 1 \end{vmatrix}$　(5) $\begin{vmatrix} 1 & 2 & 3 \\ 2 & 3 & 1 \\ 3 & 1 & 2 \end{vmatrix}$　(6) $\begin{vmatrix} 20 & 33 & -30 \\ -20 & -11 & 0 \\ 70 & 55 & 70 \end{vmatrix}$

(7) $\begin{vmatrix} 123 & 122 & 124 \\ 124 & 123 & 122 \\ 122 & 124 & 123 \end{vmatrix}$　(8) $\begin{vmatrix} 0 & 0 & 0 & 1 \\ 0 & 2 & 3 & 0 \\ 0 & 4 & 5 & 0 \\ 6 & 0 & 0 & 0 \end{vmatrix}$　(9) $\begin{vmatrix} 1 & -1 & -1 & 1 \\ 1 & 1 & -1 & -1 \\ 1 & -1 & 1 & -1 \\ 1 & 1 & 1 & 1 \end{vmatrix}$

(10) $\begin{vmatrix} 2 & 3 & 4 & 5 \\ 5 & 2 & 3 & 4 \\ 4 & 5 & 2 & 3 \\ 3 & 4 & 5 & 2 \end{vmatrix}$　(11) $\begin{vmatrix} 1 & 1 & 1 & 1 \\ 1 & 2 & 3 & 4 \\ 1 & 3 & 4 & 5 \\ 1 & 4 & 5 & 6 \end{vmatrix}$　(12) $\begin{vmatrix} 1 & 0 & 0 & 1 & 0 \\ 2 & 3 & 1 & 0 & 0 \\ 0 & 0 & -1 & 0 & 0 \\ -2 & 0 & 0 & 2 & -1 \\ 0 & 0 & 3 & 0 & -1 \end{vmatrix}$

(13) $\begin{vmatrix} 1 & 1 & 1 & -1 & 1 \\ 1 & 1 & -1 & 1 & -1 \\ 1 & -1 & 0 & -1 & 1 \\ -1 & 1 & -1 & 1 & 1 \\ 1 & -1 & 1 & 1 & 1 \end{vmatrix}$　(14) $\begin{vmatrix} \text{\Large 0} & & & & 1 \\ & & & 2 & \\ & & 3 & & \\ & \iddots & & & \\ n & & & & \text{\Large 0} \end{vmatrix}$

**4.**　次の行列式を因数分解せよ．

(1) $\begin{vmatrix} 1 & a & bc \\ 1 & b & ca \\ 1 & c & ab \end{vmatrix}$　(2) $\begin{vmatrix} 1 & 1 & 1 \\ a & b & c \\ a^3 & b^3 & c^3 \end{vmatrix}$　(3) $\begin{vmatrix} a+3 & -1 & 1 \\ 5 & a-3 & 1 \\ 6 & -6 & a+4 \end{vmatrix}$

(4) $\begin{vmatrix} a+b+2c & a & b \\ c & b+c+2a & b \\ c & a & c+a+2b \end{vmatrix}$　(5) $\begin{vmatrix} 1 & 1 & 1 & a \\ 1 & 1 & a & 1 \\ 1 & a & 1 & 1 \\ a & 1 & 1 & 1 \end{vmatrix}$

(6) $\begin{vmatrix} 1 & 1 & 1 & 1 \\ x & a & a & a \\ x & y & b & b \\ x & y & z & c \end{vmatrix}$ (7) $\begin{vmatrix} a & b & c & 0 \\ b & a & 0 & c \\ c & 0 & a & b \\ 0 & c & b & a \end{vmatrix}$ (8) $\begin{vmatrix} a & 0 & 0 & 0 & 0 & p \\ 0 & b & 0 & 0 & q & 0 \\ 0 & 0 & c & r & 0 & 0 \\ 0 & 0 & r & c & 0 & 0 \\ 0 & q & 0 & 0 & b & 0 \\ p & 0 & 0 & 0 & 0 & a \end{vmatrix}$

**5.** (1) $\left|\det\begin{pmatrix} 0 & 1 \\ 1 & 0 \end{pmatrix}\right|$ はどのような図形の面積を表しているか，図示せよ．

(2) $\left|\det\begin{pmatrix} 3 & 0 & 0 \\ 0 & 2 & 0 \\ 1 & 1 & 1 \end{pmatrix}\right|$ はどのような立体の体積を表しているか，図示せよ．

**6.** ベクトル $(2,1,1)$, $(-1,0,2)$, $(-1,2,1)$ で作られる平行六面体を図示し，さらに体積 $V$ を求めよ．

**7.** 4 点 $\mathrm{O}(0,0,0)$, $\mathrm{A}(1,2,3)$, $\mathrm{B}(4,6,5)$, $\mathrm{C}(2,6,4)$ を頂点とする四面体の体積 $V$ を求めよ．

**8.** 2 次方程式 $f(x) = ax^2 + 2bx + c = 0$ $(a \neq 0)$ に対して行列式 $\varDelta = -\dfrac{1}{a}\begin{vmatrix} a & 2b & c \\ 2a & 2b & 0 \\ 0 & 2a & 2b \end{vmatrix}$ の符号により，$f(x) = 0$ の解の様子が変わることを示せ．

**9.** (1) 正則行列 $A$ の逆行列の行列式を求めよ．

(2) 奇数次の交代行列 $A$ の行列式を求めよ．

(3) ${}^tAA = E$ をみたす行列 $A$（直交行列）の行列式を求めよ．

**10.** 次の行列式 $\varDelta$ を求めよ．

$$\varDelta = \left|\begin{array}{c:c} O & E_n \\ \hdashline \begin{matrix} 2 & 0 & 0 \\ 0 & 2 & 0 \\ 0 & 0 & 2 \end{matrix} & O \end{array}\right|$$

## B

**1.** 次の等式を示せ．

(1) $\begin{vmatrix} 1 & 1 \\ x_1 & x_2 \end{vmatrix} = x_2 - x_1$ (2) $\begin{vmatrix} 1 & 1 & 1 \\ x_1 & x_2 & x_3 \\ x_1^2 & x_2^2 & x_3^2 \end{vmatrix} = (x_2 - x_1)(x_3 - x_1)(x_3 - x_2)$

(3) $$\begin{vmatrix} 1 & 1 & 1 & \cdots & 1 \\ x_1 & x_2 & x_3 & \cdots & x_n \\ x_1^2 & x_2^2 & x_3^2 & \cdots & x_n^2 \\ \vdots & \vdots & \vdots & & \vdots \\ x_1^{n-1} & x_2^{n-1} & x_3^{n-1} & \cdots & x_n^{n-1} \end{vmatrix} = \prod_{1 \leq i < j \leq n} (x_j - x_i)$$

**2.** 次の行列式の値を求めよ.

(1) $$\begin{vmatrix} 1 & 1 & 1 & 1 \\ 2 & 1 & -1 & 3 \\ 4 & 1 & 1 & 9 \\ 8 & 1 & -1 & 27 \end{vmatrix}$$ (2) $$\begin{vmatrix} 99 & 99^3 & 99^2 \\ 100 & 100^3 & 100^2 \\ 101 & 101^3 & 101^2 \end{vmatrix}$$

**3.** 次の行列式を因数分解せよ.

(1) $$\begin{vmatrix} a & b & c & d \\ b & a & d & c \\ c & d & a & b \\ d & c & b & a \end{vmatrix}$$ (2) $$\begin{vmatrix} a & -b & -a & b \\ b & a & -b & -a \\ c & -d & c & -d \\ d & c & d & c \end{vmatrix}$$ (3) $$\begin{vmatrix} a & b & c & d \\ d & a & b & c \\ c & d & a & b \\ b & c & d & a \end{vmatrix}$$

**4.** $A$ を $m$ 次正方行列, $B$ を $n$ 次正方行列とするとき, 次が成り立つことを示せ.

$$\begin{vmatrix} A & O \\ C & B \end{vmatrix} = |A||B|, \quad \begin{vmatrix} A & D \\ O & B \end{vmatrix} = |A||B|$$

**5.**

$$p_i p_j + q_i q_j + r_i r_j + s_i s_j = \begin{cases} 1 & (i = j) \\ 0 & (i \neq j) \end{cases} \quad (i, j = 1, 2, 3, 4) \text{ のとき}$$

$$\begin{vmatrix} p_1 & q_1 & r_1 & s_1 \\ p_2 & q_2 & r_2 & s_2 \\ p_3 & q_3 & r_3 & s_3 \\ p_4 & q_4 & r_4 & s_4 \end{vmatrix} = \pm 1$$

を示せ.

**6.** $A, B$ を $n$ 次正方行列とするとき, 次を示せ.

(1) $$\begin{vmatrix} A & B \\ B & A \end{vmatrix} = |A + B||A - B|$$

(2) $$\begin{vmatrix} A & -B \\ B & A \end{vmatrix} = |A + iB||A - iB| \quad (i \text{ は虚数単位})$$

特に $A, B$ の成分がすべて実数のとき

$$\begin{vmatrix} A & -B \\ B & A \end{vmatrix} = (|A+iB| \text{ の絶対値})^2$$

**A の解答**

**1.** (1) 転倒数 6，偶順列，$\varepsilon(4\ 3\ 2\ 1) = 1$.

(2) 転倒数 5，奇順列，$\varepsilon(2\ 5\ 3\ 1\ 4) = -1$.

(3) 転倒数 6，偶順列，$\varepsilon(3\ 1\ 4\ 6\ 5\ 2) = 1$.

**2.** $\begin{vmatrix} a_1 & b_1 & c_1 & d_1 \\ a_2 & b_2 & c_2 & d_2 \\ a_3 & b_3 & c_3 & d_3 \\ a_4 & b_4 & c_4 & d_4 \end{vmatrix}$ の展開式における項 $a_4b_3c_2d_1$ の係数は A の 1(1) より $+1$ である．ところがたすき掛けのような考え方で求めようとすると，この項の係数を $-1$ と誤解することになり正しい値を求められない．

**3.** (1) 62　(2) 1　(3) 30　(4) 45　(5) $-18$　(6) 40700　(7) 1107

$$\begin{vmatrix} 123 & 122 & 124 \\ 124 & 123 & 122 \\ 122 & 124 & 123 \end{vmatrix} = \begin{vmatrix} 369 & 369 & 369 \\ 124 & 123 & 122 \\ 122 & 124 & 123 \end{vmatrix} = 369 \begin{vmatrix} 1 & 1 & 1 \\ 124 & 123 & 122 \\ 122 & 124 & 123 \end{vmatrix}$$

として計算せよ．

(8) 12　(9) 16　(10) $-224$　(11) 0　(12) 12　(13) 32

(14)

$$\begin{vmatrix} 0 & & & & 1 \\ & & & 2 & \\ & & 3 & & \\ & \iddots & & & \\ n & & & & 0 \end{vmatrix} = (-1)^{n-1} \begin{vmatrix} n & 0 & 0 & \cdots & 0 \\ 0 & 0 & \cdots & \cdots & 1 \\ \vdots & \vdots & & 2 & 0 \\ \vdots & \vdots & \iddots & & \vdots \\ 0 & n-1 & \cdots & \cdots & 0 \end{vmatrix}$$

$$= (-1)^{n-1}(-1)^{n-2} \begin{vmatrix} n & 0 & 0 & \cdots & 0 \\ 0 & n-1 & \cdots & \cdots & 0 \\ \vdots & \vdots & & & 1 \\ \vdots & \vdots & & \iddots & 0 \\ \vdots & \vdots & & & \vdots \\ 0 & 0 & n-2 & \cdots & 0 \end{vmatrix}$$

$$= \cdots = (-1)^{(n-1)+(n-2)+\cdots+1} \begin{vmatrix} n & 0 & 0 & \cdots & 0 \\ 0 & n-1 & 0 & \cdots & 0 \\ \vdots & \vdots & \ddots & & \vdots \\ \vdots & \vdots & & 2 & 0 \\ 0 & 0 & \cdots & \cdots & 1 \end{vmatrix}$$

$$= (-1)^{\frac{n(n-1)}{2}} n!$$

**4.** (1)

$$\begin{vmatrix} 1 & a & bc \\ 1 & b & ca \\ 1 & c & ab \end{vmatrix} = \begin{vmatrix} 1 & a & bc \\ 0 & b-a & c(a-b) \\ 0 & c-a & b(a-c) \end{vmatrix} = \begin{vmatrix} b-a & c(a-b) \\ c-a & b(a-c) \end{vmatrix}$$

$$= (a-b)(c-a) \begin{vmatrix} -1 & c \\ 1 & -b \end{vmatrix} = (a-b)(b-c)(c-a)$$

(2)

$$\begin{vmatrix} 1 & 1 & 1 \\ a & b & c \\ a^3 & b^3 & c^3 \end{vmatrix} = \begin{vmatrix} 1 & 0 & 0 \\ a & b-a & c-a \\ a^3 & b^3-a^3 & c^3-a^3 \end{vmatrix} = \begin{vmatrix} b-a & c-a \\ b^3-a^3 & c^3-a^3 \end{vmatrix}$$

$$= (b-a)(c-a) \begin{vmatrix} 1 & 1 \\ b^2+ba+a^2 & c^2+ca+a^2 \end{vmatrix}$$

$$= (a-b)(b-c)(c-a)(a+b+c)$$

(3)

$$\begin{vmatrix} a+3 & -1 & 1 \\ 5 & a-3 & 1 \\ 6 & -6 & a+4 \end{vmatrix} = \begin{vmatrix} a+2 & -1 & 1 \\ a+2 & a-3 & 1 \\ 0 & -6 & a+4 \end{vmatrix} = (a+2) \begin{vmatrix} 1 & -1 & 1 \\ 1 & a-3 & 1 \\ 0 & -6 & a+4 \end{vmatrix}$$

$$= (a+2) \begin{vmatrix} 1 & 0 & 1 \\ 1 & a-2 & 1 \\ 0 & a-2 & a+4 \end{vmatrix} = (a+2)(a-2) \begin{vmatrix} 1 & 0 & 1 \\ 1 & 1 & 1 \\ 0 & 1 & a+4 \end{vmatrix} = (a+2)(a-2) \begin{vmatrix} 1 & 0 & 0 \\ 1 & 1 & 0 \\ 0 & 1 & a+4 \end{vmatrix}$$

$$= (a+2)(a-2)(a+4)$$

(4)

$$\begin{vmatrix} a+b+2c & a & b \\ c & b+c+2a & b \\ c & a & c+a+2b \end{vmatrix} = \begin{vmatrix} 2a+2b+2c & a & b \\ 2a+2b+2c & b+c+2a & b \\ 2a+2b+2c & a & c+a+2b \end{vmatrix}$$

$$= (2a+2b+2c)\begin{vmatrix} 1 & a & b \\ 1 & b+c+2a & b \\ 1 & a & c+a+2b \end{vmatrix} = (2a+2b+2c)\begin{vmatrix} 1 & a & b \\ 0 & b+c+a & 0 \\ 0 & 0 & a+b+c \end{vmatrix}$$

$$= 2(a+b+c)^3$$

(5)

$$\begin{vmatrix} 1 & 1 & 1 & a \\ 1 & 1 & a & 1 \\ 1 & a & 1 & 1 \\ a & 1 & 1 & 1 \end{vmatrix} = \begin{vmatrix} a+3 & a+3 & a+3 & a+3 \\ 1 & 1 & a & 1 \\ 1 & a & 1 & 1 \\ a & 1 & 1 & 1 \end{vmatrix} = (a+3)\begin{vmatrix} 1 & 1 & 1 & 1 \\ 1 & 1 & a & 1 \\ 1 & a & 1 & 1 \\ a & 1 & 1 & 1 \end{vmatrix}$$

$$= (a+3)\begin{vmatrix} 1 & 1 & 1 & 1 \\ 0 & 0 & a-1 & 0 \\ 0 & a-1 & 0 & 0 \\ a-1 & 0 & 0 & 0 \end{vmatrix} = (a+3)(-1)^2\begin{vmatrix} a-1 & 0 & 0 & 0 \\ 0 & a-1 & 0 & 0 \\ 0 & 0 & a-1 & 0 \\ 1 & 1 & 1 & 1 \end{vmatrix}$$

$$= (a+3)(a-1)^3$$

(6)

$$\begin{vmatrix} 1 & 1 & 1 & 1 \\ x & a & a & a \\ x & y & b & b \\ x & y & z & c \end{vmatrix} = \begin{vmatrix} 1 & 0 & 0 & 0 \\ x & a-x & a-x & a-x \\ x & y-x & b-x & b-x \\ x & y-x & z-x & c-x \end{vmatrix}$$

$$= (a-x)\begin{vmatrix} 1 & 1 & 1 \\ y-x & b-x & b-x \\ y-x & z-x & c-x \end{vmatrix} = (a-x)\begin{vmatrix} 1 & 0 & 0 \\ y-x & b-y & b-y \\ y-x & z-y & c-y \end{vmatrix}$$

$$= (a-x)(b-y)\begin{vmatrix} 1 & 1 \\ z-y & c-y \end{vmatrix} = (a-x)(b-y)(c-z).$$

(7)

$$\begin{vmatrix} a & b & c & 0 \\ b & a & 0 & c \\ c & 0 & a & b \\ 0 & c & b & a \end{vmatrix} = \begin{vmatrix} a+b+c & a+b+c & a+b+c & a+b+c \\ b & a & 0 & c \\ c & 0 & a & b \\ 0 & c & b & a \end{vmatrix}$$

$$= (a+b+c)\begin{vmatrix} 1 & 1 & 1 & 1 \\ b & a & 0 & c \\ c & 0 & a & b \\ 0 & c & b & a \end{vmatrix} = (a+b+c)\begin{vmatrix} 1 & 0 & 0 & 0 \\ b & a-b & -b & c-b \\ c & -c & a-c & b-c \\ 0 & c & b & a \end{vmatrix}$$

$$= (a+b+c)\begin{vmatrix} a-b & -b & c-b \\ -c & a-c & b-c \\ c & b & a \end{vmatrix} = (a+b+c)\begin{vmatrix} a-b-c & a-b-c & 0 \\ -c & a-c & b-c \\ c & b & a \end{vmatrix}$$

$$= (a+b+c)\begin{vmatrix} a-b-c & a-b-c & 0 \\ 0 & a+b-c & a+b-c \\ c & b & a \end{vmatrix}$$

$$= (a+b+c)(a-b-c)(a+b-c)\begin{vmatrix} 1 & 1 & 0 \\ 0 & 1 & 1 \\ c & b & a \end{vmatrix}$$

$$= (a+b+c)(a-b-c)(a+b-c)(a-b+c)$$

(8)

$$\begin{vmatrix} a & 0 & 0 & 0 & 0 & p \\ 0 & b & 0 & 0 & q & 0 \\ 0 & 0 & c & r & 0 & 0 \\ 0 & 0 & r & c & 0 & 0 \\ 0 & q & 0 & 0 & b & 0 \\ p & 0 & 0 & 0 & 0 & a \end{vmatrix} = \begin{vmatrix} a-p & 0 & 0 & 0 & 0 & p-a \\ 0 & b-q & 0 & 0 & q-b & 0 \\ 0 & 0 & c-r & r-c & 0 & 0 \\ 0 & 0 & r & c & 0 & 0 \\ 0 & q & 0 & 0 & b & 0 \\ p & 0 & 0 & 0 & 0 & a \end{vmatrix}$$

$$= (a-p)(b-q)(c-r)\begin{vmatrix} 1 & 0 & 0 & 0 & 0 & -1 \\ 0 & 1 & 0 & 0 & -1 & 0 \\ 0 & 0 & 1 & -1 & 0 & 0 \\ 0 & 0 & r & c & 0 & 0 \\ 0 & q & 0 & 0 & b & 0 \\ p & 0 & 0 & 0 & 0 & a \end{vmatrix}$$

$$= (a-p)(b-q)(c-r)\begin{vmatrix} 1 & 0 & 0 & 0 & 0 & 0 \\ 0 & 1 & 0 & 0 & 0 & 0 \\ 0 & 0 & 1 & 0 & 0 & 0 \\ 0 & 0 & r & c+r & 0 & 0 \\ 0 & q & 0 & 0 & b+q & 0 \\ p & 0 & 0 & 0 & 0 & a+p \end{vmatrix}$$

$$= (a-p)(b-q)(c-r)(a+p)(b+q)(c+r)$$

**5.** (1)

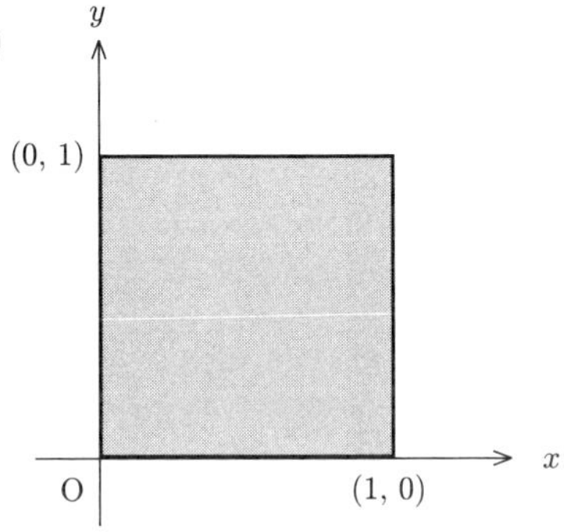


(2)

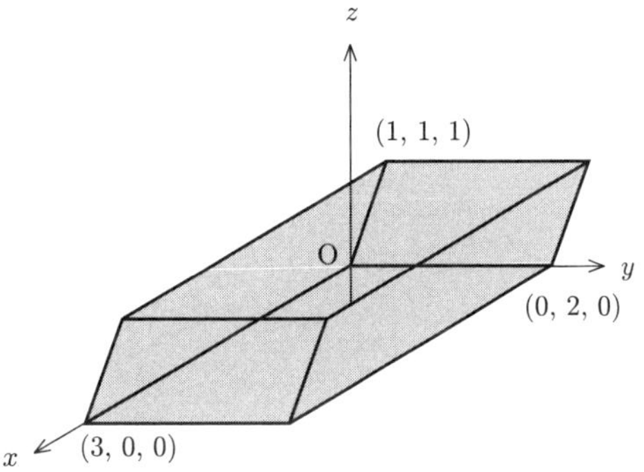


**6.**

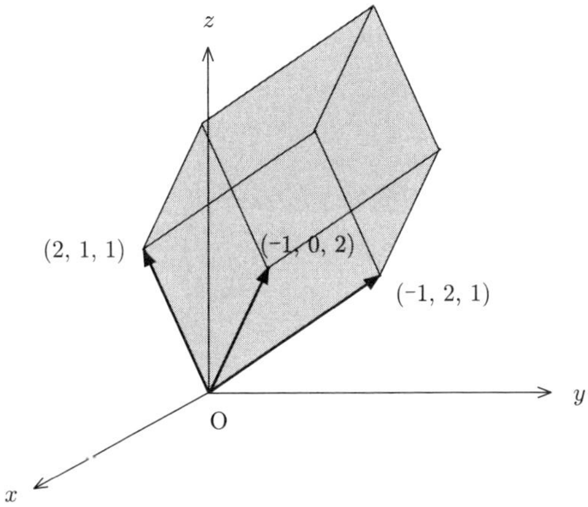


$$\begin{vmatrix} 2 & 1 & 1 \\ -1 & 0 & 2 \\ -1 & 2 & 1 \end{vmatrix} = -11 \text{ より，} \ V = |-11| = 11.$$

**7.**

$$\begin{vmatrix} 1 & 2 & 3 \\ 4 & 6 & 5 \\ 2 & 6 & 4 \end{vmatrix} = 18 \text{ より，} \ V = \frac{1}{6}\cdot 18 = 3.$$

**8.** $\varDelta = -\dfrac{1}{a}\begin{vmatrix} a & 2b & c \\ 2a & 2b & 0 \\ 0 & 2a & 2b \end{vmatrix} = 4(b^2 - ac)$ は2次方程式 $f(x) = 0$ の判別式である.

**9.** (1) $AA^{-1} = E$ より $|A| \cdot |A^{-1}| = 1 \qquad \therefore \quad |A^{-1}| = \dfrac{1}{|A|}$.

(2) ${}^tA = -A$ より $|A| = |{}^tA| = (-1)^n|A|$, $\{1 - (-1)^n\}|A| = 0$.

$n$ は奇数だから $|A| = 0$.

(3) $|{}^tA| \cdot |A| = |A|^2 = 1 \quad \therefore \quad |A| = \pm 1$.

**10.**

$$\varDelta = (-1)^n 2 \begin{vmatrix} O & \vdots & E_n \\ \cdots\cdots & & \cdots\cdots \\ \begin{matrix} 2 & 0 \\ 0 & 2 \end{matrix} & \vdots & O \end{vmatrix} = (-1)^{2n} 2^2 \begin{vmatrix} O & \vdots & E_n \\ \cdots & & \cdots \\ 2 & \vdots & O \end{vmatrix}$$

$$= (-1)^{3n} 2^3 |E_n| = (-1)^n 2^3 = \begin{cases} 8 & (n = \text{偶数}) \\ -8 & (n = \text{奇数}) \end{cases}$$

**B の解答**

**1.** (1),(2) は省略する.

(3) 左辺の行列式で $x_i = x_j$ $(i \neq j)$ とおくと第 $i$ 列と第 $j$ 列が一致するから，行列式の値は0. よって $(x_j - x_i)$ $(i < j)$ で割り切れる. したがって，$\displaystyle\prod_{1 \leq i < j \leq n} (x_j - x_i)$ でも割り切れる. 両辺とも $1 + 2 + \cdots + (n-1) = \dfrac{n(n-1)}{2}$ 次の多項式だから，定数 $k$ があって 左辺 $= k \displaystyle\prod_{1 \leq i < j \leq n} (x_j - x_i)$. 行列式の中で対角成分の積を考えると両辺における $x_2 \cdot x_3^2 \cdot \cdots \cdot x_n^{n-1}$ の係数はどちらも1だから $k = 1$.

**2.** B の1を利用する. (1) $-48$.

(2)

$$\begin{vmatrix} 99 & 99^3 & 99^2 \\ 100 & 100^3 & 100^2 \\ 101 & 101^3 & 101^2 \end{vmatrix} = (-1) 99 \cdot 100 \cdot 101 \begin{vmatrix} 1 & 1 & 1 \\ 99 & 100 & 101 \\ 99^2 & 100^2 & 101^2 \end{vmatrix}$$

$$= -1999800.$$

**3.** (1)

$$\begin{vmatrix} a & b & c & d \\ b & a & d & c \\ c & d & a & b \\ d & c & b & a \end{vmatrix} = (a+b+c+d)\begin{vmatrix} 1 & 1 & 1 & 1 \\ b & a & d & c \\ c & d & a & b \\ d & c & b & a \end{vmatrix}$$

$$= (a+b+c+d)\begin{vmatrix} 1 & 0 & 0 & 0 \\ b & a-b & d-b & c-b \\ c & d-c & a-c & b-c \\ d & c-d & b-d & a-d \end{vmatrix}$$

$$= (a+b+c+d)\begin{vmatrix} a-b & d-b & c-b \\ d-c & a-c & b-c \\ c-d & b-d & a-d \end{vmatrix}$$

$$= (a+b+c+d)\begin{vmatrix} a-b & d-b & c-b \\ a-b-c+d & a-b-c+d & 0 \\ a-b+c-d & 0 & a-b+c-d \end{vmatrix}$$

$$= (a+b+c+d)(a-b-c+d)(a-b+c-d)\begin{vmatrix} a-b & d-b & c-b \\ 1 & 1 & 0 \\ 1 & 0 & 1 \end{vmatrix}$$

$$= (a+b+c+d)(a-b-c+d)(a-b+c-d)(a+b-c-d)$$

(2)

$$\begin{vmatrix} a & -b & -a & b \\ b & a & -b & -a \\ c & -d & c & -d \\ d & c & d & c \end{vmatrix} = \begin{vmatrix} a & -b & 0 & 0 \\ b & a & 0 & 0 \\ c & -d & 2c & -2d \\ d & c & 2d & 2c \end{vmatrix} = 4\begin{vmatrix} a & -b & 0 & 0 \\ b & a & 0 & 0 \\ c & -d & c & -d \\ d & c & d & c \end{vmatrix}$$

$$\overset{(*)}{=} 4\begin{vmatrix} a & -b \\ b & a \end{vmatrix}\begin{vmatrix} c & -d \\ d & c \end{vmatrix} = 4(a^2+b^2)(c^2+d^2)$$

（注：(*) では B の 4 の結果を使った.）

(3)

$$\begin{vmatrix} a & b & c & d \\ d & a & b & c \\ c & d & a & b \\ b & c & d & a \end{vmatrix} = (a+b+c+d)\begin{vmatrix} 1 & 1 & 1 & 1 \\ d & a & b & c \\ c & d & a & b \\ b & c & d & a \end{vmatrix}$$

$$= (a+b+c+d)\begin{vmatrix} 1 & 0 & 0 & 0 \\ d & a-d & b-d & c-d \\ c & d-c & a-c & b-c \\ b & c-b & d-b & a-b \end{vmatrix}$$

$$= (a+b+c+d)\begin{vmatrix} a-d & b-d & c-d \\ d-c & a-c & b-c \\ c-b & d-b & a-b \end{vmatrix}$$

$$= (a+b+c+d)\begin{vmatrix} a-b+c-d & 0 & a-b+c-d \\ d-c & a-c & b-c \\ c-b & d-b & a-b \end{vmatrix}$$

$$= (a+b+c+d)\begin{vmatrix} a-b+c-d & 0 & 0 \\ d-c & a-c & b-d \\ c-b & d-b & a-c \end{vmatrix}$$

$$= (a+b+c+d)(a-b+c-d)\begin{vmatrix} a-c & b-d \\ d-b & a-c \end{vmatrix}$$

$$= (a+b+c+d)(a-b+c-d)\{(a-c)^2+(b-d)^2\}$$

**4.** $\begin{vmatrix} A & O \\ C & B \end{vmatrix} = |A||B|$ を示す．$N=m+n$ とし，$\begin{vmatrix} A & O \\ C & B \end{vmatrix} = \begin{vmatrix} a_{11} & \cdots\cdots & a_{1N} \\ \vdots & & \vdots \\ a_{N1} & \cdots\cdots & a_{nN} \end{vmatrix}$

とおくと定義から

$$(*) \qquad \begin{vmatrix} A & O \\ C & B \end{vmatrix} = \sum_{(p_1\cdots p_N)} \varepsilon(p_1p_2\cdots p_N)\, a_{1p_1}\cdots a_{mp_m}a_{m+1p_{m+1}}\cdots a_{Np_N}$$

である．仮定より $a_{ij}=0$ $(i=1,2,\cdots,m;\ j=m+1,\cdots N)$ だから $p_1,\cdots,p_m$ の中に $m$ より大きい数があれば

$$a_{1p_1}\cdots a_{mp_m}a_{m+1p_{m+1}}\cdots a_{Np_N}=0.$$

よって $(*)$ の右辺の順列 $(p_1\cdots p_N)$ についての和は $(p_1\cdots p_m)$ が $1,2,\cdots,m$ の順列となっているもののみで取ればよい．このとき $(p_{m+1}\cdots p_N)$ は $m+1,\cdots,N$ の順列である．したがって $\varepsilon(p_1\cdots p_N)=\varepsilon(p_1\cdots p_m)\varepsilon(p_{m+1}\cdots p_N)$ となることに注意すれば

$$\begin{vmatrix} A & O \\ C & B \end{vmatrix} = \sum_{(p_1\cdots p_m)} \sum_{(p_{m+1}\cdots p_N)} \varepsilon(p_1\cdots p_m)\varepsilon(p_{m+1}\cdots p_N)$$

$$\times\, a_{1p_1}\cdots a_{mp_m} a_{m+1 p_{m+1}}\cdots a_{Np_N}$$

$$= \left( \sum_{(p_1\cdots p_m)} \varepsilon(p_1\cdots p_m) a_{1p_1}\cdots a_{mp_m} \right)$$

$$\times \left( \sum_{(p_{m+1}\cdots p_N)} \varepsilon(p_{m+1}\cdots p_N) a_{m+1 p_{m+1}}\cdots a_{Np_N} \right)$$

$$= |A||B|.$$

等式$\begin{vmatrix} A & D \\ O & B \end{vmatrix} = |A||B|$の証明については，行列を転置して考えればよい．

**5.** $A = \begin{pmatrix} p_1 & q_1 & r_1 & s_1 \\ p_2 & q_2 & r_2 & s_2 \\ p_3 & q_3 & r_3 & s_3 \\ p_4 & q_4 & r_4 & s_4 \end{pmatrix}$とすると

$$A\,{}^tA = \begin{pmatrix} p_1 & q_1 & r_1 & s_1 \\ p_2 & q_2 & r_2 & s_2 \\ p_3 & q_3 & r_3 & s_3 \\ p_4 & q_4 & r_4 & s_4 \end{pmatrix} \begin{pmatrix} p_1 & p_2 & p_3 & p_4 \\ q_1 & q_2 & q_3 & q_4 \\ r_1 & r_2 & r_3 & r_4 \\ s_1 & s_2 & s_3 & s_4 \end{pmatrix} = \begin{pmatrix} 1 & 0 & 0 & 0 \\ 0 & 1 & 0 & 0 \\ 0 & 0 & 1 & 0 \\ 0 & 0 & 0 & 1 \end{pmatrix}$$

$$\therefore \quad |A\,{}^tA| = |A|\cdot|{}^tA| = |A|^2 = 1 \qquad \therefore \quad |A| = \pm 1$$

**6.** B の 4 を用いる．

(1) $\begin{vmatrix} A & B \\ B & A \end{vmatrix} = \begin{vmatrix} A+B & A+B \\ B & A \end{vmatrix} = \begin{vmatrix} A+B & O \\ B & A-B \end{vmatrix}$
$= |A+B||A-B|.$

(2) $\begin{vmatrix} A & -B \\ B & A \end{vmatrix} = \begin{vmatrix} A+iB & -B+iA \\ B & A \end{vmatrix} = \begin{vmatrix} A+iB & O \\ B & A-iB \end{vmatrix}$
$= |A+iB||A-iB|.$

## 3.2　余因子展開

### 行列式の余因子展開

$n \geq 2$ とする．$n$ 次正方行列 $A = (a_{ij})$ から第 $i$ 行と第 $j$ 列を取り除いて得られる $n-1$ 次正方行列を $A_{ij}$ と表す．また $\tilde{a}_{ij} = (-1)^{i+j}|A_{ij}|$ とおき，$\tilde{a}_{ij}$ を $a_{ij}$ の余因子という．

**例．** $A = \begin{pmatrix} 1 & 6 & 5 \\ 0 & 3 & 4 \\ 2 & 8 & 7 \end{pmatrix}$ に対して

$$|A_{23}| = \begin{vmatrix} 1 & 6 \\ 2 & 8 \end{vmatrix} = -4, \quad \tilde{a}_{23} = (-1)^5 \cdot (-4) = 4.$$

**定理 1.**　$n$ 次正方行列 $A = (a_{ij})$ の行列式 $|A|$ は次のように余因子展開される．

(1) $|A| = a_{i1}\tilde{a}_{i1} + a_{i2}\tilde{a}_{i2} + \cdots + a_{in}\tilde{a}_{in}$　(第 $i$ 行に関する展開)

(2) $|A| = a_{1j}\tilde{a}_{1j} + a_{2j}\tilde{a}_{2j} + \cdots + a_{nj}\tilde{a}_{nj}$　(第 $j$ 列に関する展開)

**定理 2.**　$n$ 次正方行列 $A = (a_{ij})$ に対して，次の (1)，(2) が成り立つ．

(1) $a_{i1}\tilde{a}_{j1} + a_{i2}\tilde{a}_{j2} + \cdots + a_{in}\tilde{a}_{jn} = 0$　($i \neq j$ のとき)

(2) $a_{1i}\tilde{a}_{1j} + a_{2i}\tilde{a}_{2j} + \cdots + a_{ni}\tilde{a}_{nj} = 0$　($i \neq j$ のとき)

### 余因子行列，正則行列

$n$ 次正方行列 $A = (a_{ij})$ に対し，$a_{ij}$ の余因子 $\tilde{a}_{ij}$ を成分とする行列

$$\begin{pmatrix} \tilde{a}_{11} & \tilde{a}_{12} & \cdots & \tilde{a}_{1n} \\ \tilde{a}_{21} & \tilde{a}_{22} & \cdots & \tilde{a}_{2n} \\ \cdots & \cdots & \cdots & \cdots \\ \tilde{a}_{n1} & \tilde{a}_{n2} & \cdots & \tilde{a}_{nn} \end{pmatrix}$$

の転置行列

$$\tilde{A} = \begin{pmatrix} \tilde{a}_{11} & \tilde{a}_{21} & \cdots & \tilde{a}_{n1} \\ \tilde{a}_{12} & \tilde{a}_{22} & \cdots & \tilde{a}_{n2} \\ \cdots & \cdots & \cdots & \cdots \\ \tilde{a}_{1n} & \tilde{a}_{2n} & \cdots & \tilde{a}_{nn} \end{pmatrix}$$

を $A$ の余因子行列という ($\tilde{A}$ の $(i, j)$ 成分は $\tilde{a}_{ji}$ であることに注意せよ)．

**定理 3.**　正方行列 $A$ に対し

$$A\tilde{A} = \tilde{A}A = \begin{pmatrix} |A| & & & 0 \\ & |A| & & \\ & & \ddots & \\ 0 & & & |A| \end{pmatrix} = |A|E$$

**定理 4.**　$A$ が $n$ 次正方行列のとき，次の (1)〜(3) は互いに同値である．

(1) $A$ は正則である．

(2) $|A| \neq 0$.

(3) $\operatorname{rank} A = n$.

さらに $A$ が正則であるとき，$A$ の逆行列 $A^{-1}$ は

$$A^{-1} = \frac{1}{|A|}\tilde{A}$$

で与えられる．

**定理 5.**　正方行列 $A$ に対し，$AX = E$ となる正方行列 $X$ が存在すれば $XA = E$ が成り立つ．すなわち $A$ は正則で，$X = A^{-1}$ である．$YA = E$ となる $Y$ が存在する場合も同様である．

### クラメル (Cramer) の公式

$x_1, x_2, \cdots, x_n$ を未知数とする連立 1 次方程式

$$\begin{cases} a_{11}x_1 + a_{12}x_2 + \cdots + a_{1n}x_n = b_1 \\ a_{21}x_1 + a_{22}x_2 + \cdots + a_{2n}x_n = b_2 \\ \qquad\cdots\cdots\cdots\cdots \\ a_{n1}x_1 + a_{n2}x_2 + \cdots + a_{nn}x_n = b_n \end{cases}$$

を

$$A = \begin{pmatrix} a_{11} & a_{12} & \cdots & a_{1n} \\ a_{21} & a_{22} & \cdots & a_{2n} \\ & \cdots\cdots & & \\ a_{n1} & a_{n2} & \cdots & a_{nn} \end{pmatrix}, \quad \boldsymbol{x} = \begin{pmatrix} x_1 \\ x_2 \\ \vdots \\ x_n \end{pmatrix}, \quad \boldsymbol{b} = \begin{pmatrix} b_1 \\ b_2 \\ \vdots \\ b_n \end{pmatrix}$$

とおいて $A\boldsymbol{x} = \boldsymbol{b}$ と表す．もし $|A| \neq 0$ ならば，この連立 1 次方程式はただ 1 組の解をもち，その解は

$$x_j = \frac{|A_j|}{|A|} \quad (j = 1, 2, \cdots n)$$

で与えられる．ここで $A_j$ は $A$ の第 $j$ 列を $\boldsymbol{b}$ で置き換えた行列である：

$$A_j = \begin{pmatrix} a_{11} & \cdots & b_1 & \cdots & a_{1n} \\ a_{21} & \cdots & b_2 & \cdots & a_{2n} \\ \vdots & & \vdots & & \vdots \\ a_{n1} & \cdots & b_n & \cdots & a_{nn} \end{pmatrix}$$

**注**：特に $\boldsymbol{b} = \boldsymbol{0}$ のとき $A\boldsymbol{x} = \boldsymbol{0}$ が非自明解をもつための必要十分条件は $|A| = 0$ である．

**例題 1.**

第1列で展開して，次の行列式を計算せよ．

$$\begin{vmatrix} a & -1 & 0 & 0 \\ b & x & -1 & 0 \\ c & 0 & x & -1 \\ d & 0 & 0 & x \end{vmatrix}$$

**解答**

$$\begin{vmatrix} a & -1 & 0 & 0 \\ b & x & -1 & 0 \\ c & 0 & x & -1 \\ d & 0 & 0 & x \end{vmatrix} = a \begin{vmatrix} x & -1 & 0 \\ 0 & x & -1 \\ 0 & 0 & x \end{vmatrix} - b \begin{vmatrix} -1 & 0 & 0 \\ 0 & x & -1 \\ 0 & 0 & x \end{vmatrix}$$

$$+ c \begin{vmatrix} -1 & 0 & 0 \\ x & -1 & 0 \\ 0 & 0 & x \end{vmatrix} - d \begin{vmatrix} -1 & 0 & 0 \\ x & -1 & 0 \\ 0 & x & -1 \end{vmatrix}$$

$$= ax^3 + bx^2 + cx + d$$

**例題 2.**

行列 $A = \begin{pmatrix} 1 & 2 & 2 \\ 1 & 0 & -2 \\ 3 & -1 & 1 \end{pmatrix}$ が正則か否かを判定し，正則ならばその逆行列を余因子行列を求めることで求めよ．

**解答**

$$|A| = \begin{vmatrix} 1 & 2 & 2 \\ 1 & 0 & -2 \\ 3 & -1 & 1 \end{vmatrix} = -18 \neq 0$$

だから $A$ は正則である．

$$\tilde{a}_{11} = \begin{vmatrix} 0 & -2 \\ -1 & 1 \end{vmatrix} = -2, \quad \tilde{a}_{21} = -\begin{vmatrix} 2 & 2 \\ -1 & 1 \end{vmatrix} = -4, \quad \tilde{a}_{31} = \begin{vmatrix} 2 & 2 \\ 0 & -2 \end{vmatrix} = -4,$$

$$\tilde{a}_{12} = -\begin{vmatrix} 1 & -2 \\ 3 & 1 \end{vmatrix} = -7, \quad \tilde{a}_{22} = \begin{vmatrix} 1 & 2 \\ 3 & 1 \end{vmatrix} = -5, \quad \tilde{a}_{32} = -\begin{vmatrix} 1 & 2 \\ 1 & -2 \end{vmatrix} = 4,$$

$$\tilde{a}_{13} = \begin{vmatrix} 1 & 0 \\ 3 & -1 \end{vmatrix} = -1, \quad \tilde{a}_{23} = -\begin{vmatrix} 1 & 2 \\ 3 & -1 \end{vmatrix} = 7, \quad \tilde{a}_{33} = \begin{vmatrix} 1 & 2 \\ 1 & 0 \end{vmatrix} = -2$$

より $\tilde{A} = \begin{pmatrix} -2 & -4 & -4 \\ -7 & -5 & 4 \\ -1 & 7 & -2 \end{pmatrix}$，よって $A^{-1} = -\dfrac{1}{18}\begin{pmatrix} -2 & -4 & -4 \\ -7 & -5 & 4 \\ -1 & 7 & -2 \end{pmatrix}$.

**例題 3.**

クラメルの公式を用いて，次の連立 1 次方程式を解け．

$$\begin{cases} x + y + z = 4 \\ x - y + 2z = -2 \\ 2x + z = 3 \end{cases}$$

解答

$$\begin{pmatrix} 1 & 1 & 1 \\ 1 & -1 & 2 \\ 2 & 0 & 1 \end{pmatrix}\begin{pmatrix} x \\ y \\ z \end{pmatrix} = \begin{pmatrix} 4 \\ -2 \\ 3 \end{pmatrix}$$

$\begin{vmatrix} 1 & 1 & 1 \\ 1 & -1 & 2 \\ 2 & 0 & 1 \end{vmatrix} = 4 \neq 0$ よりクラメルの公式が使える．

$$x = \frac{\begin{vmatrix} 4 & 1 & 1 \\ -2 & -1 & 2 \\ 3 & 0 & 1 \end{vmatrix}}{\begin{vmatrix} 1 & 1 & 1 \\ 1 & -1 & 2 \\ 2 & 0 & 1 \end{vmatrix}} = \frac{7}{4}, \quad y = \frac{\begin{vmatrix} 1 & 4 & 1 \\ 1 & -2 & 2 \\ 2 & 3 & 1 \end{vmatrix}}{\begin{vmatrix} 1 & 1 & 1 \\ 1 & -1 & 2 \\ 2 & 0 & 1 \end{vmatrix}} = \frac{11}{4}, \quad z = \frac{\begin{vmatrix} 1 & 1 & 4 \\ 1 & -1 & -2 \\ 2 & 0 & 3 \end{vmatrix}}{\begin{vmatrix} 1 & 1 & 1 \\ 1 & -1 & 2 \\ 2 & 0 & 1 \end{vmatrix}} = \frac{1}{2}.$$

## A

**1.**　行列式$\begin{vmatrix} 1 & 4 & -7 \\ 2 & 5 & 8 \\ 3 & 6 & 9 \end{vmatrix}$を第1行で展開して計算し，たすき掛けの方法で求めたものと等しくなることを確かめよ．

**2.**　次の行列式を第1行の展開および第3列の展開によって求め，値が等しいことを確かめよ．

$$\varDelta = \begin{vmatrix} -1 & 2 & 0 & 1 \\ 4 & 2 & -3 & -2 \\ 1 & -3 & 0 & 2 \\ 1 & 2 & 0 & -3 \end{vmatrix}$$

**3.**

$$\varDelta = \begin{vmatrix} 1 & -1 & 0 & 2 & 1 \\ 0 & 1 & 2 & 1 & 0 \\ x & y & z & u & w \\ 1 & 0 & -1 & 0 & 1 \\ -1 & 1 & 0 & 1 & 1 \end{vmatrix} = ax + by + cz + du + ew$$

とするとき，$a, b, c, d, e$ を求めよ．

**4.**　余因子展開を利用して，次の行列式を因数分解せよ．

(1) $\begin{vmatrix} 0 & a & b & c \\ -a & 0 & c & b \\ -b & -c & 0 & a \\ -c & -b & -a & 0 \end{vmatrix}$　(2) $\begin{vmatrix} x & -1 & 0 & 0 & 0 \\ 1 & x & -1 & 0 & 0 \\ 0 & 1 & x & -1 & 0 \\ 0 & 0 & 1 & x & -1 \\ 0 & 0 & 0 & 1 & x \end{vmatrix}$

**5.**　行列 $A = \begin{pmatrix} 0 & 0 & 0 & a \\ 0 & 0 & b & 0 \\ 0 & c & 0 & 0 \\ d & 0 & 0 & 0 \end{pmatrix}$ の余因子行列 $\tilde{A}$ を求めよ．

また $A\tilde{A} = \tilde{A}A = |A|E$ が成り立つことを確かめよ．

**6.**　次の行列の余因子行列を求めよ．

(1) $\begin{pmatrix} 100 & 101 & 99 \\ 99 & 100 & 101 \\ 101 & 99 & 100 \end{pmatrix}$　(2) $\begin{pmatrix} a^2 & ab & ac \\ ab & b^2 & bc \\ ac & bc & c^2 \end{pmatrix}$　(3) $\begin{pmatrix} 1 & 2 & 3 & 4 \\ 5 & 6 & 7 & 8 \\ 9 & 10 & 11 & 12 \\ 13 & 14 & 15 & 16 \end{pmatrix}$

**7.**　次の行列の逆行列を余因子行列を利用して求めよ．

$$A = \begin{pmatrix} 2+i & 0 & 2i \\ i & 1-i & 0 \\ 0 & -1-i & -i \end{pmatrix}$$

**8.**　$n$ 次正方行列 $A, B$ の積 $AB$ が正則ならば，$A, B$ はそれぞれ正則であることを示せ．

**9.**　次の連立 1 次方程式をクラメルの公式を用いて解け．

(1) $\begin{cases} 3x - 5y = 7 \\ 4x + 3y = 1 \end{cases}$　(2) $\begin{cases} x - 3y + 3z = 9 \\ 3x + 4y - 5z = -6 \\ 2x + 3y - 4z = -7 \end{cases}$　(3) $\begin{cases} 2x - 3y + 5z = 1 \\ x - 4y + 3z = 2 \\ 5x - y + 4z = 0 \end{cases}$

**10.**　$A = \begin{pmatrix} 2 & -3 & 1 \\ 4 & 6 & 5 \\ 7 & 9 & 8 \end{pmatrix}$ とする．

(1) $\det A$ を求めよ．

(2) $A^{-1}$ の $(2,3)$ 成分を求めよ．

(3) クラメルの公式を用いて，連立 1 次方程式 $A\begin{pmatrix} x_1 \\ x_2 \\ x_3 \end{pmatrix} = \begin{pmatrix} 10 \\ 11 \\ 12 \end{pmatrix}$ の解 $x_2$ を求めよ．

**11.**　連立 1 次方程式 $\begin{cases} x + ay - z = 1 \\ ax + y - z = 1 \\ 3x - 4y + 2z = -2 \end{cases}$ がただ 1 つの解をもつための $a$ の条件を求め，そのときこの連立 1 次方程式を解け．

## B

**1.**

$$F_n - \begin{vmatrix} x & -1 & & & & \\ 0 & x & -1 & & 0 & \\ \vdots & \ddots & \ddots & \ddots & & \\ \vdots & & \ddots & \ddots & \ddots & \\ 0 & \cdots & \cdots & 0 & x & -1 \\ a_0 & \cdots & \cdots & \cdots & a_{n-1} & a_n \end{vmatrix}$$

とおく．

(1) $F_n$ を第 $n$ 列で余因子展開すると $F_n$ と $F_{n-1}$ との関係式が得られる．それを求めよ．

(2) $F_1 = \begin{vmatrix} x & -1 \\ a_0 & a_1 \end{vmatrix} = a_1 x + a_0$ であることから順に $F_n$ を求めよ．

**2.**　$n$ 次正方行列 $A$ の余因子行列 $\tilde{A}$ について次を示せ．

(1) $|\tilde{A}| = |A|^{n-1}$

(2) $\tilde{\tilde{A}} = |A|^{n-2}A$（ただし，$n=2$ のとき，$|A|=0$ ならば $0^0=1$ とする．）

((2) のヒント：$n$ 次行列 $A$ について，$\operatorname{rank} A < n-1$ であることと $A$ の余因子がすべて $0$ であることは同値である．)

**3.**　連立1次方程式

$$\begin{cases} ax_1 + \ x_2 + \ x_3 + \cdots + \ x_n = b \\ x_1 + ax_2 + \ x_3 + \cdots + \ x_n = b \\ x_1 + \ x_2 + ax_3 + \cdots + \ x_n = b \\ \quad \cdots\cdots\cdots\cdots \\ x_1 + \ x_2 + \cdots\cdots\cdots + ax_n = b \end{cases}$$

の係数行列を $A$ とし，$b \neq 0$ とする．このとき

(1) $|A|$ を因数分解せよ．

(2) $A$ が正則であるための $a$ の条件を求めよ．

(3) $A$ が正則であるとき，クラメルの公式より方程式を解け．

(4) $A$ が正則でないとき，方程式の解は存在するか．存在すれば解を求めよ．

**A の解答**

**1.** 第1行で展開すると

$$\begin{vmatrix} 1 & 4 & -7 \\ 2 & 5 & 8 \\ 3 & 6 & 9 \end{vmatrix} = \begin{vmatrix} 5 & 8 \\ 6 & 9 \end{vmatrix} - 4\begin{vmatrix} 2 & 8 \\ 3 & 9 \end{vmatrix} - 7\begin{vmatrix} 2 & 5 \\ 3 & 6 \end{vmatrix} = 42.$$

たすき掛けの方法で計算すると

$$\begin{vmatrix} 1 & 4 & -7 \\ 2 & 5 & 8 \\ 3 & 6 & 9 \end{vmatrix} = 1\cdot5\cdot9+4\cdot8\cdot3+(-7)\cdot2\cdot6-1\cdot8\cdot6-4\cdot2\cdot9-(-7)\cdot5\cdot3 = 42.$$

**2.** 第1行による展開

$$\varDelta = (-1)(-1)^{1+1}\begin{vmatrix} 2 & -3 & -2 \\ -3 & 0 & 2 \\ 2 & 0 & -3 \end{vmatrix} + 2(-1)^{1+2}\begin{vmatrix} 4 & -3 & -2 \\ 1 & 0 & 2 \\ 1 & 0 & -3 \end{vmatrix}$$

$$+ 0\cdot(-1)^{1+3}\begin{vmatrix} 4 & 2 & -2 \\ 1 & -3 & 2 \\ 1 & 2 & -3 \end{vmatrix} + 1\cdot(-1)^{1+4}\begin{vmatrix} 4 & 2 & -3 \\ 1 & -3 & 0 \\ 1 & 2 & 0 \end{vmatrix}$$

$$= -(-12+27) - 2(-6-9) + 0 - (-6-9) = 30.$$

第 3 列による展開

$$\varDelta = 0\cdot(-1)^{1+3}\begin{vmatrix} 4 & 2 & -2 \\ 1 & -3 & 2 \\ 1 & 2 & -3 \end{vmatrix} + (-3)(-1)^{2+3}\begin{vmatrix} -1 & 2 & 1 \\ 1 & -3 & 2 \\ 1 & 2 & -3 \end{vmatrix}$$

$$+ 0\cdot(-1)^{3+3}\begin{vmatrix} -1 & 2 & 1 \\ 4 & 2 & -2 \\ 1 & 2 & -3 \end{vmatrix} + 0\cdot(-1)^{4+3}\begin{vmatrix} -1 & 2 & 1 \\ 4 & 2 & -2 \\ 1 & -3 & 2 \end{vmatrix}$$

$$= 0 + 3(-9+2+4+3+4+6) + 0 + 0 = 30.$$

**3.** $\varDelta$ を第 3 行で展開する.

$$\varDelta = x(-1)^{3+1}\begin{vmatrix} -1 & 0 & 2 & 1 \\ 1 & 2 & 1 & 0 \\ 0 & -1 & 0 & 1 \\ 1 & 0 & 1 & 1 \end{vmatrix} + y(-1)^{3+2}\begin{vmatrix} 1 & 0 & 2 & 1 \\ 0 & 2 & 1 & 0 \\ 1 & -1 & 0 & 1 \\ -1 & 0 & 1 & 1 \end{vmatrix}$$

$$+ z(-1)^{3+3}\begin{vmatrix} 1 & -1 & 2 & 1 \\ 0 & 1 & 1 & 0 \\ 1 & 0 & 0 & 1 \\ -1 & 1 & 1 & 1 \end{vmatrix} + u(-1)^{3+4}\begin{vmatrix} 1 & -1 & 0 & 1 \\ 0 & 1 & 2 & 0 \\ 1 & 0 & -1 & 1 \\ -1 & 1 & 0 & 1 \end{vmatrix}$$

$$+ w(-1)^{3+5}\begin{vmatrix} 1 & -1 & 0 & 2 \\ 0 & 1 & 2 & 1 \\ 1 & 0 & -1 & 0 \\ -1 & 1 & 0 & 1 \end{vmatrix} = 3x + 6y - 6z + 6u - 9w.$$

よって $a = 3, b = 6, c = -6, d = 6, e = -9.$

**4.** (1)

$$\begin{vmatrix} 0 & a & b & c \\ -a & 0 & c & b \\ b & -c & 0 & a \\ -c & -b & -a & 0 \end{vmatrix} = -a(-1)^{2+1}\begin{vmatrix} a & b & c \\ -c & 0 & a \\ -b & -a & 0 \end{vmatrix} - b(-1)^{3+1}\begin{vmatrix} a & b & c \\ 0 & c & b \\ -b & -a & 0 \end{vmatrix}$$

$$- c(-1)^{4+1}\begin{vmatrix} a & b & c \\ 0 & c & b \\ -c & 0 & a \end{vmatrix}$$

$$= a(-ab^2 + ac^2 + a^3) - b(-b^3 + a^2b + bc^2) + c(a^2c - b^2c + c^3)$$

$$= a^2(-b^2+c^2+a^2) - b^2(-b^2+a^2+c^2) + c^2(a^2-b^2+c^2)$$

$$= a^2(a^2-b^2+c^2) - b^2(a^2-b^2+c^2) + c^2(a^2-b^2+c^2)$$

$$= (a^2-b^2+c^2)^2$$

(2)

$$\begin{vmatrix} x & -1 & 0 & 0 & 0 \\ 1 & x & -1 & 0 & 0 \\ 0 & 1 & x & -1 & 0 \\ 0 & 0 & 1 & x & -1 \\ 0 & 0 & 0 & 1 & x \end{vmatrix} = x\begin{vmatrix} x & -1 & 0 & 0 \\ 1 & x & -1 & 0 \\ 0 & 1 & x & -1 \\ 0 & 0 & 1 & x \end{vmatrix} - \begin{vmatrix} -1 & 0 & 0 & 0 \\ 1 & x & -1 & 0 \\ 0 & 1 & x & -1 \\ 0 & 0 & 1 & x \end{vmatrix}$$

$$= x\left\{x\begin{vmatrix} x & -1 & 0 \\ 1 & x & -1 \\ 0 & 1 & x \end{vmatrix} - \begin{vmatrix} -1 & 0 & 0 \\ 1 & x & -1 \\ 0 & 1 & x \end{vmatrix}\right\} + \begin{vmatrix} x & -1 & 0 \\ 1 & x & -1 \\ 0 & 1 & x \end{vmatrix}$$

$$= x\{x(x^3+2x) + x^2+1\} + (x^3+2x)$$

$$= x(x^4+4x^2+3) = x(x^2+3)(x^2+1)$$

**5.**

$$\tilde{A} = \begin{pmatrix} 0 & 0 & 0 & abc \\ 0 & 0 & abd & 0 \\ 0 & acd & 0 & 0 \\ bcd & 0 & 0 & 0 \end{pmatrix}, \quad |A| = abcd,$$

$$A\tilde{A} = \tilde{A}A = \begin{pmatrix} abcd & 0 & 0 & 0 \\ 0 & abcd & 0 & 0 \\ 0 & 0 & abcd & 0 \\ 0 & 0 & 0 & abcd \end{pmatrix} = |A|E.$$

**6.** (1) $\begin{pmatrix} 1 & -299 & 301 \\ 301 & 1 & -299 \\ -299 & 301 & 1 \end{pmatrix}$ (2) $\begin{pmatrix} 0 & 0 & 0 \\ 0 & 0 & 0 \\ 0 & 0 & 0 \end{pmatrix}$ (3) $\begin{pmatrix} 0 & 0 & 0 & 0 \\ 0 & 0 & 0 & 0 \\ 0 & 0 & 0 & 0 \\ 0 & 0 & 0 & 0 \end{pmatrix}$

**7.**

$$|A| = \begin{vmatrix} 2+i & 0 & 2i \\ i & 1-i & 0 \\ 0 & -1-i & -i \end{vmatrix} = \begin{vmatrix} 2+i & -2-2i & 0 \\ i & 1-i & 0 \\ 0 & -1-i & -i \end{vmatrix}$$

$$= -i\begin{vmatrix} 2+i & -2-2i \\ i & 1-i \end{vmatrix} = 1-i,$$

$$\tilde{a}_{11} = \begin{vmatrix} 1-i & 0 \\ -1-i & -i \end{vmatrix} = -1-i, \quad \tilde{a}_{12} = -\begin{vmatrix} i & 0 \\ 0 & -i \end{vmatrix} = -1,$$

$$\tilde{a}_{13} = \begin{vmatrix} i & 1-i \\ 0 & -1-i \end{vmatrix} = 1-i, \quad \tilde{a}_{21} = -\begin{vmatrix} 0 & 2i \\ -1-i & -i \end{vmatrix} = 2-2i,$$

$$\tilde{a}_{22} = \begin{vmatrix} 2+i & 2i \\ 0 & -i \end{vmatrix} = 1-2i, \quad \tilde{a}_{23} = -\begin{vmatrix} 2+i & 0 \\ 0 & -1-i \end{vmatrix} = 1+3i,$$

$$\tilde{a}_{31} = \begin{vmatrix} 0 & 2i \\ 1-i & 0 \end{vmatrix} = -2-2i, \quad \tilde{a}_{32} = -\begin{vmatrix} 2+i & 2i \\ i & 0 \end{vmatrix} = -2,$$

$$\tilde{a}_{33} = \begin{vmatrix} 2+i & 0 \\ i & 1-i \end{vmatrix} = 3-i, \quad \frac{1}{|A|} = \frac{1}{1-i} = \frac{1+i}{2}$$

$$\therefore \quad A^{-1} = \frac{1+i}{2}\begin{pmatrix} -1-i & 2-2i & -2-2i \\ -1 & 1-2i & -2 \\ 1-i & 1+3i & 3-i \end{pmatrix} = \frac{1}{2}\begin{pmatrix} -2i & 4 & -4i \\ -1-i & 3-i & -2-2i \\ 2 & -2+4i & 4+2i \end{pmatrix}$$

**8.** $AB$ が正則であるから $|AB| \neq 0$. $|A||B| = |AB| \neq 0$ より $|A| \neq 0, |B| \neq 0$ である．よって $A, B$ は正則である．（注: p.65, A1(2) の解答も参照せよ．）

**9.**

(1) $x = \dfrac{26}{29}, \quad y = -\dfrac{25}{29}$ (2) $x = 3, \ y = 5, \ z = 7$

(3) $x = \dfrac{1}{36}, \quad y = -\dfrac{23}{36}, \quad z = -\dfrac{7}{36}$

**10.**

(1) $\det A = -9$

(2) $A$ の余因子行列の $(2,3)$ 成分は $(-1)^{3+2}\det\begin{pmatrix} 2 & 1 \\ 4 & 5 \end{pmatrix} = -6$ だから，

$A^{-1}$ の $(2,3)$ 成分は $\dfrac{-6}{-9} = \dfrac{2}{3}$.

(3)

$$x_2 = \frac{\det\begin{pmatrix} 2 & 10 & 1 \\ 4 & 11 & 5 \\ 7 & 12 & 8 \end{pmatrix}}{\det A} = -\frac{19}{3}.$$

**11.** 与えられた方程式がただ1つの解をもつ条件は

$$\begin{vmatrix} 1 & a & -1 \\ a & 1 & -1 \\ 3 & -4 & 2 \end{vmatrix} = -(2a+1)(a-1) \neq 0,$$

すなわち $a \neq -\dfrac{1}{2}, 1$. このときクラメルの公式から

$$x = \frac{\begin{vmatrix} 1 & a & -1 \\ 1 & 1 & -1 \\ -2 & -4 & 2 \end{vmatrix}}{-(2a+1)(a-1)} = 0, \quad y = \frac{\begin{vmatrix} 1 & 1 & -1 \\ a & 1 & -1 \\ 3 & -2 & 2 \end{vmatrix}}{-(2a+1)(a-1)} = 0,$$

$$z = \frac{\begin{vmatrix} 1 & a & 1 \\ a & 1 & 1 \\ 3 & -4 & -2 \end{vmatrix}}{-(2a+1)(a-1)} = -1.$$

**B の解答**

**1.**

$$F_n = (-1)(-1)^{2n-1} \begin{vmatrix} x & -1 & & & & \\ 0 & x & -1 & & \text{\Large 0} & \\ \vdots & \ddots & \ddots & \ddots & & \\ \vdots & & \ddots & \ddots & \ddots & \\ 0 & \cdots & \cdots & 0 & x & -1 \\ a_0 & \cdots & \cdots & \cdots & a_{n-2} & a_{n-1} \end{vmatrix}$$

$$+ a_n(-1)^{2n} \begin{vmatrix} x & -1 & & & \\ & x & -1 & \text{\Large 0} & \\ & & \ddots & \ddots & \\ \text{\Large 0} & & & \ddots & -1 \\ & & & & x \end{vmatrix} = F_{n-1} + a_n x^n.$$

(2)
$$\begin{aligned} F_n &= a_n x^n + F_{n-1} \\ F_{n-1} &= a_{n-1} x^{n-1} + F_{n-2} \\ &\ \ \vdots \\ F_2 &= a_2 x^2 + F_1 \\ +)\quad F_1 &= a_1 x + a_0 \\ \hline F_n &= a_n x^n + a_{n-1} x^{n-1} + \cdots + a_2 x^2 + a_1 x + a_0 \end{aligned}$$

**2.**

(1) $|A| \neq 0$ のとき

$A\tilde{A} = |A|E$ より $|A||\tilde{A}| = |A|^n \quad \therefore \quad |\tilde{A}| = |A|^{n-1}$.

$|A| = 0$ のとき

$|\tilde{A}| \neq 0$ ならば，$\tilde{A}$ は正則行列であるから逆行列をもつ．その逆行列を $A\tilde{A} = O$ の両辺に右からかけると $A = O$ となる．すなわち，$A$ の成分がすべて 0 であるから $\tilde{A} = O$ となる．これは $|\tilde{A}| \neq 0$ であることに矛盾する．よって，$|\tilde{A}| = 0$ である．

(2) $|A| \neq 0$ のとき

$\tilde{A}\tilde{\tilde{A}} = |\tilde{A}|E = |A|^{n-1}E$ より $A\tilde{A}\tilde{\tilde{A}} = |A|^{n-1}A$ である．$A\tilde{A} = |A|E$ より $|A|\tilde{\tilde{A}} = |A|^{n-1}A \quad \therefore \quad \tilde{\tilde{A}} = |A|^{n-2}A$.

$|A| = 0$ のとき

(i) $n > 2$ の場合

$\operatorname{rank} A \leq n-1$ であり，$\operatorname{rank} A < n-1$ であれば，$A$ の余因子はすべて 0 となるので，$\tilde{A} = O$．よって $\tilde{\tilde{A}} = O$.

$\operatorname{rank} A = n-1$ であれば，$A\tilde{A} = O$ より $\operatorname{rank} \tilde{A} = 1 < n-1$ なので，$\tilde{A}$ の余因子はすべて 0 で $\tilde{\tilde{A}} = O$.

(ii) $n = 2$ の場合

$$A = \begin{pmatrix} a & b \\ c & d \end{pmatrix} \text{ に対し } \tilde{A} = \begin{pmatrix} d & -b \\ -c & a \end{pmatrix} \text{ なので } \tilde{\tilde{A}} = \begin{pmatrix} a & b \\ c & d \end{pmatrix} = A.$$

これは $\tilde{\tilde{A}} = |A|^{n-2}A$ であることを示している．

**3.** (1)

$$|A| = \begin{vmatrix} a & 1 & \cdots & 1 \\ 1 & a & \ddots & \vdots \\ \vdots & \ddots & a & 1 \\ 1 & \cdots & 1 & a \end{vmatrix} = (a+n-1)\begin{vmatrix} 1 & 1 & \cdots & 1 \\ 1 & a & \ddots & \vdots \\ \vdots & \ddots & \ddots & 1 \\ 1 & \cdots & 1 & a \end{vmatrix}$$

$$= (a+n-1)\begin{vmatrix} 1 & 0 & \cdots & 0 \\ 1 & a-1 & \ddots & \vdots \\ \vdots & 0 & \ddots & 0 \\ 1 & 0 & \cdots\ 0 & a-1 \end{vmatrix} = (a+n-1)(a-1)^{n-1}$$

(2) $A$ が正則 $\iff |A| \neq 0 \qquad \therefore a \neq 1$ かつ $a \neq 1-n$

$$|A_j| = \begin{vmatrix} a & \cdots & b & \cdots & 1 \\ 1 & \ddots & \vdots & & \vdots \\ \vdots & & b & & \vdots \\ \vdots & & \vdots & \ddots & 1 \\ 1 & \cdots & b & \cdots & a \end{vmatrix} = b \begin{vmatrix} a & \cdots & 1 & \cdots & 1 \\ 1 & \ddots & \vdots & & \vdots \\ \vdots & & 1 & & \vdots \\ \vdots & & \vdots & \ddots & 1 \\ 1 & \cdots & 1 & \cdots & a \end{vmatrix}$$

$$= b \begin{vmatrix} a-1 & \cdots & 1 & \cdots & 0 \\ 0 & \ddots & \vdots & & \vdots \\ \vdots & & 1 & & \vdots \\ \vdots & & \vdots & \ddots & 0 \\ 0 & \cdots & 1 & \cdots & a-1 \end{vmatrix}$$

$$= b \begin{vmatrix} a-1 & \cdots & 0 & \cdots & 0 \\ 0 & \ddots & \vdots & & \vdots \\ \vdots & & 1 & & \vdots \\ \vdots & & \vdots & \ddots & 0 \\ 0 & \cdots & 0 & \cdots & a-1 \end{vmatrix} = b(a-1)^{n-1}$$

$$\therefore \quad x_j = \frac{|A_j|}{|A|} = \frac{b}{a+n-1} \quad (j = 1, 2, \cdots, n)$$

(4) $a = 1$ のとき

$x_j = t_j$ $(j = 2, 3, \cdots, n)$ とおけば $x_1 = b - \sum_{j=2}^{n} t_j$.

$a = 1 - n$ のとき

$\operatorname{rank} \left( \begin{array}{c|c} & b \\ A & \vdots \\ & b \end{array} \right) > \operatorname{rank} A$ より解なし.

# 第 4 章

# ベクトル空間

## 4.1　ベクトル空間とその部分空間

ベクトル空間

1 行だけの行列や 1 列だけの行列を行ベクトルや列ベクトルと呼んだ．これらをまとめて数ベクトルと呼び，実数を成分とする $n$ 次元列ベクトルや行ベクトルの全体を

$$\boldsymbol{R}^n = \left\{ \begin{pmatrix} a_1 \\ a_2 \\ \vdots \\ a_n \end{pmatrix} \right\}, \quad \boldsymbol{R}_n = \{(a_1\ a_2\ \cdots\ a_n)\}$$

と表す．主に $\boldsymbol{R}^n$ を考えることが多い．$\boldsymbol{R}\,(= \boldsymbol{R}^1 = \boldsymbol{R}_1)$ は実数全体，$\boldsymbol{R}^2$ は $xy$ 平面，$\boldsymbol{R}^3$ は $xyz$ 空間と対応している．複素数を成分とする数ベクトルを考えると，$\boldsymbol{C}^n, \boldsymbol{C}_n$ も同様に定義できる．

$\boldsymbol{R}^n$（あるいは $\boldsymbol{R}_n$）のベクトルについては以下の性質が成り立つ：

$\boldsymbol{u}, \boldsymbol{v}, \boldsymbol{w} \in \boldsymbol{R}^n$, $k, l \in \boldsymbol{R}$ について

(1) $\boldsymbol{u} + \boldsymbol{v} = \boldsymbol{v} + \boldsymbol{u}$

(2) $(\boldsymbol{u} + \boldsymbol{v}) + \boldsymbol{w} = \boldsymbol{u} + (\boldsymbol{v} + \boldsymbol{w})$

(3) $\boldsymbol{v} + \boldsymbol{0} = \boldsymbol{0} + \boldsymbol{v} = \boldsymbol{v}$ をみたすベクトル $\boldsymbol{0}$ (零ベクトル) がある．

(4) $\boldsymbol{v} + (-\boldsymbol{v}) = \boldsymbol{0}$ をみたすベクトル $-\boldsymbol{v}$ がある．

(5) $(k + l)\boldsymbol{v} = k\boldsymbol{v} + l\boldsymbol{v}$

(6) $k(\boldsymbol{v} + \boldsymbol{w}) = k\boldsymbol{v} + k\boldsymbol{w}$

(7) $(kl)\boldsymbol{v} = k(l\boldsymbol{v})$

(8) $1\boldsymbol{v} = \boldsymbol{v}$, $0\boldsymbol{v} = \boldsymbol{0}$

一般に，集合 $V$ に 2 つの演算

(和) $\boldsymbol{v} + \boldsymbol{w} \quad (\boldsymbol{v}, \boldsymbol{w} \in V)$

(実数倍) $k\boldsymbol{v} \quad (\boldsymbol{v} \in V,\ k \in \boldsymbol{R})$

が定義され，上の(1)〜(8)の性質が成り立つとき，$V$ を($\boldsymbol{R}$ 上の) ベクトル空間という．$\boldsymbol{R}^n, \boldsymbol{R}_n$ はベクトル空間であり，それぞれ $n$ 次元列ベクトル空間，$n$ 次元行ベクトル空間と呼ぶ．文字 $x$ の $n$ 次以下の実係数多項式全体の集合，区間 $[a, b]$ で定義された連続な実数値関数全体の集合などが一般のベクトル空間の例としてあげられる．

### 部分空間

ベクトル空間 $V$ の空でない部分集合 $W$ が次の(1),(2)をみたすとき，$W$ を $V$ の部分空間と呼ぶ．

(1) $\boldsymbol{v}, \boldsymbol{w} \in W$ ならば $\boldsymbol{v} + \boldsymbol{w} \in W$

(2) $\boldsymbol{v} \in W,\ k \in \boldsymbol{R}$ ならば $k\boldsymbol{v} \in W$

幾何学的には，$xy$ 平面において原点を通る直線は部分空間であり，$xyz$ 空間において原点を通る平面は部分空間である．$xy$ 平面の第1象限や，$xyz$ 空間における原点を通らない平面などは部分空間にならない．

2つの部分空間の共通部分も部分空間となるが，一方がもう一方に完全に含まれている場合を除き，合併集合は部分空間とはならない．

$n$ 次元列ベクトル空間，$n$ 次元行ベクトル空間およびそれらの部分空間のことを総称して数ベクトル空間と呼ぶ．

この章ではベクトル空間として数ベクトル空間を考えるが，一般のベクトル空間についてあてはまる事柄も多い．

### 同次連立1次方程式の解空間

$m \times n$ 型の行列 $A$ を係数行列とする同次連立1次方程式

$$A\boldsymbol{v} = \boldsymbol{0}$$

の解の全体である

$$W_A = \{\boldsymbol{v} \in \boldsymbol{R}^n \mid A\boldsymbol{v} = \boldsymbol{0}\}$$

は $\boldsymbol{R}^n$ の部分空間となる．これを同次連立1次方程式の解空間と呼ぶ．

定数項ベクトルが零ベクトルでないような，一般の連立1次方程式の解の全体は部分空間とならない．

### 生成元

$\boldsymbol{R}^n$ のいくつかのベクトル $\boldsymbol{v}_1, \boldsymbol{v}_2, \cdots, \boldsymbol{v}_k$ を考えたとき，これらの実数倍の和のことを1次結合と呼び，1次結合の全体である

$$V = \{a_1\boldsymbol{v}_1 + a_2\boldsymbol{v}_2 + \cdots + a_k\boldsymbol{v}_k \mid a_1, a_2, \cdots, a_k \in \boldsymbol{R}\}$$

は $\boldsymbol{R}^n$ の部分空間となる．これを $\boldsymbol{v}_1, \boldsymbol{v}_2, \cdots, \boldsymbol{v}_k$ の生成する（張る）部分空間と呼び，$\boldsymbol{v}_1, \boldsymbol{v}_2, \cdots, \boldsymbol{v}_k$ のことを $V$ の生成元と呼ぶ．$\boldsymbol{v}_1, \boldsymbol{v}_2, \cdots, \boldsymbol{v}_k$ の生成す

る部分空間のことを

$$W\{\boldsymbol{v}_1, \boldsymbol{v}_2, \cdots, \boldsymbol{v}_k\}, \quad \langle \boldsymbol{v}_1, \boldsymbol{v}_2, \cdots, \boldsymbol{v}_k \rangle$$

などと書き表す.

同次連立1次方程式の一般解 $\boldsymbol{v}$ は，基本解と呼ばれるいくつかのベクトル $\boldsymbol{v}_1, \boldsymbol{v}_2, \cdots, \boldsymbol{v}_k$ によって

$$\boldsymbol{v} = a_1\boldsymbol{v}_1 + a_2\boldsymbol{v}_2 + \cdots + a_k\boldsymbol{v}_k \quad (a_1, a_2, \cdots, a_k \text{ は任意実数})$$

と書き表されるので，解空間は基本解によって生成されていることになる.

**例題 1.**

$$W = \left\{ \begin{pmatrix} x \\ y \\ z \end{pmatrix} \middle| \; 2x + y - 4z = 0 \right\}$$ は $\boldsymbol{R}^3$ の部分空間であることを示せ.

**解答** $\begin{pmatrix} x_1 \\ y_1 \\ z_1 \end{pmatrix}, \begin{pmatrix} x_2 \\ y_2 \\ z_2 \end{pmatrix} \in W, \quad k \in \boldsymbol{R}$ とする．このとき

$$\begin{cases} 2x_1 + y_1 - 4z_1 = 0 & \cdots\cdots \quad ① \\ 2x_2 + y_2 - 4z_2 = 0 & \cdots\cdots \quad ② \end{cases}$$

が成立する．これらのベクトルの和と実数倍を成分で表すと

$$\begin{pmatrix} x_1 \\ y_1 \\ z_1 \end{pmatrix} + \begin{pmatrix} x_2 \\ y_2 \\ z_2 \end{pmatrix} = \begin{pmatrix} x_1 + x_2 \\ y_1 + y_2 \\ z_1 + z_2 \end{pmatrix}, \quad k\begin{pmatrix} x_1 \\ y_1 \\ z_1 \end{pmatrix} = \begin{pmatrix} kx_1 \\ ky_1 \\ kz_1 \end{pmatrix}$$

となるが，ここで

$$① + ② \text{ より} \quad 2(x_1 + x_2) + (y_1 + y_2) - 4(z_1 + z_2) = 0$$

$$k \times ① \text{ より} \quad 2(kx_1) + ky_1 - 4(kz_1) = 0$$

が成立することがわかるので

$$\begin{pmatrix} x_1 \\ y_1 \\ z_1 \end{pmatrix} + \begin{pmatrix} x_2 \\ y_2 \\ z_2 \end{pmatrix}, \quad k\begin{pmatrix} x_1 \\ y_1 \\ z_1 \end{pmatrix} \in W$$

となり，$W$ は $\boldsymbol{R}^3$ の部分空間である.

**例題 2.**

次の集合は $\boldsymbol{R}^n$ の部分空間であるかどうか確かめよ.

$$M_1 = \left\{ \begin{pmatrix} a_1 \\ a_2 \\ \vdots \\ a_n \end{pmatrix} \middle| \, a_1 + a_2 = 0 \right\}, \quad M_2 = \left\{ \begin{pmatrix} a_1 \\ a_2 \\ \vdots \\ a_n \end{pmatrix} \middle| \, a_1 a_2 = 0 \right\}$$

$$M_3 = \left\{ \begin{pmatrix} a_1 \\ a_2 \\ \vdots \\ a_n \end{pmatrix} \middle| \, 2a_1 - a_2 = a_n \right\},$$

$M_4 = M_1 \cup M_3, \quad M_5 = M_1 \cap M_3$. ただし $n \geq 3$ とする.

**解答** $\begin{pmatrix} a_1 \\ a_2 \\ \vdots \\ a_n \end{pmatrix}, \begin{pmatrix} b_1 \\ b_2 \\ \vdots \\ b_n \end{pmatrix} \in M_1$ ならば $a_1 + a_2 = 0,\ b_1 + b_2 = 0$ だから,

和 $\begin{pmatrix} a_1 + b_1 \\ a_2 + b_2 \\ \vdots \\ a_n + b_n \end{pmatrix}$ と実数倍 $\begin{pmatrix} ka_1 \\ ka_2 \\ \vdots \\ ka_n \end{pmatrix}$ も条件 $(a_1 + b_1) + (a_2 + b_2) = 0$,

$ka_1 + ka_2 = 0$ を満たすので $M_1$ に属する. よって $M_1$ は部分空間である.

$\begin{pmatrix} 1 \\ 0 \\ 0 \\ \vdots \\ 0 \end{pmatrix}, \begin{pmatrix} 0 \\ 1 \\ 0 \\ \vdots \\ 0 \end{pmatrix} \in M_2$ だが和 $\begin{pmatrix} 1 \\ 1 \\ 0 \\ \vdots \\ 0 \end{pmatrix}$ は $M_2$ に属さないから $M_2$ は部分空間でない.

$\begin{pmatrix} a_1 \\ a_2 \\ \vdots \\ a_n \end{pmatrix}, \begin{pmatrix} b_1 \\ b_2 \\ \vdots \\ b_n \end{pmatrix} \in M_3$ ならば $2a_1 - a_2 = a_n,\ 2b_1 - b_2 = b_n$ だか

ら和 $\begin{pmatrix} a_1+b_1 \\ a_2+b_2 \\ \vdots \\ a_n+b_n \end{pmatrix}$ と実数倍 $\begin{pmatrix} ka_1 \\ ka_2 \\ \vdots \\ ka_n \end{pmatrix}$ も条件 $2(a_1+b_1)-(a_2+b_2)=a_n+b_n$, $2(ka_1)-ka_2=ka_n$ を満たすので $M_3$ に属する．よって $M_3$ は $\boldsymbol{R}^n$ の部分空間である．

$\begin{pmatrix} 1 \\ -1 \\ 0 \\ \vdots \\ 0 \end{pmatrix} \in M_1$, $\begin{pmatrix} 1 \\ 1 \\ 0 \\ \vdots \\ 1 \end{pmatrix} \in M_3$ だが，和 $\begin{pmatrix} 2 \\ 0 \\ 0 \\ \vdots \\ 1 \end{pmatrix} \notin M_1 \cup M_3$．よって $M_4$ は $\boldsymbol{R}^n$ の部分空間でない．

$\boldsymbol{u}, \boldsymbol{v} \in M_5$ ならば $\boldsymbol{u}, \boldsymbol{v} \in M_1$ かつ $\boldsymbol{u}, \boldsymbol{v} \in M_3$．$M_1$ と $M_3$ は $\boldsymbol{R}^n$ の部分空間だから $\boldsymbol{u}+\boldsymbol{v} \in M_1$ かつ $\boldsymbol{u}+\boldsymbol{v} \in M_3$ で，$k \in \boldsymbol{R}$ に対し $k\boldsymbol{u} \in M_1$ かつ $k\boldsymbol{u} \in M_3$．よって $\boldsymbol{u}+\boldsymbol{v}$, $k\boldsymbol{u} \in M_1 \cap M_3$ となり $M_5 = M_1 \cap M_3$ は $\boldsymbol{R}^n$ の部分空間である．

**例題 3.**

次の関係が成り立つかどうか調べよ．

(1) $\begin{pmatrix} 2 \\ 3 \end{pmatrix} \in W\left\{\begin{pmatrix} 2 \\ 1 \end{pmatrix}, \begin{pmatrix} 3 \\ 4 \end{pmatrix}\right\}$

(2) $\begin{pmatrix} 2 \\ 1 \\ 6 \end{pmatrix} \in W\left\{\begin{pmatrix} 2 \\ 1 \\ 5 \end{pmatrix}, \begin{pmatrix} 3 \\ 4 \\ 7 \end{pmatrix}\right\}$

**解答** (1) $\begin{pmatrix} 2 \\ 3 \end{pmatrix} = a\begin{pmatrix} 2 \\ 1 \end{pmatrix} + b\begin{pmatrix} 3 \\ 4 \end{pmatrix}$ となる数 $a, b$ を求めてみる．

$\begin{cases} 2a+3b=2 \\ a+4b=3 \end{cases}$ を解くと $a=-\dfrac{1}{5}$,　$b=\dfrac{4}{5}$ となる．

よって $\begin{pmatrix} 2 \\ 3 \end{pmatrix} = -\dfrac{1}{5}\begin{pmatrix} 2 \\ 1 \end{pmatrix} + \dfrac{4}{5}\begin{pmatrix} 3 \\ 4 \end{pmatrix}$ となるから

$$\begin{pmatrix} 2 \\ 3 \end{pmatrix} \in W\left\{\begin{pmatrix} 2 \\ 1 \end{pmatrix}, \begin{pmatrix} 3 \\ 4 \end{pmatrix}\right\}.$$

(2) $\begin{pmatrix} 2 \\ 1 \\ 6 \end{pmatrix} = a\begin{pmatrix} 2 \\ 1 \\ 5 \end{pmatrix} + b\begin{pmatrix} 3 \\ 4 \\ 7 \end{pmatrix}$ となる数 $a, b$ を求めてみる.

$$\begin{cases} 2a + 3b = 2 & \cdots\cdots \text{①} \\ a + 4b = 1 & \cdots\cdots \text{②} \\ 5a + 7b = 6 & \cdots\cdots \text{③} \end{cases}$$

①と②より $a = 1,\ b = 0$ となる．この $a, b$ は③を満たさない.

よって $\begin{pmatrix} 2 \\ 1 \\ 6 \end{pmatrix} = a\begin{pmatrix} 2 \\ 1 \\ 5 \end{pmatrix} + b\begin{pmatrix} 3 \\ 4 \\ 7 \end{pmatrix}$ となる $a, b$ は存在しないから

$\begin{pmatrix} 2 \\ 1 \\ 6 \end{pmatrix} \in W\left\{\begin{pmatrix} 2 \\ 1 \\ 5 \end{pmatrix}, \begin{pmatrix} 3 \\ 4 \\ 7 \end{pmatrix}\right\}$ は成り立たない．すなわち

$$\begin{pmatrix} 2 \\ 1 \\ 6 \end{pmatrix} \notin W\left\{\begin{pmatrix} 2 \\ 1 \\ 5 \end{pmatrix}, \begin{pmatrix} 3 \\ 4 \\ 7 \end{pmatrix}\right\}.$$

## A

**1.**　次の集合は $\boldsymbol{R}^2$ の部分空間であるかどうか確かめよ.

(1) $S_1 = \left\{\begin{pmatrix} x \\ y \end{pmatrix} \middle|\ x + y = 0\right\}$　　(2) $S_2 = \left\{\begin{pmatrix} x \\ y \end{pmatrix} \middle|\ x + y = 1\right\}$

(3) $S_3 = \left\{\begin{pmatrix} x \\ y \end{pmatrix} \middle|\ y = x^2\right\}$　　(4) $S_4 = \left\{\begin{pmatrix} x \\ y \end{pmatrix} \middle|\ x^2 - y^2 \leq 0\right\}$

**2.**　次の集合は $\boldsymbol{R}^3$ の部分空間であるかどうか確かめよ.

(1) $S_1 = \left\{\begin{pmatrix} x \\ y \\ z \end{pmatrix} \middle|\ y \geq z\right\}$　　(2) $S_2 = \left\{\begin{pmatrix} x \\ y \\ z \end{pmatrix} \middle|\ \begin{matrix} x + y - z = 0 \\ y + 2z = 0 \end{matrix}\right\}$

(3) $S_3 = \left\{\begin{pmatrix} x \\ y \\ z \end{pmatrix} \middle|\ \begin{matrix} x + y = 0 \\ y + z - 1 = 0 \end{matrix}\right\}$

**3.**　$A$ を $m \times n$ 型の行列とするとき，$W = \{\boldsymbol{x} \in \boldsymbol{R}^n \mid A\boldsymbol{x} = \boldsymbol{0}\}$ は $\boldsymbol{R}^n$ の部分空間であることを表せ.

**4.**　次の (1),(2) の集合は $\boldsymbol{R}^3$ の部分空間か．また (3),(4) の集合は $\boldsymbol{R}^n$ の部分空間か．それぞれ確かめよ．

(1) $S_1 = \left\{ \begin{pmatrix} x_1 \\ x_2 \\ x_3 \end{pmatrix} \middle| \; x_i \geq 0 \quad (i = 1, 2, 3) \right\}$　(2) $S_2 = \left\{ \begin{pmatrix} x_1 \\ x_2 \\ x_3 \end{pmatrix} \middle| \; \sum_{i=1}^{3} x_i^2 = 1 \right\}$

(3) $S_3 = \left\{ \begin{pmatrix} x_1 \\ x_2 \\ \vdots \\ x_n \end{pmatrix} \middle| \; \sum_{i=1}^{n} i x_i = 0 \right\}$　(4) $S_4 = \left\{ \begin{pmatrix} x_1 \\ x_2 \\ \vdots \\ x_n \end{pmatrix} \middle| \begin{array}{c} x_1 = x_2, \\ x_3 = x_4, \\ \vdots \\ x_{n-1} = x_n \end{array} \right\}$　($n$ は偶数)

**5.**　次の関係が成り立つかどうか調べよ．

(1) $\begin{pmatrix} 1 \\ 4 \end{pmatrix} \in W\left\{ \begin{pmatrix} 1 \\ 2 \end{pmatrix}, \begin{pmatrix} 2 \\ 4 \end{pmatrix} \right\}$

(2) $\begin{pmatrix} 4 \\ 3 \\ -1 \end{pmatrix} \in W\left\{ \begin{pmatrix} 1 \\ -1 \\ 3 \end{pmatrix}, \begin{pmatrix} 2 \\ 5 \\ -7 \end{pmatrix}, \begin{pmatrix} -3 \\ -4 \\ 4 \end{pmatrix} \right\}$

(3) $\begin{pmatrix} 1 \\ 1 \\ 1 \end{pmatrix} \in W\left\{ \begin{pmatrix} 1 \\ 2 \\ 4 \end{pmatrix}, \begin{pmatrix} 2 \\ 8 \\ 6 \end{pmatrix}, \begin{pmatrix} 3 \\ 3 \\ 4 \end{pmatrix} \right\}$

(4) $\begin{pmatrix} 3 \\ 9 \\ -5 \\ -7 \end{pmatrix} \in W\left\{ \begin{pmatrix} 1 \\ 1 \\ 3 \\ -2 \end{pmatrix}, \begin{pmatrix} 2 \\ -1 \\ 2 \\ 3 \end{pmatrix}, \begin{pmatrix} -3 \\ 4 \\ -7 \\ -6 \end{pmatrix} \right\}$

(5) $\begin{pmatrix} 0 \\ 0 \\ 0 \\ 1 \end{pmatrix} \in W\left\{ \begin{pmatrix} 2 \\ 2 \\ 3 \\ 2 \end{pmatrix}, \begin{pmatrix} -1 \\ -1 \\ 2 \\ 3 \end{pmatrix}, \begin{pmatrix} -5 \\ 4 \\ 2 \\ 2 \end{pmatrix}, \begin{pmatrix} -4 \\ 5 \\ 7 \\ 7 \end{pmatrix} \right\}$

**6.**　次の $\boldsymbol{R}^3$ の部分空間を図示せよ．

(1) $W\left\{ \begin{pmatrix} 0 \\ 0 \\ 0 \end{pmatrix} \right\}$　(2) $W\left\{ \begin{pmatrix} 1 \\ 2 \\ 3 \end{pmatrix} \right\}$　(3) $W\left\{ \begin{pmatrix} 1 \\ 2 \\ 3 \end{pmatrix}, \begin{pmatrix} 0 \\ 0 \\ 1 \end{pmatrix} \right\}$

(4) $W\left\{ \begin{pmatrix} 1 \\ 2 \\ 3 \end{pmatrix}, \begin{pmatrix} 0 \\ 0 \\ 1 \end{pmatrix}, \begin{pmatrix} 1 \\ 2 \\ 0 \end{pmatrix} \right\}$　(5) $W\left\{ \begin{pmatrix} 1 \\ 2 \\ 3 \end{pmatrix}, \begin{pmatrix} 0 \\ 0 \\ 1 \end{pmatrix}, \begin{pmatrix} 1 \\ 1 \\ 0 \end{pmatrix} \right\}$

## B

**1.**　次の集合は $\boldsymbol{R}^3$ の部分空間であるかどうか確かめよ．

(1) $S_1 = \left\{ \begin{pmatrix} x \\ y \\ z \end{pmatrix} \middle| \, x - 1 = \dfrac{y-2}{2} = \dfrac{z-3}{3} \right\}$　(2) $S_2 = \left\{ \begin{pmatrix} x \\ y \\ z \end{pmatrix} \middle| \, x - 1 = \dfrac{y-2}{2} = \dfrac{z-3}{-3} \right\}$

(3) $S_3 = \left\{ \begin{pmatrix} x \\ y \\ z \end{pmatrix} \middle| \, y^2 + z^2 = 2yz \right\}$　(4) $S_4 = \left\{ \begin{pmatrix} x \\ y \\ z \end{pmatrix} \middle| \, x^2 = z^2 \right\}$

**2.**　平行四辺形は1つの対角線によって面積の等しい2つの三角形に分割される．

(1) 平行六面体は体積の等しい6つの四面体に分割されることを示せ．

(2) 平行六面体の4次元版，すなわち1次独立なベクトル $\boldsymbol{a}, \boldsymbol{b}, \boldsymbol{c}, \boldsymbol{d} \in \boldsymbol{R}^4$ に対し

$$S = \{s\boldsymbol{a} + t\boldsymbol{b} + u\boldsymbol{c} + v\boldsymbol{d} \in \boldsymbol{R}^4 \mid 0 \leq s, t, u, v \leq 1\}$$

は四面体の4次元版のもの，すなわち

$$\{s\boldsymbol{a} + t\boldsymbol{b} + u\boldsymbol{c} + v\boldsymbol{d} \in \boldsymbol{R}^4 \mid s + t + u + v \leq 1,\ 0 \leq s, t, u, v\}$$

と体積の等しいような，いくつの部分に分割されるか調べよ．

### A の解答

**1.** (1) $\boldsymbol{v} = \begin{pmatrix} x_1 \\ y_1 \end{pmatrix}, \boldsymbol{w} = \begin{pmatrix} x_2 \\ y_2 \end{pmatrix} \in S_1,\ k \in \boldsymbol{R}$ とすると $x_1 + y_1 = 0,\ x_2 + y_2 = 0$. このとき

$\boldsymbol{v} + \boldsymbol{w} = \begin{pmatrix} x_1 + x_2 \\ y_1 + y_2 \end{pmatrix}$ について

$$(x_1 + x_2) + (y_1 + y_2) = (x_1 + y_1) + (x_2 + y_2) = 0.$$

よって $\boldsymbol{v} + \boldsymbol{w} \in S_1$. また $k\boldsymbol{v} = \begin{pmatrix} kx_1 \\ ky_1 \end{pmatrix}$ について

$$kx_1 + ky_1 = k(x_1 + y_1) = 0.$$

よって $k\boldsymbol{v} \in S_1$. したがって $S_1$ は $\boldsymbol{R}^2$ の部分空間である．

別解として，条件式 $x + y = 0$ は原点を通る直線を表すから，$S_1$ は $\boldsymbol{R}^2$ の部分空間である．（$S_1 = W\left\{ \begin{pmatrix} 1 \\ -1 \end{pmatrix} \right\}$ である．）

(2) $\begin{pmatrix} 0 \\ 0 \end{pmatrix} \notin S_2$ より $S_2$ は $\boldsymbol{R}^2$ の部分空間でない．

(3) $\begin{pmatrix} 1 \\ 1 \end{pmatrix}, \begin{pmatrix} -1 \\ 1 \end{pmatrix} \in S_3$ であるが $\begin{pmatrix} 1 \\ 1 \end{pmatrix} + \begin{pmatrix} -1 \\ 1 \end{pmatrix} = \begin{pmatrix} 0 \\ 2 \end{pmatrix} \notin S_3$ なので $S_3$ は $\boldsymbol{R}^2$ の部分空間でない.

(4) $\begin{pmatrix} 1 \\ 1 \end{pmatrix}, \begin{pmatrix} 1 \\ -1 \end{pmatrix} \in S_4$ であるが $\begin{pmatrix} 1 \\ 1 \end{pmatrix} + \begin{pmatrix} 1 \\ -1 \end{pmatrix} = \begin{pmatrix} 2 \\ 0 \end{pmatrix} \notin S_4$ なので $S_4$ は $\boldsymbol{R}^2$ の部分空間でない.

**2.** (1) $\begin{pmatrix} 0 \\ 1 \\ 0 \end{pmatrix} \in S_1$ であるが $(-1)\begin{pmatrix} 0 \\ 1 \\ 0 \end{pmatrix} = \begin{pmatrix} 0 \\ -1 \\ 0 \end{pmatrix} \notin S_1$ なので $S_1$ は $\boldsymbol{R}^3$ の部分空間ではない.

(2) 条件式は原点を通る平行でない 2 平面の共通部分を表しているので原点を通る直線となり，$S_2$ は $\boldsymbol{R}^3$ の部分空間である.（$S_2 = W\left\{\begin{pmatrix} 3 \\ -2 \\ 1 \end{pmatrix}\right\}$ となる.）

(3) $\begin{pmatrix} 0 \\ 0 \\ 0 \end{pmatrix} \notin S_3$ なので $S_3$ は $\boldsymbol{R}^3$ の部分空間でない.（注：条件式は原点を通る平面と原点を通らない平面との共通部分を表しているから原点を通らない直線を表している.）

**3.** $A\boldsymbol{x} = \boldsymbol{0}$, $A\boldsymbol{y} = \boldsymbol{0}$ とすれば $A(\boldsymbol{x}+\boldsymbol{y}) = A\boldsymbol{x} + A\boldsymbol{y} = \boldsymbol{0} + \boldsymbol{0} = \boldsymbol{0}$, $A(k\boldsymbol{x}) = kA\boldsymbol{x} = k \cdot \boldsymbol{0} = \boldsymbol{0}$.

よって $\boldsymbol{x}, \boldsymbol{y} \in W$, $k \in \boldsymbol{R}$ ならば

$$\boldsymbol{x}+\boldsymbol{y},\ k\boldsymbol{x} \in W$$

となるから $W = \{\boldsymbol{x} \in \boldsymbol{R}^n \mid A\boldsymbol{x} = \boldsymbol{0}\}$ は $\boldsymbol{R}^n$ の部分空間である.

**4.** (1) $\begin{pmatrix} 1 \\ 0 \\ 0 \end{pmatrix} \in S_1$ であるが $(-1)\begin{pmatrix} 1 \\ 0 \\ 0 \end{pmatrix} = \begin{pmatrix} -1 \\ 0 \\ 0 \end{pmatrix} \notin S_1$ なので $S_1$ は $\boldsymbol{R}^3$ の部分空間でない.

(2) $\begin{pmatrix} 0 \\ 0 \\ 0 \end{pmatrix} \notin S_2$ より $S_2$ は $\boldsymbol{R}^3$ の部分空間でない.

(3) $\begin{pmatrix} x_1 \\ x_2 \\ \vdots \\ x_n \end{pmatrix}, \begin{pmatrix} y_1 \\ y_2 \\ \vdots \\ y_n \end{pmatrix} \in S_3$, $k \in \boldsymbol{R}$ とすると $\sum_{i=1}^{n} ix_i = 0$, $\sum_{i=1}^{n} iy_i = 0$.

このとき，和 $\begin{pmatrix} x_1 + y_1 \\ x_2 + y_2 \\ \vdots \\ x_n + y_n \end{pmatrix}$ と実数倍 $\begin{pmatrix} kx_1 \\ kx_2 \\ \vdots \\ kx_n \end{pmatrix}$ も $\sum_{i=1}^{n} i(x_i + y_i) = 0$,

$\sum_{i=1}^{n} i(kx_i) = 0$ を満たすから $S_3$ に属する．よって $S_3$ は $\boldsymbol{R}^n$ の部分空間である．

(4) $\begin{pmatrix} x_1 \\ x_2 \\ \vdots \\ x_n \end{pmatrix}, \begin{pmatrix} y_1 \\ y_2 \\ \vdots \\ y_n \end{pmatrix} \in S_4$, $k \in \boldsymbol{R}$ とすれば $x_1 = x_2$, $x_3 = x_4$, $\cdots$,

$x_{n-1} = x_n, y_1 = y_2$, $y_3 = y_4$, $\cdots$, $y_{n-1} = y_n$ を満たすから和 $\begin{pmatrix} x_1 + y_1 \\ x_2 + y_2 \\ \vdots \\ x_n + y_n \end{pmatrix}$

と実数倍 $\begin{pmatrix} kx_1 \\ kx_2 \\ \vdots \\ kx_n \end{pmatrix}$ も $x_1 + y_1 = x_2 + y_2$, $x_3 + y_3 = x_4 + y_4$, $\cdots$,

$x_{n-1} + y_{n-1} = x_n + y_n$ および $kx_1 = kx_2$, $kx_3 = kx_4$, $\cdots$, $kx_{n-1} = kx_n$ を満たす．よって $S_4$ は $\boldsymbol{R}^n$ の部分空間である．

**5.** (1) $\begin{pmatrix} 2 \\ 4 \end{pmatrix} = 2 \begin{pmatrix} 1 \\ 2 \end{pmatrix}$ より $W\left\{\begin{pmatrix} 1 \\ 2 \end{pmatrix}, \begin{pmatrix} 2 \\ 4 \end{pmatrix}\right\} = W\left\{\begin{pmatrix} 1 \\ 2 \end{pmatrix}\right\}$

だから $\begin{pmatrix} 1 \\ 4 \end{pmatrix} \notin W\left\{\begin{pmatrix} 1 \\ 2 \end{pmatrix}, \begin{pmatrix} 2 \\ 4 \end{pmatrix}\right\}$.

(2) $\begin{pmatrix} 4 \\ 3 \\ -1 \end{pmatrix} = a \begin{pmatrix} 1 \\ -1 \\ 3 \end{pmatrix} + b \begin{pmatrix} 2 \\ 5 \\ -7 \end{pmatrix} + c \begin{pmatrix} -3 \\ -4 \\ 4 \end{pmatrix}$ となる数 $a, b, c$ を

求めてみる．連立１次方程式 $\begin{pmatrix} 1 & 2 & -3 \\ -1 & 5 & -4 \\ 3 & -7 & 4 \end{pmatrix}\begin{pmatrix} a \\ b \\ c \end{pmatrix} = \begin{pmatrix} 4 \\ 3 \\ -1 \end{pmatrix}$ を解けば

$$\begin{pmatrix} a \\ b \\ c \end{pmatrix} = \begin{pmatrix} 2 \\ 1 \\ 0 \end{pmatrix} + t\begin{pmatrix} 1 \\ 1 \\ 1 \end{pmatrix} \quad (t \text{ は任意定数}).$$

よって，$t$ は任意だから例えば $t=0$ のときの $\begin{pmatrix} a \\ b \\ c \end{pmatrix} = \begin{pmatrix} 2 \\ 1 \\ 0 \end{pmatrix}$ を使って

$$\begin{pmatrix} 4 \\ 3 \\ -1 \end{pmatrix} = 2\cdot\begin{pmatrix} 1 \\ -1 \\ 3 \end{pmatrix} + 1\cdot\begin{pmatrix} 2 \\ 5 \\ -7 \end{pmatrix} + 0\cdot\begin{pmatrix} -3 \\ -4 \\ 4 \end{pmatrix}$$

と表せるので

$$\begin{pmatrix} 4 \\ 3 \\ -1 \end{pmatrix} \in W\left\{\begin{pmatrix} 1 \\ -1 \\ 3 \end{pmatrix}, \begin{pmatrix} 2 \\ 5 \\ -7 \end{pmatrix}, \begin{pmatrix} -3 \\ -4 \\ 4 \end{pmatrix}\right\}.$$

(3) (2) と同様な方法で $\begin{pmatrix} 1 \\ 1 \\ 1 \end{pmatrix} = \left(-\dfrac{3}{19}\right)\begin{pmatrix} 1 \\ 2 \\ 4 \end{pmatrix} + \dfrac{1}{38}\begin{pmatrix} 2 \\ 8 \\ 6 \end{pmatrix} + \dfrac{7}{19}\begin{pmatrix} 3 \\ 3 \\ 4 \end{pmatrix}$

となるから

$$\begin{pmatrix} 1 \\ 1 \\ 1 \end{pmatrix} \in W\left\{\begin{pmatrix} 1 \\ 2 \\ 4 \end{pmatrix}, \begin{pmatrix} 2 \\ 8 \\ 6 \end{pmatrix}, \begin{pmatrix} 3 \\ 3 \\ 4 \end{pmatrix}\right\}.$$

(4) (2) と同様な方法で $\begin{pmatrix} 3 \\ 9 \\ -5 \\ -7 \end{pmatrix} = 2\begin{pmatrix} 1 \\ 1 \\ 3 \\ -2 \end{pmatrix} + 5\begin{pmatrix} 2 \\ -1 \\ 2 \\ 3 \end{pmatrix} + 3\begin{pmatrix} -3 \\ 4 \\ -7 \\ -6 \end{pmatrix}$

となるから

$$\begin{pmatrix} 3 \\ 9 \\ -5 \\ -7 \end{pmatrix} \in W\left\{\begin{pmatrix} 1 \\ 1 \\ 3 \\ -2 \end{pmatrix}, \begin{pmatrix} 2 \\ -1 \\ 2 \\ 3 \end{pmatrix}, \begin{pmatrix} -3 \\ 4 \\ -7 \\ -6 \end{pmatrix}\right\}.$$

$$(5)\ \begin{pmatrix}0\\0\\0\\1\end{pmatrix}=a\begin{pmatrix}2\\2\\3\\2\end{pmatrix}+b\begin{pmatrix}-1\\-1\\2\\3\end{pmatrix}+c\begin{pmatrix}-5\\4\\2\\2\end{pmatrix}+d\begin{pmatrix}-4\\5\\7\\7\end{pmatrix}$$ となる数 $a,b,c,d$ が存在するかどうか調べる．この連立1次方程式の拡大係数行列を簡約行列に変形すると

$$\left(\begin{array}{cccc|c}2&-1&-5&-4&0\\2&-1&4&5&0\\3&2&2&7&0\\2&3&2&7&1\end{array}\right)\to\cdots\to\left(\begin{array}{cccc|c}1&0&0&1&0\\0&1&0&1&0\\0&0&1&1&0\\0&0&0&0&1\end{array}\right)$$

となるので，このような $a,b,c,d$ は存在しない．よって

$$\begin{pmatrix}0\\0\\0\\1\end{pmatrix}\notin W\left\{\begin{pmatrix}2\\2\\3\\2\end{pmatrix},\begin{pmatrix}-1\\-1\\2\\3\end{pmatrix},\begin{pmatrix}-5\\4\\2\\2\end{pmatrix},\begin{pmatrix}-4\\5\\7\\7\end{pmatrix}\right\}.$$

**6.** (1) から (5) の部分空間を順に $W_1,\cdots,W_5$ とする．ベクトルと位置ベクトルの終点を対応させて図示する．$W_1$ は原点に対応する．$W_2$ は原点を通る直線に対応する．$W_3$ は原点を通る平面に対応する．

$$\begin{pmatrix}1\\2\\0\end{pmatrix}=\begin{pmatrix}1\\2\\3\end{pmatrix}-3\begin{pmatrix}0\\0\\1\end{pmatrix}$$

より $W_4=W_3$ となる．

$$\begin{pmatrix}x\\y\\z\end{pmatrix}=(y-x)\begin{pmatrix}1\\2\\3\end{pmatrix}+(3x-3y+z)\begin{pmatrix}0\\0\\1\end{pmatrix}+(2x-y)\begin{pmatrix}1\\1\\0\end{pmatrix}$$

となるから $W_5$ は $xyz$ 空間に対応している．よって $W_1,\cdots,W_4$ を図示すると次のようになる．

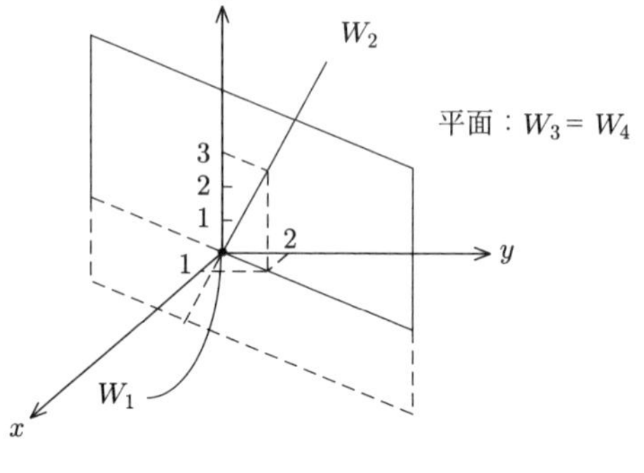

**B の解答**

**1.** (1) $x-1=\dfrac{y-2}{2}=\dfrac{z-3}{3}$ のとき $x-1=\dfrac{y-2}{2}$ より $y=2x$, $x-1=\dfrac{z-3}{3}$ より $z=3x$, すなわち $y=2x$, $z=3x$. よって $S_1$ は

$$S_1=\left\{\begin{pmatrix} x \\ y \\ z \end{pmatrix} \;\middle|\; y=2x,\ z=3x\right\}$$

と表せる. $\boldsymbol{v}=\begin{pmatrix} x_1 \\ y_1 \\ z_1 \end{pmatrix}, \boldsymbol{w}=\begin{pmatrix} x_2 \\ y_2 \\ z_2 \end{pmatrix} \in S_1$, $k \in \boldsymbol{R}$ とすると $y_1=2x_1$, $z_1=3x_1$, $y_2=2x_2$, $z_2=3x_2$. $\boldsymbol{v}+\boldsymbol{w}=\begin{pmatrix} x_1+x_2 \\ y_1+y_2 \\ z_1+z_2 \end{pmatrix}$ について

$$y_1+y_2=2(x_1+x_2),\ z_1+z_2=3(x_1+x_2).$$

よって $\boldsymbol{v}+\boldsymbol{w}\in S_1$. また $k\boldsymbol{v}=\begin{pmatrix} kx_1 \\ ky_1 \\ kz_1 \end{pmatrix}$ について

$$ky_1=2(kx_1),\ kz_1=3(kx_1).$$

よって $k\boldsymbol{v}\in S_1$. したがって $S_1$ は $\boldsymbol{R}^3$ の部分空間である.

別解として, 条件式は原点を通る直線を表しているので $S_1$ は $\boldsymbol{R}^3$ の部分空間である.

($S_1=W\left\{\begin{pmatrix} 1 \\ 2 \\ 3 \end{pmatrix}\right\}$ となる.)

(2) 条件式は原点を通らない直線を表しているので $\begin{pmatrix} 0 \\ 0 \\ 0 \end{pmatrix}\notin S_2$. よって $S_2$ は $\boldsymbol{R}^3$ の部分空間でない.

(3) $y^2+z^2=2yz \iff y=z$ なので条件式は原点を通る平面を表している. よって $S_3$ は $\boldsymbol{R}^3$ の部分空間である. ($S_3=W\left\{\begin{pmatrix} 1 \\ 0 \\ 0 \end{pmatrix},\begin{pmatrix} 0 \\ 1 \\ 1 \end{pmatrix}\right\}$ となる.)

(4) $\begin{pmatrix} 1 \\ 0 \\ 1 \end{pmatrix}, \begin{pmatrix} 1 \\ 0 \\ -1 \end{pmatrix} \in S_4$ だが $\begin{pmatrix} 1 \\ 0 \\ 1 \end{pmatrix} + \begin{pmatrix} 1 \\ 0 \\ -1 \end{pmatrix} = \begin{pmatrix} 2 \\ 0 \\ 0 \end{pmatrix} \notin S_4$

なので $S_4$ は $\boldsymbol{R}^3$ の部分空間でない．

**2.** (1) 平行六面体の1つの頂点を固定する．その頂点を含まない面が3つある．それら3つの面の各々と固定された頂点で錐を作るとよい．平行六面体はこれら3つの錐に分割され，さらに問題の前置きに書いた平行四辺形の分割により各錐は2つの四面体に分割される．

(2) (1) の考えを式を頼りに応用するとよい．例えば $S$ において固定する頂点を $s = t = u = v = 0$ としたとき，$s = 1,\ 0 \leq t, u, v \leq 1$ はこれを含まない1つの3次元面（平行六面体）である．このような3次元面が4つ存在することに注意すれば答は24個である．

## 4.2 次元と基底・1 次独立性

### 次元と基底

点を 0 次元，直線を 1 次元，平面を 2 次元，空間を 3 次元というが，この次元という概念はベクトル空間の広がりの程度を表している．点は広がりをもたず，直線は 1 方向に広がっており，平面はある直線方向とさらにもう 1 つ別の方向に広がっていると考えられ，空間は 3 方向への広がりをもつ．

直線上に原点を定め，直線上のベクトル $\boldsymbol{v}_1$ を 1 つ決めれば，その直線上の点の位置を実数値で表すことができる．このようにして定義するのが数直線だが，このとき，任意の点の位置ベクトル $\boldsymbol{v}$ は $\boldsymbol{v}_1$ を単位として

$$\boldsymbol{v} = a\boldsymbol{v}_1$$

と表され，$a$ が位置を表す実数値，すなわち座標成分ということになる．そして直線の場合はこの 1 つの数値で点の位置が定まるので，広がりの程度は 1 方向，つまり，1 次元であるということになる．

平面の場合も，2 つの座標軸を導入することで点の位置を 2 つの実数値の組で表すことができるが，この場合も，2 つの座標軸の単位になるベクトル $\boldsymbol{v}_1, \boldsymbol{v}_2$ を決めて

$$\boldsymbol{v} = a_1\boldsymbol{v}_1 + a_2\boldsymbol{v}_2$$

のようにして平面上の点の位置ベクトルを表すときの $a_1, a_2$ が座標成分ということになる，平面上の点を表すにはどうしても 2 方向考えなくてはならず，しかも 2 方向で十分なので，広がりの程度は 2 方向，つまり 2 次元であるということになる．

これを一般化して考えてみると，ベクトル空間の広がりの程度を表す次元という値は，いくつの座標軸を導入して考えなくてはいけないか，言い換えると，座標軸の単位になるベクトル $\boldsymbol{v}_1, \boldsymbol{v}_2, \cdots$ をいくつ導入すれば，そのベクトル空間のすべてのベクトルを

$$\boldsymbol{v} = a_1\boldsymbol{v}_1 + a_2\boldsymbol{v}_2 + \cdots + a_n\boldsymbol{v}_n$$

のように表せるか，その必要かつ十分な個数 $n$ を意味しているのだ．

ここで考えた座標軸の単位になるベクトルの組のことを基底と呼ぶ．ベクトル空間 $V$ の基底とは，そのベクトル空間のすべてのベクトル $\boldsymbol{v}$ を上のように 1 次結合で表すために必要なベクトルの組 $\boldsymbol{v}_1, \boldsymbol{v}_2, \cdots, \boldsymbol{v}_n$ のことである．このとき $V = W\{\boldsymbol{v}_1, \boldsymbol{v}_2, \cdots, \boldsymbol{v}_n\}$ と表される．すなわち，ベクトル空間の生成元であって，どれか 1 つでも欠けるとベクトル空間全体を表すことが出来ないようなベクトルの組のことである．

ベクトル空間 $V$ に対して，基底になるベクトルの組は何組も考えることができるが，基底を構成するベクトルの個数である次元の値は 1 つに定まることを

証明できる．$V$ の次元（dimension）の値は $\dim V$ と書く．

$n$ 次元列ベクトル空間・行ベクトル空間の次元は，

$$\dim \boldsymbol{R}^n = \dim \boldsymbol{R}_n = n$$

である．基本単位ベクトルの組 $\boldsymbol{e}_1, \boldsymbol{e}_2, \cdots, \boldsymbol{e}_n$ は $\boldsymbol{R}^n$ の基底である．この基底を $\boldsymbol{R}^n$ の標準基底という．

$m \times n$ 型の行列 $A$ を係数行列とする同次連立 1 次方程式 $A\boldsymbol{v} = \boldsymbol{0}$ の解空間 $W_A$ の次元は

$$\dim W_A = n - \operatorname{rank} A$$

である．先に述べた基本解とは，解空間の基底のことである．

ベクトル空間 $\boldsymbol{R}^n$ のいくつかのベクトル $\boldsymbol{v}_1, \boldsymbol{v}_2, \cdots, \boldsymbol{v}_k$ によって生成された部分空間 $W\{\boldsymbol{v}_1, \boldsymbol{v}_2, \cdots, \boldsymbol{v}_k\}$ の次元は，これらのベクトルを並べてできる行列を

$$A = (\boldsymbol{v}_1 \ \boldsymbol{v}_2 \ \cdots \ \boldsymbol{v}_k)$$

としたとき

$$\dim W\{\boldsymbol{v}_1, \boldsymbol{v}_2, \cdots, \boldsymbol{v}_k\} = \operatorname{rank} A$$

となる．基底については後述の定理 2 を参照せよ．

**1 次独立性・1 次従属性**

ベクトル空間の基底となるベクトルの組は，そのベクトル空間を生成することの他に，1 つでも欠けると全体を生成出来ないことが条件であった．それはベクトル空間の広がりの程度を考えるにあたって，余分な座標軸が 1 つもないことを意味する．考えているベクトルの組を $\boldsymbol{v}_1, \boldsymbol{v}_2, \cdots, \boldsymbol{v}_n$ として，余分なベクトルを $\boldsymbol{v}_i$ とすると，考えているベクトルの組からこれを除いた残りのベクトルでもベクトル空間を生成できているため，$\boldsymbol{v}_i$ が，それら残りのベクトルの 1 次結合で表せることになる．逆に言えば，余分なベクトルがないとは，どのベクトルも，それを除いた残りのベクトルの 1 次結合としては表せないという状況ということになる．

あるベクトルの組 $\boldsymbol{v}_1, \boldsymbol{v}_2, \cdots, \boldsymbol{v}_n$ について，どのベクトルもそれ以外のベクトルの 1 次結合として表せないことを 1 次独立といい，どれかのベクトルがそれ以外のベクトルの 1 次結合として表せることを 1 次従属という．

1 次独立性・1 次従属性を正確に考えるために，ベクトルの組 $\boldsymbol{v}_1, \boldsymbol{v}_2, \cdots, \boldsymbol{v}_n$ に対していくつか用語の定義を列挙する．

**1 次結合**

すでに説明しているが，ベクトルの実数倍の和

$$a_1\boldsymbol{v}_1 + a_2\boldsymbol{v}_2 + \cdots + a_n\boldsymbol{v}_n$$

のことを $\boldsymbol{v}_1, \boldsymbol{v}_2, \cdots, \boldsymbol{v}_n$ の 1 次結合という．このとき実数 $a_1, a_2, \cdots, a_n$ を $\boldsymbol{v}_1, \boldsymbol{v}_2, \cdots, \boldsymbol{v}_n$ の係数という．

**1 次関係式**

与えられたベクトルの組 $\boldsymbol{v}_1, \boldsymbol{v}_2, \cdots, \boldsymbol{v}_n$ が

$$a_1\boldsymbol{v}_1 + a_2\boldsymbol{v}_2 + \cdots + a_n\boldsymbol{v}_n = \boldsymbol{0}$$

をみたすとき，この等式を 1 次関係式という．

**自明な 1 次関係式**

係数がすべて 0 である 1 次関係式は実際には何の関係も表していない．どんなベクトルの組を考えても，係数をすべて 0 にすればその 1 次関係式

$$0\boldsymbol{v}_1 + 0\boldsymbol{v}_2 + \cdots + 0\boldsymbol{v}_n = \boldsymbol{0}$$

は必ず成立するので，これを自明な 1 次関係式と呼ぶ．

**非自明な 1 次関係式**

自明な 1 次関係式以外の 1 次関係式のことを非自明な 1 次関係式と呼ぶ．

**1 次従属性**

ベクトルの組に対して非自明な 1 次関係式が成立する場合，それらのベクトルの組は 1 次従属であるという．上に書いたように，どれかのベクトルがそれ以外のベクトルの 1 次結合として表せる．

**1 次独立性**

1 次従属ではないベクトルの組を 1 次独立であるという．つまり，成立する 1 次関係式は自明なものに限るようなベクトルの組のことである．上に書いたように，1 次独立なベクトルの組では，どのベクトルもそれ以外のベクトルの 1 次結合として表せない．

**独立最大数**

$n$ 個のベクトルの組 $\boldsymbol{v}_1, \boldsymbol{v}_2, \cdots, \boldsymbol{v}_n$ に対して，その中から最大いくつのベクトルを 1 次独立なものとして取り出せるか，その最大個数を独立最大数と呼ぶ．また，1 次独立になるように最大限多く取り出したベクトルの組を独立最大の組と呼ぶ．独立最大数が $n$ となることとベクトルの組 $\boldsymbol{v}_1, \boldsymbol{v}_2, \cdots, \boldsymbol{v}_n$ が 1 次独立であることは同値である．

独立最大の組に関しては次の定理が成立する．

**定理 1.** ベクトルの組から取り出した独立最大の組によって，もとのベクトルの組に含まれる残りのベクトルは独立最大の組のベクトルの 1 次結合で表せる．逆に，与えられたベクトルの組から 1 次独立なベクトルの組を取り出して，残

りのベクトルをその1次結合で表せたとすると，それが独立最大の組である．

**定理 2.** ベクトルの組 $\boldsymbol{v}_1, \boldsymbol{v}_2, \cdots, \boldsymbol{v}_n$ から取り出した独立最大の組は $W\{\boldsymbol{v}_1, \boldsymbol{v}_2, \cdots, \boldsymbol{v}_n\}$ の基底となり，独立最大数が $W\{\boldsymbol{v}_1, \boldsymbol{v}_2, \cdots, \boldsymbol{v}_n\}$ の次元となる．

具体的に独立最大数や独立最大の組を求めるには次の定理を利用すればよい．

**定理 3.** $\boldsymbol{v}_1, \boldsymbol{v}_2, \cdots, \boldsymbol{v}_n$ をベクトル空間 $V$ の基底とする．各 $\boldsymbol{v} \in V$ を1次結合

$$\boldsymbol{v} = a_1\boldsymbol{v}_1 + a_2\boldsymbol{v}_2 + \cdots + a_n\boldsymbol{v}_n$$

で表すとき，係数 $a_1, a_2, \cdots, a_n$ は一意的である．すなわち，実数 $a_1, a_2, \cdots, a_n$, $b_1, b_2, \cdots, b_n$ について，

$$a_1\boldsymbol{v}_1 + a_2\boldsymbol{v}_2 + \cdots + a_n\boldsymbol{v}_n = b_1\boldsymbol{v}_1 + b_2\boldsymbol{v}_2 + \cdots + b_n\boldsymbol{v}_n$$

ならば

$$a_1 = b_1,\ a_2 = b_2,\ \cdots,\ a_n = b_n$$

が成り立つ．

**定理 4.** ベクトルの組 $\boldsymbol{v}_1, \boldsymbol{v}_2, \cdots, \boldsymbol{v}_n$ を並べてできる行列を $A = (\boldsymbol{v}_1\ \boldsymbol{v}_2\ \cdots\ \boldsymbol{v}_n)$ とする．これを行の基本変形で簡約行列に変形した場合，$\operatorname{rank} A$ を決めることになる各行最初の0でない成分である1を含む列と同じ列番号の $A$ の列ベクトルの組が独立最大の組であり，独立最大数は $\operatorname{rank} A$ と一致する．

このことから次の定理も証明される．

**定理 5.** 行列 $A$ を行の基本変形によって簡約行列 $B$ に変形する場合，途中経過は異なっても，最終的に得られる簡約行列 $B$ はただ1つに確定する．

さらに，独立最大数に関連して次のような定理も成り立つ．

**定理 6.** 行列 $A$ の列ベクトルの生成する部分空間の次元および行ベクトルの生成する部分空間の次元は，$A$ の階数 $\operatorname{rank} A$ と一致する．

そして転置行列の行ベクトルはもとの行列の列ベクトルを横にしただけであるから，次のような定理が成り立つ．

**定理 7.** $\operatorname{rank} {}^tA = \operatorname{rank} A$

**例題 1.**

次の $\boldsymbol{R}^3$ のベクトルの組 $\boldsymbol{a}_1, \boldsymbol{a}_2, \boldsymbol{a}_3$ が1次独立か1次従属か判定せよ．さらに1次従属の場合には自明でない1次関係式を例示せよ．

(1) $\boldsymbol{a}_1 = \begin{pmatrix} 1 \\ -1 \\ 3 \end{pmatrix},\ \boldsymbol{a}_2 = \begin{pmatrix} 3 \\ 4 \\ 2 \end{pmatrix},\ \boldsymbol{a}_3 = \begin{pmatrix} 2 \\ 3 \\ 1 \end{pmatrix}$

(2) $\boldsymbol{a}_1 = \begin{pmatrix} 2 \\ 3 \\ 2 \end{pmatrix},\ \boldsymbol{a}_2 = \begin{pmatrix} 3 \\ 2 \\ 4 \end{pmatrix},\ \boldsymbol{a}_3 = \begin{pmatrix} 3 \\ -1 \\ 7 \end{pmatrix}$

**解答** 定理 4 より行列 $\begin{pmatrix} \boldsymbol{a}_1 & \boldsymbol{a}_2 & \boldsymbol{a}_3 \end{pmatrix}$ を行の基本変形で簡約行列にして判定する．

(1) $\begin{pmatrix} \boldsymbol{a}_1 & \boldsymbol{a}_2 & \boldsymbol{a}_3 \end{pmatrix} = \begin{pmatrix} 1 & 3 & 2 \\ -1 & 4 & 3 \\ 3 & 2 & 1 \end{pmatrix} \to \begin{pmatrix} 1 & 0 & -\frac{1}{7} \\ 0 & 1 & \frac{5}{7} \\ 0 & 0 & 0 \end{pmatrix}$ となる．

$\mathrm{rank}\begin{pmatrix} \boldsymbol{a}_1 & \boldsymbol{a}_2 & \boldsymbol{a}_3 \end{pmatrix} = 2 < 3$ よりベクトルの組 $\boldsymbol{a}_1, \boldsymbol{a}_2, \boldsymbol{a}_3$ は 1 次従属で，$\boldsymbol{a}_3 = -\dfrac{1}{7}\boldsymbol{a}_1 + \dfrac{5}{7}\boldsymbol{a}_2$ より $\boldsymbol{a}_1 - 5\boldsymbol{a}_2 + 7\boldsymbol{a}_3 = \boldsymbol{0}$.

(2) $\begin{pmatrix} \boldsymbol{a}_1 & \boldsymbol{a}_2 & \boldsymbol{a}_3 \end{pmatrix} = \begin{pmatrix} 2 & 3 & 3 \\ 3 & 2 & -1 \\ 2 & 4 & 7 \end{pmatrix} \to \begin{pmatrix} 1 & -1 & -4 \\ 0 & 1 & 4 \\ 0 & 0 & 1 \end{pmatrix}$ となる．

$\mathrm{rank}\begin{pmatrix} \boldsymbol{a}_1 & \boldsymbol{a}_2 & \boldsymbol{a}_3 \end{pmatrix} = 3$ よりベクトルの組 $\boldsymbol{a}_1, \boldsymbol{a}_2, \boldsymbol{a}_3$ は 1 次独立である．

**例題 2.**

$W\left\{\begin{pmatrix} 1 \\ 2 \\ -1 \end{pmatrix}, \begin{pmatrix} 0 \\ 2 \\ 2 \end{pmatrix}, \begin{pmatrix} 2 \\ 2 \\ -4 \end{pmatrix}, \begin{pmatrix} -1 \\ 1 \\ 3 \end{pmatrix}\right\}$ の基底と次元を求めよ．

**解答** $\begin{pmatrix} 1 & 0 & 2 & -1 \\ 2 & 2 & 2 & 1 \\ -1 & 2 & -4 & 3 \end{pmatrix} \to \begin{pmatrix} 1 & 0 & 2 & 0 \\ 0 & 1 & -1 & 0 \\ 0 & 0 & 0 & 1 \end{pmatrix}$ よりベクトルの組

$\begin{pmatrix} 1 \\ 2 \\ -1 \end{pmatrix}, \begin{pmatrix} 0 \\ 2 \\ 2 \end{pmatrix}, \begin{pmatrix} -1 \\ 1 \\ 3 \end{pmatrix}$ は基底である．そして次元は 3 である．

**例題 3.**

$A = \begin{pmatrix} 1 & 1 & -1 & 0 \\ 2 & -1 & -1 & 1 \end{pmatrix}$ とする．連立 1 次方程式 $A\boldsymbol{x} = \boldsymbol{0}$ の解空間

$$W_A = \left\{ \begin{pmatrix} x_1 \\ x_2 \\ x_3 \\ x_4 \end{pmatrix} \middle| \; x_1 + x_2 - x_3 = 0,\; 2x_1 - x_2 - x_3 + x_4 = 0 \right\}$$

の基底と次元を求めよ．

**解答**　$\begin{pmatrix} 1 & 1 & -1 & 0 \\ 2 & -1 & -1 & 1 \end{pmatrix}\begin{pmatrix} x_1 \\ x_2 \\ x_3 \\ x_4 \end{pmatrix} = \begin{pmatrix} 0 \\ 0 \end{pmatrix}$ の解は

$$\begin{pmatrix} 1 & 1 & -1 & 0 \\ 2 & -1 & -1 & 1 \end{pmatrix} \to \begin{pmatrix} 1 & 1 & -1 & 0 \\ 0 & -3 & 1 & 1 \end{pmatrix} \to \begin{pmatrix} 1 & 0 & -\frac{2}{3} & \frac{1}{3} \\ 0 & 1 & -\frac{1}{3} & -\frac{1}{3} \end{pmatrix}$$

より

$$\begin{pmatrix} x_1 \\ x_2 \\ x_3 \\ x_4 \end{pmatrix} = s\begin{pmatrix} 2 \\ 1 \\ 3 \\ 0 \end{pmatrix} + t\begin{pmatrix} -1 \\ 1 \\ 0 \\ 3 \end{pmatrix} \quad (s, t \text{ は任意定数})$$

である．よって $W_A$ の基底の 1 つとしてベクトルの組 $\begin{pmatrix} 2 \\ 1 \\ 3 \\ 0 \end{pmatrix}, \begin{pmatrix} -1 \\ 1 \\ 0 \\ 3 \end{pmatrix}$ があり，$\dim W_A = 2$ である．

## A

**1.**　次のベクトルの組は 1 次独立か 1 次従属か判定せよ．

(1) $\begin{pmatrix} 1 \\ 3 \end{pmatrix}, \begin{pmatrix} 2 \\ -1 \end{pmatrix}$　(2) $\begin{pmatrix} 2 \\ -4 \end{pmatrix}, \begin{pmatrix} -1 \\ 2 \end{pmatrix}$

(3) $\begin{pmatrix} 1 \\ 3 \\ 0 \end{pmatrix}, \begin{pmatrix} 2 \\ -1 \\ 1 \end{pmatrix}, \begin{pmatrix} 4 \\ 3 \\ 1 \end{pmatrix}$　(4) $\begin{pmatrix} 2 \\ -3 \\ 1 \end{pmatrix}, \begin{pmatrix} 1 \\ 3 \\ -1 \end{pmatrix}, \begin{pmatrix} 4 \\ 3 \\ -1 \end{pmatrix}$

(5) $\begin{pmatrix} 3 \\ 2 \\ 2 \\ 2 \end{pmatrix}, \begin{pmatrix} 2 \\ 2 \\ 3 \\ 3 \end{pmatrix}, \begin{pmatrix} 1 \\ 1 \\ 2 \\ 1 \end{pmatrix}$　(6) $\begin{pmatrix} 2 \\ 1 \\ -3 \\ 1 \end{pmatrix}, \begin{pmatrix} 1 \\ 0 \\ 1 \\ 0 \end{pmatrix}, \begin{pmatrix} 3 \\ 1 \\ 2 \\ 2 \end{pmatrix}, \begin{pmatrix} 2 \\ 0 \\ 6 \\ 1 \end{pmatrix}$

**2.**　次のベクトルの組が 1 次独立であるための $a$ の条件を求めよ．

(1) $\begin{pmatrix} 3 \\ 2 \end{pmatrix}, \begin{pmatrix} 1 \\ a \end{pmatrix}$　(2) $\begin{pmatrix} 2 \\ 1 \\ 1 \end{pmatrix}, \begin{pmatrix} 3 \\ 2 \\ -1 \end{pmatrix}, \begin{pmatrix} 1 \\ 0 \\ a \end{pmatrix}$

**3.** $\boldsymbol{R}^3$ のベクトル $\boldsymbol{a}_1, \boldsymbol{a}_2, \boldsymbol{a}_3$ を次の通りとする.

$$\boldsymbol{a}_1 = \begin{pmatrix} 5 \\ -3 \\ 4 \end{pmatrix}, \quad \boldsymbol{a}_2 = \begin{pmatrix} 2 \\ 4 \\ -3 \end{pmatrix}, \quad \boldsymbol{a}_3 = \begin{pmatrix} 3 \\ -7 \\ a \end{pmatrix}$$

(1) ベクトルの組 $\boldsymbol{a}_1, \boldsymbol{a}_2, \boldsymbol{a}_3$ が 1 次従属となるように $a$ の値を求めよ．さらにそのときの自明でない 1 次関係式を求めよ.

(2) $a = 8$ のとき，$\boldsymbol{a}_1, \boldsymbol{a}_2, \boldsymbol{a}_3$ の張る平行六面体の体積を求めよ.

(3) $\boldsymbol{a}_3 \in W\{\boldsymbol{a}_1, \boldsymbol{a}_2\}$ となるとき，$\boldsymbol{a}_3$ を $\boldsymbol{a}_1$ と $\boldsymbol{a}_2$ の 1 次結合で表せ.

(4) $a = 4$ のとき，$\boldsymbol{a}_1 \in W\{\boldsymbol{a}_2, \boldsymbol{a}_3\}$ が成り立つかどうか判定せよ．成り立つ場合，$\boldsymbol{a}_1$ を $\boldsymbol{a}_2$ と $\boldsymbol{a}_3$ の 1 次結合で表せ.

**4.** (1) 同次連立 1 次方程式 $\begin{cases} x + 2y - 4z = 0 \\ 2x - 2y + z = 0 \\ -3x + 2y \phantom{+ z} = 0 \end{cases}$ を解け.

(2) $\boldsymbol{R}^n$ の 1 次独立なベクトル $\boldsymbol{a}, \boldsymbol{b}, \boldsymbol{c}$ に対し，$\boldsymbol{u} = \boldsymbol{a} + 2\boldsymbol{b} - 3\boldsymbol{c}$, $\boldsymbol{v} = 2\boldsymbol{a} - 2\boldsymbol{b} + 2\boldsymbol{c}$, $\boldsymbol{w} = -4\boldsymbol{a} + \boldsymbol{b}$ とおく．このとき $\boldsymbol{u}, \boldsymbol{v}, \boldsymbol{w}$ は 1 次独立か 1 次従属かを (1) を用いて調べよ.

**5.** $\boldsymbol{R}^n$ のベクトルの組 $\boldsymbol{a}, \boldsymbol{b}, \boldsymbol{c}$ は 1 次独立とする（$n \geq 3$).

$$\boldsymbol{x} = \alpha\boldsymbol{a} + \boldsymbol{b} + \boldsymbol{c},\ \boldsymbol{y} = \beta\boldsymbol{b} + \boldsymbol{c},\ \boldsymbol{z} = \gamma\boldsymbol{c}$$

とおくとき，ベクトルの組 $\boldsymbol{x}, \boldsymbol{y}, \boldsymbol{z}$ が 1 次従属であるための $\alpha, \beta, \gamma$ がみたす条件を求めよ.

**6.** $A = \begin{pmatrix} 1 & 5 & 2 \\ 4 & -3 & 6 \\ -1 & 2 & 1 \end{pmatrix}$ が正則か否かを調べることにより，$A$ の 3 個の列ベクトルの組が 1 次独立かを判定せよ.

**7.** 次のベクトルの組の独立最大数を求めよ．またその独立最大の組を選べ.

(1) $\boldsymbol{a} = \begin{pmatrix} 1 \\ 2 \\ -3 \end{pmatrix}$, $\boldsymbol{b} = \begin{pmatrix} 2 \\ -2 \\ 2 \end{pmatrix}$, $\boldsymbol{c} = \begin{pmatrix} -4 \\ 1 \\ 0 \end{pmatrix}$

(2) $\boldsymbol{a}_1 = \begin{pmatrix} 1 \\ -2 \\ 1 \\ 2 \end{pmatrix}$, $\boldsymbol{a}_2 = \begin{pmatrix} 2 \\ -5 \\ -1 \\ 3 \end{pmatrix}$, $\boldsymbol{a}_3 = \begin{pmatrix} 1 \\ 4 \\ 5 \\ 0 \end{pmatrix}$, $\boldsymbol{a}_4 = \begin{pmatrix} -2 \\ 7 \\ 5 \\ -1 \end{pmatrix}$

**8.**　次の部分空間の基底と次元を求めよ．

(1) $\boldsymbol{R}^2$ の部分空間 $W\left\{\begin{pmatrix}1\\1\end{pmatrix},\begin{pmatrix}1\\-1\end{pmatrix},\begin{pmatrix}-1\\3\end{pmatrix}\right\}$

(2) $\boldsymbol{R}^3$ の部分空間 $W\left\{\begin{pmatrix}1\\1\\1\end{pmatrix},\begin{pmatrix}2\\1\\0\end{pmatrix},\begin{pmatrix}-1\\0\\1\end{pmatrix},\begin{pmatrix}0\\1\\2\end{pmatrix}\right\}$

(3) $\boldsymbol{R}^4$ の部分空間 $W\left\{\begin{pmatrix}1\\5\\3\\0\end{pmatrix},\begin{pmatrix}-8\\-38\\-29\\9\end{pmatrix},\begin{pmatrix}6\\38\\-21\\68\end{pmatrix},\begin{pmatrix}1\\19\\-13\\31\end{pmatrix},\begin{pmatrix}2\\16\\-47\\91\end{pmatrix}\right\}$

**9.**　次の連立 1 次方程式の解空間の基底と次元を求めよ．

(1) $\begin{cases} x+y-2z=0\\ 2x-y+2z=0\\ 2x+3y-6z=0\end{cases}$　　(2) $\begin{cases} x-2y+8z-3u=0\\ -2x+3y-13z+2u=0\\ 3x-y+9z+11u=0\end{cases}$

(3) $\begin{cases} 2x_1+2x_2+x_3-x_4+4x_5=0\\ 3x_1+3x_2+2x_3+2x_4+5x_5=0\end{cases}$

**10.**　$\boldsymbol{R}^4$ の部分空間 $W_1, W_2$ を

$$W_1=\left\{\begin{pmatrix}x_1\\x_2\\x_3\\x_4\end{pmatrix}\middle|\, x_1+2x_2+3x_3-x_4=0,\ x_1+3x_2+2x_3=0\right\}$$

$$W_2=W\left\{\begin{pmatrix}1\\2\\1\\1\end{pmatrix},\begin{pmatrix}-1\\2\\2\\0\end{pmatrix},\begin{pmatrix}2\\0\\-1\\-1\end{pmatrix},\begin{pmatrix}0\\4\\3\\1\end{pmatrix}\right\}$$

とする．このとき $W_1, W_2$, $W_1\cap W_2$ の基底と次元を求めよ．

## B

**1.**　3 個のベクトル $\boldsymbol{a},\boldsymbol{b},\boldsymbol{c}$ が 1 次独立であり，4 個のベクトル $\boldsymbol{a},\boldsymbol{b},\boldsymbol{c},\boldsymbol{v}$ が 1 次従属になるとき，$\boldsymbol{v}$ は $\boldsymbol{a},\boldsymbol{b},\boldsymbol{c}$ の 1 次結合として表されることを示せ．

**2.**　行基本変形の仕方にかかわらず，簡約行列はただ一通りに定まる．理由を考えよ．

**3.** $\boldsymbol{a}_1, \cdots, \boldsymbol{a}_n$ は $n$ 次元数ベクトル空間 $\boldsymbol{R}^n$ の基底で，$\boldsymbol{b}_j = \sum_{i=1}^{n} p_{ij}\boldsymbol{a}_i$ $(j = 2, \cdots, n)$ とする．$\boldsymbol{a}_1, \boldsymbol{b}_2, \cdots, \boldsymbol{b}_n$ が $\boldsymbol{R}^n$ の基底となるための必要十分条件は

$$\begin{vmatrix} p_{22} & \cdots & p_{2n} \\ \vdots & & \vdots \\ p_{n2} & \cdots & p_{nn} \end{vmatrix} \neq 0$$

であることを示せ．

**4.** $p, q$ を異なる素数とするとき

$$1, \quad \sqrt{p}, \quad \sqrt{q}, \quad \sqrt{pq}$$

は有理数体 $\boldsymbol{Q}$ 上 1 次独立であること，すなわち $a \cdot 1 + b\sqrt{p} + c\sqrt{q} + d\sqrt{pq} = 0$ をみたす有理数 $a, b, c, d$ は $a = b = c = d = 0$ に限ることを示せ．

**A の解答**

**1.** (1) $\operatorname{rank}\begin{pmatrix} 1 & 2 \\ 3 & -1 \end{pmatrix} = 2$ より 1 次独立である．

(2) $\begin{pmatrix} 2 \\ -4 \end{pmatrix} + 2\begin{pmatrix} -1 \\ 2 \end{pmatrix} = \begin{pmatrix} 0 \\ 0 \end{pmatrix}$ より 1 次従属である．

(3) $\operatorname{rank}\begin{pmatrix} 1 & 2 & 4 \\ 3 & -1 & 3 \\ 0 & 1 & 1 \end{pmatrix} = 3$ より 1 次独立である．

(4) $\operatorname{rank}\begin{pmatrix} 2 & 1 & 4 \\ -3 & 3 & 3 \\ 1 & -1 & 1 \end{pmatrix} = 2 < 3$ より 1 次従属である．

(5) $\operatorname{rank}\begin{pmatrix} 3 & 2 & 1 \\ 2 & 2 & 1 \\ 2 & 3 & 2 \\ 2 & 3 & 1 \end{pmatrix} = 3$ より 1 次独立である．

(6) $\operatorname{rank}\begin{pmatrix} 2 & 1 & 3 & 2 \\ 1 & 0 & 1 & 0 \\ -3 & 1 & 2 & 6 \\ 1 & 0 & 2 & 1 \end{pmatrix} = 3 < 4$ より 1 次従属である．

**2.** (1) $\begin{vmatrix} 3 & 1 \\ 2 & a \end{vmatrix} = 3a - 2 \neq 0$ より，$a \neq \dfrac{2}{3}$.

(2) $\begin{vmatrix} 2 & 3 & 1 \\ 1 & 2 & 0 \\ 1 & -1 & a \end{vmatrix} = a - 3 \neq 0$ より，$a \neq 3$.

**3.** (1) $\begin{pmatrix} \boldsymbol{a}_1 & \boldsymbol{a}_2 & \boldsymbol{a}_3 \end{pmatrix} = \begin{pmatrix} 5 & 2 & 3 \\ -3 & 4 & -7 \\ 4 & -3 & a \end{pmatrix} \to \cdots \to \begin{pmatrix} 1 & 0 & 1 \\ 0 & 1 & -1 \\ 0 & 0 & a-7 \end{pmatrix}$

よりベクトルの組 $\boldsymbol{a}_1, \boldsymbol{a}_2, \boldsymbol{a}_3$ が 1 次従属となるのは $a = 7$ のときである．このとき $\boldsymbol{a}_3 = \boldsymbol{a}_1 - \boldsymbol{a}_2$ より $\boldsymbol{a}_1 - \boldsymbol{a}_2 - \boldsymbol{a}_3 = \boldsymbol{0}$ である．

(2) $a = 8$ のとき $\begin{vmatrix} \boldsymbol{a}_1 & \boldsymbol{a}_2 & \boldsymbol{a}_3 \end{vmatrix} = 26$ だから，平行六面体の体積は 26 である．

(3) $\boldsymbol{a}_3 \in W\{\boldsymbol{a}_1, \boldsymbol{a}_2\}$ となるとき，(1) より $\boldsymbol{a}_3 = \boldsymbol{a}_1 - \boldsymbol{a}_2$.

(4) $a = 4$ のときベクトルの組 $\boldsymbol{a}_1, \boldsymbol{a}_2, \boldsymbol{a}_3$ は 1 次独立だから，$\boldsymbol{a}_1 \notin W\{\boldsymbol{a}_2, \boldsymbol{a}_3\}$ である．

**4.** (1) $\begin{pmatrix} 1 & 2 & -4 \\ 2 & -2 & 1 \\ -3 & 2 & 0 \end{pmatrix} \to \cdots \to \begin{pmatrix} 1 & 0 & -1 \\ 0 & 1 & -\frac{3}{2} \\ 0 & 0 & 0 \end{pmatrix}$ より

$$\begin{pmatrix} x \\ y \\ z \end{pmatrix} = t \begin{pmatrix} 2 \\ 3 \\ 2 \end{pmatrix} \quad (t \text{ は任意定数}).$$

(2) $\alpha\boldsymbol{u} + \beta\boldsymbol{v} + \gamma\boldsymbol{w} = \boldsymbol{0}$ とする．$\boldsymbol{u} = \boldsymbol{a} + 2\boldsymbol{b} - 3\boldsymbol{c}$, $\boldsymbol{v} = 2\boldsymbol{a} - 2\boldsymbol{b} + 2\boldsymbol{c}$, $\boldsymbol{w} = -4\boldsymbol{a} + \boldsymbol{b}$ を代入して整理すると $(\alpha + 2\beta - 4\gamma)\boldsymbol{a} + (2\alpha - 2\beta + \gamma)\boldsymbol{b} + (-3\alpha + 2\beta)\boldsymbol{c} = \boldsymbol{0}$ となる．$\boldsymbol{a}, \boldsymbol{b}, \boldsymbol{c}$ は 1 次独立だから $\alpha + 2\beta - 4\gamma = 0$, $2\alpha - 2\beta + \gamma = 0$, $-3\alpha + 2\beta = 0$ となる．$\alpha$, $\beta$, $\gamma$ は (1) の非自明解，たとえば $\alpha = 2$, $\beta = 3$, $\gamma = 2$ をとれば，$2\boldsymbol{u} + 3\boldsymbol{v} + 2\boldsymbol{w} = \boldsymbol{0}$ となり $\boldsymbol{u}$, $\boldsymbol{v}$, $\boldsymbol{w}$ は 1 次従属である．

**5.** $c_1\boldsymbol{x} + c_2\boldsymbol{y} + c_3\boldsymbol{z} = \boldsymbol{0} \Longleftrightarrow (c_1\alpha)\boldsymbol{a} + (c_1 + c_2\beta)\boldsymbol{b} + (c_1 + c_2 + c_3\gamma)\boldsymbol{c} = \boldsymbol{0}$.

$\boldsymbol{a}, \boldsymbol{b}, \boldsymbol{c}$ は 1 次独立だから連立 1 次方程式 $\begin{cases} \alpha c_1 & = 0 \\ c_1 + \beta c_2 & = 0 \\ c_1 + c_2 + \gamma c_3 & = 0 \end{cases}$ が成り立つ．この方程式が $c_1 = c_2 = c_3 = 0$ でない解をもつための条件は $\begin{vmatrix} \alpha & 0 & 0 \\ 1 & \beta & 0 \\ 1 & 1 & \gamma \end{vmatrix} = 0$.

よって求める条件は $\alpha\beta\gamma = 0$，すなわち $\alpha = 0$ または $\beta = 0$ または $\gamma = 0$.

**6.** $|A| = \begin{vmatrix} 1 & 5 & 2 \\ 4 & -3 & 6 \\ -1 & 2 & 1 \end{vmatrix} = -55 \neq 0$ より $A$ は正則である．よって $A$ の 3 個

の列ベクトルの組は 1 次独立である.

**7.** (1) $\begin{pmatrix} \boldsymbol{a} & \boldsymbol{b} & \boldsymbol{c} \end{pmatrix} = \begin{pmatrix} 1 & 2 & -4 \\ 2 & -2 & 1 \\ -3 & 2 & 0 \end{pmatrix} \to \cdots \to \begin{pmatrix} 1 & 2 & -4 \\ 0 & 2 & -3 \\ 0 & 0 & 0 \end{pmatrix}$

より独立最大数は 2 で, $\boldsymbol{a}, \boldsymbol{b}$ は独立最大の組である.

(2) $\begin{pmatrix} \boldsymbol{a}_1 & \boldsymbol{a}_2 & \boldsymbol{a}_3 & \boldsymbol{a}_4 \end{pmatrix} = \begin{pmatrix} 1 & 2 & -1 & -2 \\ -2 & -5 & 4 & 7 \\ 1 & -1 & 5 & 5 \\ 2 & 3 & 0 & -1 \end{pmatrix} \to \cdots$

$\to \begin{pmatrix} 1 & 2 & -1 & -2 \\ 0 & 1 & -2 & -3 \\ 0 & 0 & 0 & 1 \\ 0 & 0 & 0 & 0 \end{pmatrix}$ より独立最大数は 3 で, $\boldsymbol{a}_1, \boldsymbol{a}_2, \boldsymbol{a}_4$ は独立最大の組

である.

**8.** (1) $\begin{pmatrix} 1 & 1 & -1 \\ 1 & -1 & 3 \end{pmatrix} \to \begin{pmatrix} 1 & 1 & -1 \\ 0 & -2 & 4 \end{pmatrix}$ よりベクトルの組 $\begin{pmatrix} 1 \\ 1 \end{pmatrix}$,

$\begin{pmatrix} 1 \\ -1 \end{pmatrix}$ は基底で, 次元は 2 である.

(2) $\begin{pmatrix} 1 & 2 & -1 & 0 \\ 1 & 1 & 0 & 1 \\ 1 & 0 & 1 & 2 \end{pmatrix} \to \cdots \to \begin{pmatrix} 1 & 2 & -1 & 0 \\ 0 & 1 & -1 & -1 \\ 0 & 0 & 0 & 0 \end{pmatrix}$ よりベクトルの組

$\begin{pmatrix} 1 \\ 1 \\ 1 \end{pmatrix}, \begin{pmatrix} 2 \\ 1 \\ 0 \end{pmatrix}$ は基底で, 次元は 2 である.

(3) $\begin{pmatrix} 1 & -8 & 6 & 1 & 2 \\ 5 & -38 & 38 & 19 & 16 \\ 3 & -29 & -21 & -13 & -47 \\ 0 & 9 & 68 & 31 & 91 \end{pmatrix} \to \cdots \to \begin{pmatrix} 1 & -8 & 6 & 1 & 2 \\ 0 & 1 & 4 & 7 & 3 \\ 0 & 0 & 1 & -1 & 2 \\ 0 & 0 & 0 & 0 & 0 \end{pmatrix}$

よりベクトルの組 $\begin{pmatrix} 1 \\ 5 \\ 3 \\ 0 \end{pmatrix}, \begin{pmatrix} -8 \\ -38 \\ -29 \\ 9 \end{pmatrix}, \begin{pmatrix} 6 \\ 38 \\ -21 \\ 68 \end{pmatrix}$ は基底で, 次元は 3 である.

**9.** (1) 連立1次方程式の解は $\begin{pmatrix} x \\ y \\ z \end{pmatrix} = t \begin{pmatrix} 0 \\ 2 \\ 1 \end{pmatrix}$ $(t \in \boldsymbol{R})$ である．よって解空間の基底は $\begin{pmatrix} 0 \\ 2 \\ 1 \end{pmatrix}$ で，次元は1である．

(2) 連立1次方程式の解は $\begin{pmatrix} x \\ y \\ z \\ u \end{pmatrix} = s \begin{pmatrix} -2 \\ 3 \\ 1 \\ 0 \end{pmatrix} + t \begin{pmatrix} -5 \\ -4 \\ 0 \\ 1 \end{pmatrix}$ $(s, t \in \boldsymbol{R})$ である．よって解空間の基底は $\begin{pmatrix} -2 \\ 3 \\ 1 \\ 0 \end{pmatrix}, \begin{pmatrix} -5 \\ -4 \\ 0 \\ 1 \end{pmatrix}$ で，次元は2である．

(3) 連立1次方程式の解は $\begin{pmatrix} x_1 \\ x_2 \\ x_3 \\ x_4 \\ x_5 \end{pmatrix} = c_1 \begin{pmatrix} -1 \\ 1 \\ 0 \\ 0 \\ 0 \end{pmatrix} + c_2 \begin{pmatrix} 4 \\ 0 \\ -7 \\ 1 \\ 0 \end{pmatrix} + c_3 \begin{pmatrix} -3 \\ 0 \\ 2 \\ 0 \\ 1 \end{pmatrix}$ $(c_1, c_2, c_3 \in \boldsymbol{R})$ である．よって解空間の基底は $\begin{pmatrix} -1 \\ 1 \\ 0 \\ 0 \\ 0 \end{pmatrix}, \begin{pmatrix} 4 \\ 0 \\ -7 \\ 1 \\ 0 \end{pmatrix}, \begin{pmatrix} -3 \\ 0 \\ 2 \\ 0 \\ 1 \end{pmatrix}$ で，次元は3である．

**10.** $W_1$ の条件式の解は $\begin{pmatrix} x_1 \\ x_2 \\ x_3 \\ x_4 \end{pmatrix} = t_1 \begin{pmatrix} -5 \\ 1 \\ 1 \\ 0 \end{pmatrix} + t_2 \begin{pmatrix} 3 \\ -1 \\ 0 \\ 1 \end{pmatrix}$ $(t_1, t_2$ は任意定数$)$ である．よって $W_1 = W\left\{ \begin{pmatrix} -5 \\ 1 \\ 1 \\ 0 \end{pmatrix}, \begin{pmatrix} 3 \\ -1 \\ 0 \\ 1 \end{pmatrix} \right\}$ となり，基底は

$\begin{pmatrix} -5 \\ 1 \\ 1 \\ 0 \end{pmatrix}, \begin{pmatrix} 3 \\ -1 \\ 0 \\ 1 \end{pmatrix}$ で，次元は 2 である．

$W_2$ について

$$\begin{pmatrix} 1 & -1 & 2 & 0 \\ 2 & 2 & 0 & 4 \\ 1 & 2 & -1 & 3 \\ 1 & 0 & -1 & 1 \end{pmatrix} \to \cdots \to \begin{pmatrix} 1 & -1 & 2 & 0 \\ 0 & 1 & -1 & 1 \\ 0 & 0 & 1 & 0 \\ 0 & 0 & 0 & 0 \end{pmatrix}$$ より $W_2$ の基底は

$\begin{pmatrix} 1 \\ 2 \\ 1 \\ 1 \end{pmatrix}, \begin{pmatrix} -1 \\ 2 \\ 2 \\ 0 \end{pmatrix}, \begin{pmatrix} 2 \\ 0 \\ -1 \\ -1 \end{pmatrix}$ で，次元は 3 である．

$\boldsymbol{x} \in W_1 \cap W_2$ ならば

$$\boldsymbol{x} = a_1 \begin{pmatrix} -5 \\ 1 \\ 1 \\ 0 \end{pmatrix} + a_2 \begin{pmatrix} 3 \\ -1 \\ 0 \\ 1 \end{pmatrix} = b_1 \begin{pmatrix} 1 \\ 2 \\ 1 \\ 1 \end{pmatrix} + b_2 \begin{pmatrix} -1 \\ 2 \\ 2 \\ 0 \end{pmatrix} + b_3 \begin{pmatrix} 2 \\ 0 \\ -1 \\ -1 \end{pmatrix}$$

と表される．

$$\begin{pmatrix} -5 & 3 & 1 & -1 & 2 \\ 1 & -1 & 2 & 2 & 0 \\ 1 & 0 & 1 & 2 & -1 \\ 0 & 1 & 1 & 0 & -1 \end{pmatrix} \begin{pmatrix} a_1 \\ a_2 \\ -b_1 \\ -b_2 \\ -b_3 \end{pmatrix} = \begin{pmatrix} 0 \\ 0 \\ 0 \\ 0 \end{pmatrix}$$ を解くと，解は

$$\begin{pmatrix} a_1 \\ a_2 \\ -b_1 \\ -b_2 \\ -b_3 \end{pmatrix} = t \begin{pmatrix} 1 \\ 1 \\ 0 \\ 0 \\ 1 \end{pmatrix}$$ ($t$ は任意定数)．よって $a_1 = t$, $a_2 = t$ だから

$$\boldsymbol{x} = a_1 \begin{pmatrix} -5 \\ 1 \\ 1 \\ 0 \end{pmatrix} + a_2 \begin{pmatrix} 3 \\ -1 \\ 0 \\ 1 \end{pmatrix} = t \begin{pmatrix} -5 \\ 1 \\ 1 \\ 0 \end{pmatrix} + t \begin{pmatrix} 3 \\ -1 \\ 0 \\ 1 \end{pmatrix} = t \begin{pmatrix} -2 \\ 0 \\ 1 \\ 1 \end{pmatrix}$$

となるから $W_1 \cap W_2 = W\left\{\begin{pmatrix} -2 \\ 0 \\ 1 \\ 1 \end{pmatrix}\right\}$．従って基底は $\begin{pmatrix} -2 \\ 0 \\ 1 \\ 1 \end{pmatrix}$，次元は1である．

**B の解答**

**1.** $\boldsymbol{a}, \boldsymbol{b}, \boldsymbol{c}, \boldsymbol{v}$ が1次従属だから非自明な1次関係式

$$p\boldsymbol{a} + q\boldsymbol{b} + r\boldsymbol{c} + s\boldsymbol{v} = \boldsymbol{0} \quad \cdots\cdots \quad ①$$

が成り立つ．ここで $s = 0$ であれば $p\boldsymbol{a} + q\boldsymbol{b} + r\boldsymbol{c} = \boldsymbol{0}$ が成立することになるが $\boldsymbol{a}, \boldsymbol{b}, \boldsymbol{c}$ が1次独立なので $p = q = r = 0$ となり，①が非自明な1次関係式であることに矛盾する．よって $s \neq 0$ から

$$\boldsymbol{v} = \left(-\frac{p}{s}\right)\boldsymbol{a} + \left(-\frac{q}{s}\right)\boldsymbol{b} + \left(-\frac{r}{s}\right)\boldsymbol{c}$$

となり，結論が示された．

**2.** 行列 $A = (\boldsymbol{a}_1\ \boldsymbol{a}_2\ \cdots\ \boldsymbol{a}_n)$ から基本変形を繰り返して行列 $B = (\boldsymbol{b}_1\ \boldsymbol{b}_2\ \cdots\ \boldsymbol{b}_n)$ になったとする．これらの行列を係数行列とする同次連立1次方程式の解は完全に一致するから，ベクトルの組 $\boldsymbol{a}_1, \boldsymbol{a}_2, \cdots, \boldsymbol{a}_n$ の間に成り立つ1次関係式と全く同じ係数の1次関係式がベクトルの組 $\boldsymbol{b}_1, \boldsymbol{b}_2, \cdots, \boldsymbol{b}_n$ の間にも成り立つことになる．

また，簡約な行列においては，各行の最初の0でない成分が1（先頭の1）であり，先頭の1を含む列ベクトルは基本単位ベクトル（先頭の1以外の成分が0）である．よって，先頭の1を含まない列ベクトルは，自分よりも前にある先頭の1を含む列ベクトルの1次結合で一意的に表されることになる．このとき，1次結合の係数は，今考えている列ベクトルの成分であることに注意せよ．

さて，$A$ から基本変形で2つの異なる簡約な行列 $B, C$ に簡約化されたとする．このとき，$B$ と $C = (\boldsymbol{c}_1\ \boldsymbol{c}_2\ \cdots\ \boldsymbol{c}_n)$ の各列が最初に異なる列番号を $j$ とし，$\boldsymbol{b}_j$ が先頭の1を含む列であるか否かで場合分けする．

先頭の1を含む列ベクトルである場合：

$\boldsymbol{b}_j$ と $\boldsymbol{c}_j$ は異なるため，$\boldsymbol{c}_j$ は先頭の1を含まない列ベクトルということになる．しかし，この場合 $\boldsymbol{c}_j$ は $j-1$ 列までの先頭の1を含む列ベクトルの1次結合で表されることになり，$\boldsymbol{b}_j$ は先頭の1を含む列ベクトルであるため $j-1$ 列までの先頭の1を含む列ベクトルの1次結合で表すことはできない．よって矛盾が生じる．

先頭の1を含まない列ベクトルである場合：

$\boldsymbol{c}_j$ が先頭の 1 を含む列ベクトルである場合は $\boldsymbol{b}_j$ と $\boldsymbol{c}_j$ の役割を交代して考えることにより，矛盾が生じることになる．よって，$\boldsymbol{c}_j$ も先頭の 1 を含まない列ベクトルであって，その成分が $\boldsymbol{b}_j$ と異なるという状況で考えればよい．この場合，$\boldsymbol{b}_j$ も $\boldsymbol{c}_j$ も $j-1$ 列までの先頭の 1 を含む列ベクトルの 1 次結合で表されることになる．ここで，それぞれの 1 次結合の係数は $\boldsymbol{b}_j, \boldsymbol{c}_j$ の成分である．これらの式を 1 次関係式と見たとき，$B, C$ の列ベクトルの間に成り立つ 1 次関係式は全く同じ係数になるのだから，$\boldsymbol{b}_j$ と $\boldsymbol{c}_j$ の成分が異なるのは矛盾である．

よって，いずれの場合もあり得ないのだから，$B, C$ は各列ベクトルがすべて一致する，すなわち，$B = C$ であることがわかった．

**3.** $P = \begin{pmatrix} 1 & p_{12} & \cdots & p_{1n} \\ 0 & p_{22} & \cdots & p_{2n} \\ \vdots & \vdots & & \vdots \\ 0 & p_{n2} & \cdots & p_{nn} \end{pmatrix}$ とおけば $(\boldsymbol{a}_1\ \boldsymbol{b}_2\ \cdots\ \boldsymbol{b}_n) = (\boldsymbol{a}_1\ \boldsymbol{a}_2\ \cdots\ \boldsymbol{b}_n)P$ と表せる．ここで $\boldsymbol{a}_1, \boldsymbol{b}_2, \cdots, \boldsymbol{b}_n$ が $\boldsymbol{R}^n$ の基底 $\Longleftrightarrow$ $(\boldsymbol{a}_1\ \ \boldsymbol{b}_2\ \ \cdots\ \ \boldsymbol{b}_n)$ が正則 $\Longleftrightarrow P$ が正則 $\Longleftrightarrow \begin{vmatrix} p_{22} & \cdots & p_{2n} \\ \vdots & & \vdots \\ p_{n2} & \cdots & p_{nn} \end{vmatrix} \neq 0$ であるから，結果が得られる．

**4.** $a + b\sqrt{p} + c\sqrt{q} + d\sqrt{pq} = 0 \quad (a, b, c, d \in \boldsymbol{Q})$ とすると

$$a + b\sqrt{p} = \sqrt{q}(-c - d\sqrt{p}) \quad \cdots\cdots \quad ①$$

もし①で $c + d\sqrt{p} \neq 0$ であれば

$$\sqrt{q} = \frac{a + b\sqrt{p}}{-c - d\sqrt{p}} = r + s\sqrt{p} \quad (r, s \in \boldsymbol{Q})$$

であるが，$\sqrt{q}, \sqrt{\dfrac{q}{p}}$ は無理数だから $r \neq 0,\ s \neq 0$．よって

$$q = (r^2 + s^2 p) + 2rs\sqrt{p}$$

で $\sqrt{p}$ が有理数となり矛盾．

したがって $c + d\sqrt{p} = 0$．よって①より $a + b\sqrt{p} = 0$ となるが $\sqrt{p}$ は無理数だから

$$a + b\sqrt{p} = 0 \Longleftrightarrow a = b = 0$$

$$c + d\sqrt{p} = 0 \Longleftrightarrow c = d = 0$$

であるから $a = b = c = d = 0$ となる．

## 4.3　線形写像と表現行列

### 線形写像・線形変換（1次変換）

集合 $A$ の各要素に対し，集合 $B$ の要素が1つ対応しているとき，この対応のことを $A$ から $B$ への写像と呼び

$$f\colon A \to B$$

などと書く．$A$ の要素 $a$ に対応する $B$ の要素は $f(a)$ と表す．

2つのベクトル空間 $V, W$ の間の写像

$$f\colon V \to W$$

が，線形性と呼ばれる次の条件

$$\boldsymbol{v}, \boldsymbol{w} \in V \text{ に対して，} \quad f(\boldsymbol{v}+\boldsymbol{w}) = f(\boldsymbol{v}) + f(\boldsymbol{w})$$

$$\boldsymbol{v} \in V,\ k \in \boldsymbol{R} \text{ に対して，} \quad f(k\boldsymbol{v}) = kf(\boldsymbol{v})$$

をみたすとき，これを線形写像と呼ぶ．ベクトルの和や実数倍をそのまま対応させるような写像のことである．

たとえば $xy$ 平面上の点を原点中心に $\dfrac{\pi}{4}$ 回転させるような写像は線形写像となるし，$xyz$ 空間の各点から最短距離にある $xy$ 平面上の点を対応させるような写像は線形写像となる．しかし，$xy$ 平面上の点を $x$ 軸方向へ1動かすような写像は線形写像ではない．

なお，線形写像 $f\colon V \to V$ のことを $V$ 上の線形変換（1次変換）とも呼ぶ．

### 表現行列

$m \times n$ 型の行列 $A$ に対して，$f_A\colon \boldsymbol{R}^n \to \boldsymbol{R}^m$ を

$$f_A(\boldsymbol{v}) = A\boldsymbol{v}$$

と定義すると，$f_A$ は線形写像となる．逆に，$\boldsymbol{R}^n$ から $\boldsymbol{R}^m$ への線形写像 $f$ は

$$f(\boldsymbol{e}_1), f(\boldsymbol{e}_2), \cdots, f(\boldsymbol{e}_n)$$

を並べてできる行列を $A$ とし，$\boldsymbol{v} = \begin{pmatrix} a_1 \\ a_2 \\ \vdots \\ a_n \end{pmatrix}$ と置けば

$$f(\boldsymbol{v}) = f(\begin{pmatrix} a_1 \\ a_2 \\ \vdots \\ a_n \end{pmatrix}) = f(a_1\boldsymbol{e}_1 + a_2\boldsymbol{e}_2 + \cdots + a_n\boldsymbol{e}_n)$$

$$= a_1 f(\boldsymbol{e}_1) + a_2 f(\boldsymbol{e}_2) + \cdots + a_n f(\boldsymbol{e}_n)$$

$$= (f(\boldsymbol{e}_1)\ f(\boldsymbol{e}_2)\ \cdots\ f(\boldsymbol{e}_n)) \begin{pmatrix} a_1 \\ a_2 \\ \vdots \\ a_n \end{pmatrix} = A\boldsymbol{v}$$

によって $f = f_A$ となることがわかる．$\boldsymbol{R}^n$ から $\boldsymbol{R}^m$ へのどんな線形写像も，行列を掛ける形に表せるわけだ．このとき $A$ をこの線形写像 $f$ の (標準基底に関する) 表現行列と呼ぶ．

一般に，2 つの線形写像

$$g \colon U \to V, \qquad f \colon V \to W$$

の合成写像

$$f \circ g \colon U \to W$$

も線形写像となるが，$f, g$ の表現行列が $A, B$ であるとき，合成写像 $f \circ g$ の表現行列はこれらの積 $AB$ となる．

平面上の点を原点中心として反時計回りに角 $\theta$ だけ回転させる線形変換は

$$\begin{pmatrix} \cos\theta & -\sin\theta \\ \sin\theta & \cos\theta \end{pmatrix}$$

で表現される．また，$x$ 軸を，原点中心にして反時計回りに角 $\theta$ だけ回転させた直線を $\ell$ とするとき，$\ell$ に関する対称移動の表現行列は

$$\begin{pmatrix} \cos 2\theta & \sin 2\theta \\ \sin 2\theta & -\cos 2\theta \end{pmatrix}$$

である．

### 核と像

線形写像 $f \colon V \to W$ に関しては必ず $f(\boldsymbol{0}) = \boldsymbol{0}$ となる．$f(\boldsymbol{v}) = \boldsymbol{0}$ となる $\boldsymbol{v} \in V$ の全体である

$$\mathrm{Ker}\, f = \{\boldsymbol{v} \mid f(\boldsymbol{v}) = \boldsymbol{0}\}$$

を $f$ の核（kernel）と呼ぶ．$\mathrm{Ker}\, f$ は $V$ の部分空間である．

また，ベクトル $f(\boldsymbol{v})$ $(\boldsymbol{v} \in V)$ の全体である

$$\mathrm{Im}\, f = \{f(\boldsymbol{v}) \mid \boldsymbol{v} \in V\}$$

を $f$ の像（image）と呼ぶ．$\mathrm{Im}\, f$ は $W$ の部分空間である．

$m \times n$ 型の行列 $A$ を係数行列とする同次連立 1 次方程式の解空間 $W_A$ は $A$ を表現行列とする線形写像 $f_A$ の核となる．すなわち $W_A = \mathrm{Ker}\, f_A$ である．

いくつかのベクトル $\boldsymbol{v}_1, \boldsymbol{v}_2, \cdots, \boldsymbol{v}_k$ によって生成される部分空間 $W\{\boldsymbol{v}_1, \boldsymbol{v}_2, \cdots, \boldsymbol{v}_k\}$ は，これらのベクトルを並べてできる行列を

$$A = (\boldsymbol{v}_1\ \boldsymbol{v}_2\ \cdots\ \boldsymbol{v}_k)$$

としたときの $f_A$ の像である．すなわち $W\{\boldsymbol{v}_1, \boldsymbol{v}_2, \cdots, \boldsymbol{v}_k\} = \mathrm{Im}\, f_A$ である．

$m \times n$ 型の行列 $A$ を表現行列とする線形写像を $f_A$ とし，その列ベクトルを $\boldsymbol{v}_1, \boldsymbol{v}_2, \cdots, \boldsymbol{v}_n$ とすると，$\mathrm{Ker}\, f_A = W_A$ および $\mathrm{Im}\, f_A = W\{\boldsymbol{v}_1, \boldsymbol{v}_2, \cdots, \boldsymbol{v}_n\}$ であったから

$$\begin{aligned}\dim(\mathrm{Ker}\, f_A) + \dim(\mathrm{Im}\, f_A) &= \dim W_A + \dim W\{\boldsymbol{v}_1, \boldsymbol{v}_2, \cdots, \boldsymbol{v}_n\} \\ &= (n - \mathrm{rank}\, A) + \mathrm{rank}\, A = n\end{aligned}$$

となるが，これを一般化すると次の定理にまとめられる．

**定理 1.** 線形写像 $f \colon V \to W$ について

$$\dim(\mathrm{Ker}\, f) + \dim(\mathrm{Im}\, f) = \dim V$$

が成立する．

$\dim(\mathrm{Im}\, f)$ のことを線形写像 $f$ の階数といい，$\mathrm{rank}\, f$ と書く．

### 座標ベクトル

$\boldsymbol{v}_1, \boldsymbol{v}_2, \cdots, \boldsymbol{v}_n$ をベクトル空間 $V$ の基底とする．$\boldsymbol{v} \in V$ を 1 次結合

$$\boldsymbol{v} = a_1\boldsymbol{v}_1 + a_2\boldsymbol{v}_2 + \cdots + a_n\boldsymbol{v}_n$$

で表すとき，係数 $a_1, a_2, \cdots, a_n$ を基底 $\boldsymbol{v}_1, \boldsymbol{v}_2, \cdots, \boldsymbol{v}_n$ に関する座標成分といい，数ベクトル $\begin{pmatrix} a_1 \\ a_2 \\ \vdots \\ a_n \end{pmatrix}$ を座標ベクトルという．

$V$ のベクトルと座標ベクトルの対応関係はお互いに 1 対 1 の線形写像になっており，これによって $V$ を座標ベクトルの列ベクトル空間 $\boldsymbol{R}^n$ と同一視できる．

一般の線形写像 $f \colon V \to W$ でも，$\boldsymbol{R}^n$ から $\boldsymbol{R}^m$ への線形写像の場合と同様の表現行列を考えることができる．そのため，$V, W$ にそれぞれ基底 $\boldsymbol{v}_1, \boldsymbol{v}_2, \cdots, \boldsymbol{v}_n$ と $\boldsymbol{w}_1, \boldsymbol{w}_2, \cdots, \boldsymbol{w}_m$ を取って考えよう．それぞれのベクトル空間のベクトルを基底の 1 次結合で表すことができるので，それによる座標ベクトルの列ベクトル空間 $\boldsymbol{R}^n, \boldsymbol{R}^m$ と $V, W$ をそれぞれ同一視して考えると，$f \colon V \to W$ はこの同一視によって $\tilde{f} \colon \boldsymbol{R}^n \to \boldsymbol{R}^m$ という線形写像と考えることができるようになる．この線形写像 $\tilde{f}$ の表現行列のことを $f$ の（これらの基底に関する）表現行列と呼ぶ．

### 基底の変換行列

別の基底を考えると表現行列も変わるが，そこには一定の法則がある．

$\boldsymbol{v}'_1, \boldsymbol{v}'_2, \cdots, \boldsymbol{v}'_n$ を $V$ のもう 1 組の基底とすると，これらは $\boldsymbol{v}_1, \boldsymbol{v}_2, \cdots, \boldsymbol{v}_n$ の 1 次結合で表されるので

$$(\boldsymbol{v}'_1\ \boldsymbol{v}'_2\ \cdots\ \boldsymbol{v}'_n) = (\boldsymbol{v}_1\ \boldsymbol{v}_2\ \cdots\ \boldsymbol{v}_n)P$$

となる $n$ 次正方行列 $P$ が定まる．この $P$ を基底 $\boldsymbol{v}_1, \boldsymbol{v}_2, \cdots, \boldsymbol{v}_n$ から基底 $\boldsymbol{v}'_1, \boldsymbol{v}'_2, \cdots, \boldsymbol{v}'_n$ への変換行列と呼ぶ．基底の変換行列は正則である．

基底の変換行列 $P$ によって，座標ベクトルの対応関係がわかる．$V$ の 1 つのベクトルに対し，基底 $\boldsymbol{v}_1, \boldsymbol{v}_2, \cdots, \boldsymbol{v}_n$ による座標ベクトルを $\tilde{\boldsymbol{v}}$，基底 $\boldsymbol{v}'_1, \boldsymbol{v}'_2, \cdots, \boldsymbol{v}'_n$ による座標ベクトルを $\tilde{\boldsymbol{v}}'$ するとき，これらの間には

$$\tilde{\boldsymbol{v}} = P\tilde{\boldsymbol{v}}'$$

という関係がある．

同様に $W$ にももう 1 組の基底 $\boldsymbol{w}'_1, \boldsymbol{w}'_2, \cdots, \boldsymbol{w}'_m$ を考えて基底の変換行列を $Q$ とすると，今考えている線形写像 $f\colon V \to W$ を $V, W$ の基底 $\boldsymbol{v}'_1, \boldsymbol{v}'_2, \cdots, \boldsymbol{v}'_n$ と $\boldsymbol{w}'_1, \boldsymbol{w}'_2, \cdots, \boldsymbol{w}'_m$ によって表現した行列 $B$ は

$$B = Q^{-1}AP$$

となる．

**例題 1.**

(1) 点 $(x, y)$ を $x$ 軸に関して対称な点 $(X, Y)$ へ対応させる．この対応が $\boldsymbol{R}^2$ 上の線形変換であることを示し，その (標準基底に関する) 表現行列を求めよ．

(2) 点 $(x, y)$ を原点を中心に反時計回りに角 $\theta$ だけ回転させた点 $(X, Y)$ へ対応させる．この対応が，行列 $\begin{pmatrix} \cos\theta & -\sin\theta \\ \sin\theta & \cos\theta \end{pmatrix}$ を (標準基底に関する) 表現行列とする $\boldsymbol{R}^2$ 上の線形変換であることを示せ．

(3) 行列 $\begin{pmatrix} \cos\theta & \sin\theta \\ \sin\theta & -\cos\theta \end{pmatrix}$ を (標準基底に関する) 表現行列とする $\boldsymbol{R}^2$ 上の線形変換の図形的意味を説明せよ．

**解答**　(1) $(X, Y) = (x, -y)$ であることから

$$\begin{pmatrix} X \\ Y \end{pmatrix} = \begin{pmatrix} x \\ -y \end{pmatrix} = \begin{pmatrix} 1 & 0 \\ 0 & -1 \end{pmatrix}\begin{pmatrix} x \\ y \end{pmatrix}$$

を得る．すなわち，点 $(x, y)$ から点 $(X, Y) = (x, -y)$ への対応は，$\begin{pmatrix} 1 & 0 \\ 0 & -1 \end{pmatrix}$ を表現行列とする $\boldsymbol{R}^2$ 上の線形変換である．

(2) 極座標を用いて，点 $(x, y) \neq (0, 0)$ を $(x, y) = (r\cos\alpha, r\sin\alpha)$ $(r > 0$, $\alpha$ は実数$)$ と表すことができる．このとき，点 $(X, Y)$ は $(X, Y) = (r\cos(\alpha + \theta), r\sin(\alpha + \theta))$ と表される．これより

$$\begin{pmatrix} X \\ Y \end{pmatrix} = \begin{pmatrix} r\cos(\alpha+\theta) \\ r\sin(\alpha+\theta) \end{pmatrix} = \begin{pmatrix} r(\cos\alpha\cos\theta - \sin\alpha\sin\theta) \\ r(\cos\alpha\sin\theta + \sin\alpha\cos\theta) \end{pmatrix}$$
$$= \begin{pmatrix} x\cos\theta - y\sin\theta \\ x\sin\theta + y\cos\theta \end{pmatrix} = \begin{pmatrix} \cos\theta & -\sin\theta \\ \sin\theta & \cos\theta \end{pmatrix} \begin{pmatrix} x \\ y \end{pmatrix}$$

を得る．したがって，点 $(x, y)$ から点 $(X, Y)$ への対応は，$\begin{pmatrix} \cos\theta & -\sin\theta \\ \sin\theta & \cos\theta \end{pmatrix}$ を表現行列とする $\boldsymbol{R}^2$ 上の線形変換である．

(3) $\begin{pmatrix} \cos\theta & \sin\theta \\ \sin\theta & -\cos\theta \end{pmatrix} = \begin{pmatrix} \cos\theta & -\sin\theta \\ \sin\theta & \cos\theta \end{pmatrix} \begin{pmatrix} 1 & 0 \\ 0 & -1 \end{pmatrix}$ より，

$\begin{pmatrix} \cos\theta & \sin\theta \\ \sin\theta & -\cos\theta \end{pmatrix}$ を表現行列とする $\boldsymbol{R}^2$ 上の線形変換は，与えられた点を $x$ 軸に関して対称にうつし，さらにそれを原点を中心に反時計回りに $\theta$ だけ回転した点に対応させる．

**(3) の別解 1**

$$\begin{pmatrix} \cos\theta & \sin\theta \\ \sin\theta & -\cos\theta \end{pmatrix} = \begin{pmatrix} 1 & 0 \\ 0 & -1 \end{pmatrix} \begin{pmatrix} \cos\theta & \sin\theta \\ -\sin\theta & \cos\theta \end{pmatrix}$$
$$= \begin{pmatrix} 1 & 0 \\ 0 & -1 \end{pmatrix} \begin{pmatrix} \cos(-\theta) & -\sin(-\theta) \\ \sin(-\theta) & \cos(-\theta) \end{pmatrix}$$

より，$\begin{pmatrix} \cos\theta & \sin\theta \\ \sin\theta & -\cos\theta \end{pmatrix}$ を表現行列とする $\boldsymbol{R}^2$ 上の線形変換は，与えられた点を原点を中心に反時計回りに $-\theta$ だけ回転した点にうつし，さらにそれを $x$ 軸に関して対称にうつした点に対応させる．

**(3) の別解 2** $\begin{pmatrix} X \\ Y \end{pmatrix} = \begin{pmatrix} \cos\theta & \sin\theta \\ \sin\theta & -\cos\theta \end{pmatrix} \begin{pmatrix} x \\ y \end{pmatrix}$ とおけば

$$x + X = x(1 + \cos\theta) + y\sin\theta = 2\cos\frac{\theta}{2}\left(x\cos\frac{\theta}{2} + y\sin\frac{\theta}{2}\right)$$

$$y+Y=x\sin\theta+y(1-\cos\theta)=2\sin\frac{\theta}{2}\left(x\cos\frac{\theta}{2}+y\sin\frac{\theta}{2}\right)$$

$$\therefore\quad \frac{y+Y}{2}=\tan\frac{\theta}{2}\ \frac{x+X}{2}.$$

よって点 $(x,y)$ と点 $(X,Y)$ の中点は原点を通り傾きが $\tan\dfrac{\theta}{2}$ の直線 $\ell$ 上に存在する．また

$$X-x=-2\sin\frac{\theta}{2}\left(x\sin\frac{\theta}{2}-y\cos\frac{\theta}{2}\right)$$

$$Y-y=2\cos\frac{\theta}{2}\left(x\sin\frac{\theta}{2}-y\cos\frac{\theta}{2}\right)$$

$$\therefore\quad X-x+\left(\tan\frac{\theta}{2}\right)(Y-y)=0$$

すなわち $\begin{pmatrix} X-x \\ Y-y \end{pmatrix}\perp\begin{pmatrix} 1 \\ \tan\dfrac{\theta}{2} \end{pmatrix}$ である．

よって点 $(x,y)$ と点 $(X,Y)$ は直線 $\ell$ に関し線対称の位置にある．言い換えると，$\begin{pmatrix} \cos\theta & \sin\theta \\ \sin\theta & -\cos\theta \end{pmatrix}$ を表現行列とする $\boldsymbol{R}^2$ 上の線形変換は，直線 $\ell$ に関する線対称移動であることがわかる．

**例題 2.**

(1) 直線 $y=2x$ に関する線対称移動を行列で表現せよ．

(2) 直線 $2x+3y=1$ を (1) の線対称移動したときの図形の方程式を求めよ．

**解答**　(1) 点 $(x,y)$ が点 $(X,Y)$ にうつったとすると，中点 $\left(\dfrac{x+X}{2},\ \dfrac{y+Y}{2}\right)$ は直線 $y=2x$ 上の点だから

$$\frac{y+Y}{2}=x+X \text{ すなわち } -2X+Y=2x-y \quad \cdots\cdots \quad ①$$

点 $(X,Y)$ は点 $(x,y)$ を通る傾き $-\dfrac{1}{2}$ の直線上の点だから

$$Y-y=-\frac{1}{2}(X-x) \text{ すなわち } X+2Y=x+2y \quad \cdots\cdots \quad ②$$

①と②より

$$\begin{pmatrix} -2 & 1 \\ 1 & 2 \end{pmatrix}\begin{pmatrix} X \\ Y \end{pmatrix}=\begin{pmatrix} 2 & -1 \\ 1 & 2 \end{pmatrix}\begin{pmatrix} x \\ y \end{pmatrix}$$

となり

$$\begin{pmatrix} X \\ Y \end{pmatrix} = \begin{pmatrix} -2 & 1 \\ 1 & 2 \end{pmatrix}^{-1} \begin{pmatrix} 2 & -1 \\ 1 & 2 \end{pmatrix} \begin{pmatrix} x \\ y \end{pmatrix}$$

$$= -\frac{1}{5} \begin{pmatrix} 2 & -1 \\ -1 & -2 \end{pmatrix} \begin{pmatrix} 2 & -1 \\ 1 & 2 \end{pmatrix} \begin{pmatrix} x \\ y \end{pmatrix}$$

$$= -\frac{1}{5} \begin{pmatrix} 3 & -4 \\ -4 & -3 \end{pmatrix} \begin{pmatrix} x \\ y \end{pmatrix} = \begin{pmatrix} -\frac{3}{5} & \frac{4}{5} \\ \frac{4}{5} & \frac{3}{5} \end{pmatrix} \begin{pmatrix} x \\ y \end{pmatrix}$$

よって (1) の行列は

$$\begin{pmatrix} -\frac{3}{5} & \frac{4}{5} \\ \frac{4}{5} & \frac{3}{5} \end{pmatrix}$$

である．

(2) (1) より

$$\begin{pmatrix} x \\ y \end{pmatrix} = \begin{pmatrix} -\frac{3}{5} & \frac{4}{5} \\ \frac{4}{5} & \frac{3}{5} \end{pmatrix}^{-1} \begin{pmatrix} X \\ Y \end{pmatrix} = \begin{pmatrix} -\frac{3}{5} & \frac{4}{5} \\ \frac{4}{5} & \frac{3}{5} \end{pmatrix} \begin{pmatrix} X \\ Y \end{pmatrix}$$

だから $2x + 3y = 1$ に代入すると

$$2\left(-\frac{3}{5}X + \frac{4}{5}Y\right) + 3\left(\frac{4}{5}X + \frac{3}{5}Y\right) = 1$$

すなわち $6X + 17Y = 5$．よって求める図形の方程式は $6x + 17y = 5$ である．

**例題 3.**

線形写像 $f\colon \boldsymbol{R}^3 \to \boldsymbol{R}^2$ を $f(\begin{pmatrix} x \\ y \\ z \end{pmatrix}) = \begin{pmatrix} 2x + z \\ x - 2y + 3z \end{pmatrix}$ で定める．このとき $\operatorname{Ker} f$, $\operatorname{Im} f$ の基底と次元を求めよ．

**解答**　$\begin{pmatrix} 2x + z \\ x - 2y + 3z \end{pmatrix} = \begin{pmatrix} 2 & 0 & 1 \\ 1 & -2 & 3 \end{pmatrix} \begin{pmatrix} x \\ y \\ z \end{pmatrix}$ である．

$$\begin{pmatrix} 2 & 0 & 1 \\ 1 & -2 & 3 \end{pmatrix} \to \begin{pmatrix} 1 & -2 & 3 \\ 0 & 4 & -5 \end{pmatrix} \to \begin{pmatrix} 1 & 0 & \frac{1}{2} \\ 0 & 1 & -\frac{5}{4} \end{pmatrix}$$ より

$\begin{pmatrix} 2 & 0 & 1 \\ 1 & -2 & 3 \end{pmatrix} \begin{pmatrix} x \\ y \\ z \end{pmatrix} = \begin{pmatrix} 0 \\ 0 \end{pmatrix}$ の解は $\begin{pmatrix} x \\ y \\ z \end{pmatrix} = t \begin{pmatrix} -2 \\ 5 \\ 4 \end{pmatrix}$ ($t$ は任意

定数) であるから $\mathrm{Ker}\, f$ の基底は $\begin{pmatrix} -2 \\ 5 \\ 4 \end{pmatrix}$ で，次元は 1 である．また上の変形より $\begin{pmatrix} 2 \\ 1 \end{pmatrix}, \begin{pmatrix} 0 \\ -2 \end{pmatrix}$ は 1 次独立なので，$\mathrm{Im}\, f$ の基底は $\begin{pmatrix} 2 \\ 1 \end{pmatrix}, \begin{pmatrix} 0 \\ -2 \end{pmatrix}$ で，次元は 2 である．

**例題 4.**

$\boldsymbol{R}^3$ の 2 組の基底 $\boldsymbol{a}_1, \boldsymbol{a}_2, \boldsymbol{a}_3$ と $\boldsymbol{b}_1, \boldsymbol{b}_2, \boldsymbol{b}_3$ を

$$\boldsymbol{a}_1 = \begin{pmatrix} 2 \\ 1 \\ 1 \end{pmatrix}, \boldsymbol{a}_2 = \begin{pmatrix} 2 \\ 2 \\ 1 \end{pmatrix}, \boldsymbol{a}_3 = \begin{pmatrix} 2 \\ 2 \\ 2 \end{pmatrix},$$

$$\boldsymbol{b}_1 = \begin{pmatrix} 2 \\ 1 \\ 1 \end{pmatrix}, \boldsymbol{b}_2 = \begin{pmatrix} 6 \\ 4 \\ 3 \end{pmatrix}, \boldsymbol{b}_3 = \begin{pmatrix} 12 \\ 9 \\ 7 \end{pmatrix}$$ とする．

(1) 基底 $\boldsymbol{a}_1, \boldsymbol{a}_2, \boldsymbol{a}_3$ から基底 $\boldsymbol{b}_1, \boldsymbol{b}_2, \boldsymbol{b}_3$ への基底の変換行列を求めよ．

(2) 基底 $\boldsymbol{b}_1, \boldsymbol{b}_2, \boldsymbol{b}_3$ に関する座標成分が $\alpha, \beta, \gamma$ であるベクトルを求めよ．

(3) (2) のベクトルの基底 $\boldsymbol{a}_1, \boldsymbol{a}_2, \boldsymbol{a}_3$ に関する座標成分を求めよ．

**解答**　(1) $\begin{pmatrix} \boldsymbol{b}_1 & \boldsymbol{b}_2 & \boldsymbol{b}_3 \end{pmatrix} = \begin{pmatrix} \boldsymbol{a}_1 & \boldsymbol{a}_2 & \boldsymbol{a}_3 \end{pmatrix} P$

$$\therefore \quad P = \begin{pmatrix} \boldsymbol{a}_1 & \boldsymbol{a}_2 & \boldsymbol{a}_3 \end{pmatrix}^{-1} \begin{pmatrix} \boldsymbol{b}_1 & \boldsymbol{b}_2 & \boldsymbol{b}_3 \end{pmatrix} = \begin{pmatrix} 1 & 2 & 3 \\ 0 & 1 & 2 \\ 0 & 0 & 1 \end{pmatrix}$$

(2) 求めるベクトルを $\begin{pmatrix} x \\ y \\ z \end{pmatrix}$ とすれば

$$\begin{pmatrix} x \\ y \\ z \end{pmatrix} = \begin{pmatrix} \boldsymbol{b}_1 & \boldsymbol{b}_2 & \boldsymbol{b}_3 \end{pmatrix} \begin{pmatrix} \alpha \\ \beta \\ \gamma \end{pmatrix} = \begin{pmatrix} 2\alpha + 6\beta + 12\gamma \\ \alpha + 4\beta + 9\gamma \\ \alpha + 3\beta + 7\gamma \end{pmatrix}$$

(3) 求める座標成分を $X, Y, Z$ とすれば

$$\begin{pmatrix} \boldsymbol{a}_1 & \boldsymbol{a}_2 & \boldsymbol{a}_3 \end{pmatrix} \begin{pmatrix} X \\ Y \\ Z \end{pmatrix} = \begin{pmatrix} \boldsymbol{b}_1 & \boldsymbol{b}_2 & \boldsymbol{b}_3 \end{pmatrix} \begin{pmatrix} \alpha \\ \beta \\ \gamma \end{pmatrix}$$

$$\therefore\quad \begin{pmatrix} X \\ Y \\ Z \end{pmatrix} = \begin{pmatrix} \boldsymbol{a}_1 & \boldsymbol{a}_2 & \boldsymbol{a}_3 \end{pmatrix}^{-1} \begin{pmatrix} \boldsymbol{b}_1 & \boldsymbol{b}_2 & \boldsymbol{b}_3 \end{pmatrix} \begin{pmatrix} \alpha \\ \beta \\ \gamma \end{pmatrix}$$

$$= \begin{pmatrix} 1 & 2 & 3 \\ 0 & 1 & 2 \\ 0 & 0 & 1 \end{pmatrix} \begin{pmatrix} \alpha \\ \beta \\ \gamma \end{pmatrix} = \begin{pmatrix} \alpha + 2\beta + 3\gamma \\ \beta + 2\gamma \\ \gamma \end{pmatrix}$$

**例題 5.**

次の線形写像の与えられた基底に関する表現行列 $A$ を求めよ．

$$f\colon \boldsymbol{R}^3 \to \boldsymbol{R}^2,\quad \begin{pmatrix} x_1 \\ x_2 \\ x_3 \end{pmatrix} \mapsto \begin{pmatrix} 3x_1 + x_2 - x_3 \\ 2x_1 + 3x_2 + x_3 \end{pmatrix}$$

$\boldsymbol{R}^3$ の基底 $\boldsymbol{a}_1 = \begin{pmatrix} 1 \\ 2 \\ 3 \end{pmatrix}, \boldsymbol{a}_2 = \begin{pmatrix} 0 \\ -1 \\ 1 \end{pmatrix}, \boldsymbol{a}_3 = \begin{pmatrix} 1 \\ 0 \\ 2 \end{pmatrix}$,　$\boldsymbol{R}^2$ の基底 $\boldsymbol{b}_1 = \begin{pmatrix} 1 \\ 2 \end{pmatrix}, \boldsymbol{b}_2 = \begin{pmatrix} 3 \\ 4 \end{pmatrix}$

**解答**　$f(\boldsymbol{a}_1)$, $f(\boldsymbol{a}_2)$, $f(\boldsymbol{a}_3)$ をそれぞれ $\boldsymbol{b}_1$ と $\boldsymbol{b}_2$ の 1 次結合で表すと

$$f(\boldsymbol{a}_1) = \begin{pmatrix} 2 \\ 11 \end{pmatrix} = \frac{25}{2}\begin{pmatrix} 1 \\ 2 \end{pmatrix} - \frac{7}{2}\begin{pmatrix} 3 \\ 4 \end{pmatrix} = \frac{25}{2}\boldsymbol{b}_1 - \frac{7}{2}\boldsymbol{b}_2$$

$$f(\boldsymbol{a}_2) = \begin{pmatrix} -2 \\ -2 \end{pmatrix} = \begin{pmatrix} 1 \\ 2 \end{pmatrix} - \begin{pmatrix} 3 \\ 4 \end{pmatrix} = \boldsymbol{b}_1 - \boldsymbol{b}_2$$

$$f(\boldsymbol{a}_3) = \begin{pmatrix} 1 \\ 4 \end{pmatrix} = 4\begin{pmatrix} 1 \\ 2 \end{pmatrix} - \begin{pmatrix} 3 \\ 4 \end{pmatrix} = 4\boldsymbol{b}_1 - \boldsymbol{b}_2$$

$$\therefore\quad A = \begin{pmatrix} \frac{25}{2} & 1 & 4 \\ -\frac{7}{2} & -1 & -1 \end{pmatrix}$$

（別解）

$$A = \begin{pmatrix} 1 & 3 \\ 2 & 4 \end{pmatrix}^{-1} \begin{pmatrix} 3 & 1 & -1 \\ 2 & 3 & 1 \end{pmatrix} \begin{pmatrix} 1 & 0 & 1 \\ 2 & -1 & 0 \\ 3 & 1 & 2 \end{pmatrix} = \begin{pmatrix} \frac{25}{2} & 1 & 4 \\ -\frac{7}{2} & -1 & -1 \end{pmatrix}.$$

**A**

**1.**　$2 \times 2$ 型の行列 $A = \begin{pmatrix} 1 & -2 \\ 1 & 3 \end{pmatrix}$ による写像 $f_A\colon \boldsymbol{R}^2 \to \boldsymbol{R}^2$ で，12 個のベクトル $\begin{pmatrix} i \\ j \end{pmatrix}$ (ただし $i = 0, 1, 2, 3;\ j = 0, 1, 2$) はどのようなベクトルにうつるか．位置ベクトルの終点を図示せよ．

**2.**

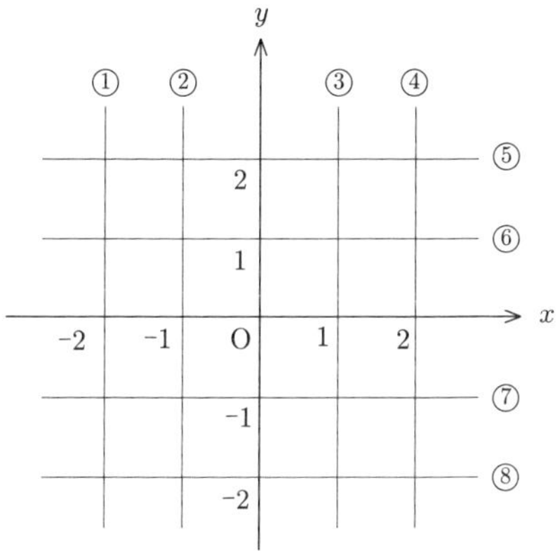


上図のタテヨコの直線を次の行列でうつしたときの図形を描け．

(1) $\begin{pmatrix} 1 & -1 \\ 2 & 1 \end{pmatrix}$　　(2) $\begin{pmatrix} -1 & 1 \\ 2 & -2 \end{pmatrix}$

**3.**　次の図形を直線 $y = 2x$ に関して線対称移動した図形の方程式を求めよ．

(1) 直線 $x + 2y = 3$　　(2) 円 $(x+1)^2 + (y-1)^2 = 1$

(3) 楕円 $\dfrac{(x-2)^2}{4} + y^2 = 1$

**4.**　次の写像 $f\colon \boldsymbol{R}^2 \to \boldsymbol{R}^2$ は線形か否か，理由をつけて答えよ．線形ならばその表現行列を求めよ．

(1) $f\left(\begin{pmatrix} x \\ y \end{pmatrix}\right) = \begin{pmatrix} 2a & 1 \\ 1 & 3 \end{pmatrix} \begin{pmatrix} x \\ y \end{pmatrix}$

(2) $f\left(\begin{pmatrix} x \\ y \end{pmatrix}\right) = \begin{pmatrix} 2x & 1 \\ 1 & 3 \end{pmatrix} \begin{pmatrix} x \\ y \end{pmatrix}$

(3) $f\left(\begin{pmatrix} x \\ y \end{pmatrix}\right) = \begin{pmatrix} x & -y \\ y & x \end{pmatrix} \begin{pmatrix} 1 \\ 1 \end{pmatrix}$

(4) $f\left(\begin{pmatrix} x \\ y \end{pmatrix}\right) = \begin{pmatrix} 0 \\ y \end{pmatrix}$　　(5) $f\left(\begin{pmatrix} x \\ y \end{pmatrix}\right) = \begin{pmatrix} 1 \\ y \end{pmatrix}$

**5.**　線形写像 $f\colon \boldsymbol{R}^2 \to \boldsymbol{R}^3$ を

$$f\left(\begin{pmatrix} x \\ y \end{pmatrix}\right) = \begin{pmatrix} x \\ y \\ -x+y \end{pmatrix}$$

で定義するとき，$f$ の表現行列 $A$ を求めよ．

**6.**　$\boldsymbol{e}_1, \boldsymbol{e}_2, \boldsymbol{e}_3$ を $\boldsymbol{R}^3$ の標準基底とするとき，線形写像 $f\colon \boldsymbol{R}^3 \to \boldsymbol{R}^3$ は $f(\boldsymbol{e}_1) = \boldsymbol{e}_2$, $f(\boldsymbol{e}_2) = \boldsymbol{e}_3$, $f(\boldsymbol{e}_3) = \boldsymbol{e}_1$ をみたすとする．このとき $f$ の表現行列 $A$ を求めよ．

**7.**　$\boldsymbol{a} = \begin{pmatrix} 2 \\ -1 \\ 2 \end{pmatrix}$ として，写像 $f\colon \boldsymbol{R}^3 \to \boldsymbol{R}^3$ を $f(\boldsymbol{x}) = \boldsymbol{a} \times \boldsymbol{x}$（外積）と定める．次の問に答えよ．

(1) $f(\boldsymbol{x}+\boldsymbol{y}) = f(\boldsymbol{x}) + f(\boldsymbol{y})$, $f(k\boldsymbol{x}) = kf(\boldsymbol{x})$（$k$ は実数）を示せ．

(2) $f(\boldsymbol{x}) = A\boldsymbol{x}$ となる行列 $A$ を求めよ．

**8.**　直線 $y = kx$ に関する線対称移動を行列で表現せよ（$k \neq 0$）．

**9.**　$A = \begin{pmatrix} 1 & 0 & 1 \\ 0 & 1 & 2 \\ 0 & 1 & 2 \end{pmatrix}$ とするとき $f_A\colon \boldsymbol{R}^3 \to \boldsymbol{R}^3$ の像を図示せよ．

**10.**　次の行列 $A$ を表現行列とする線形写像 $f_A$ について，核の次元 $\dim(\mathrm{Ker}\, f_A)$ と像の次元 $\dim(\mathrm{Im}\, f_A)$ を求めよ．さらに $\mathrm{Ker}\, f_A$ の1組の基底と $\mathrm{Im}\, f_A$ の1組の基底を求めよ．

(1) $f_A\colon \boldsymbol{R}^3 \to \boldsymbol{R}^2,\ A = \begin{pmatrix} 1 & 2 & 4 \\ 2 & 4 & 8 \end{pmatrix}$

(2) $f_A\colon \boldsymbol{R}^4 \to \boldsymbol{R}^2,\ A = \begin{pmatrix} 2 & 4 & 12 & 20 \\ 1 & 3 & 8 & 13 \end{pmatrix}$

(3) $f_A\colon \boldsymbol{R}^3 \to \boldsymbol{R}^3,\ A = \begin{pmatrix} 1 & 1 & 1 \\ 1 & 1 & -1 \\ -1 & -1 & 0 \end{pmatrix}$

(4) $f_A\colon \boldsymbol{R}^4 \to \boldsymbol{R}^3,\ A = \begin{pmatrix} 1 & 0 & 2 & -1 \\ 2 & 2 & 2 & 0 \\ 1 & 2 & -4 & 3 \end{pmatrix}$

(5) $f_A\colon \boldsymbol{R}^5 \to \boldsymbol{R}^3,\ A = \begin{pmatrix} -1 & 1 & 4 & 5 & 2 \\ 1 & 1 & 2 & 3 & -2 \\ 0 & 1 & 3 & 4 & 0 \end{pmatrix}$

(6) $f_A\colon \boldsymbol{R}^4 \to \boldsymbol{R}^4,\ A = \begin{pmatrix} 3 & 2 & 5 & 8 \\ 1 & 3 & 4 & 6 \\ 7 & 1 & 0 & 0 \\ 2 & 3 & 4 & 6 \end{pmatrix}$

**11.**　ベクトル空間 $\boldsymbol{R}^2$ において $\boldsymbol{a}_1 = \begin{pmatrix} 1 \\ 2 \end{pmatrix}$, $\boldsymbol{a}_2 = \begin{pmatrix} 1 \\ k \end{pmatrix}$ が基底をなすとき，次の問に答えよ．

(1) 実数 $k$ についての条件を求めよ．

(2) 基底 $\boldsymbol{a}_1, \boldsymbol{a}_2$ に関する $\boldsymbol{b} = \begin{pmatrix} 1 \\ 5 \end{pmatrix}$ の座標成分（座標ベクトル）を求めよ．

**12.**　ベクトル空間 $\boldsymbol{R}^2$ において $\boldsymbol{u}_1 = \begin{pmatrix} 5 \\ 3 \end{pmatrix}$, $\boldsymbol{u}_2 = \begin{pmatrix} 7 \\ 4 \end{pmatrix}$, $\boldsymbol{v}_1 = \begin{pmatrix} 3 \\ -4 \end{pmatrix}$, $\boldsymbol{v}_2 = \begin{pmatrix} 1 \\ -1 \end{pmatrix}$, $\boldsymbol{e}_1 = \begin{pmatrix} 1 \\ 0 \end{pmatrix}$, $\boldsymbol{e}_2 = \begin{pmatrix} 0 \\ 1 \end{pmatrix}$ とする．

(1) 次の問に答えよ．

(i) 基底 $\boldsymbol{u}_1, \boldsymbol{u}_2$ に関する座標成分が $1, -1$ であるベクトルの基底 $\boldsymbol{v}_1, \boldsymbol{v}_2$ に関する座標成分（座標ベクトル）を求めよ．

(ii) 基底 $\boldsymbol{e}_1, \boldsymbol{e}_2$ に関する座標成分が $1, -1$ であるベクトルの基底 $\boldsymbol{v}_1, \boldsymbol{v}_2$ に関する座標成分（座標ベクトル）を求めよ．

(iii) 基底 $\boldsymbol{u}_1, \boldsymbol{u}_2$ から基底 $\boldsymbol{v}_1, \boldsymbol{v}_2$ への基底の変換行列を求めよ．

(iv) 基底 $\boldsymbol{v}_1, \boldsymbol{v}_2$ から基底 $\boldsymbol{e}_1, \boldsymbol{e}_2$ への基底の変換行列を求めよ．

(2) 線形写像 $f\colon \boldsymbol{R}^2 \to \boldsymbol{R}^2$ を $f(\boldsymbol{u}_1) = \boldsymbol{v}_1$, $f(\boldsymbol{u}_2) = \boldsymbol{v}_2$ で定めるとき，次の問に答えよ．

(i) $f(\begin{pmatrix} x \\ y \end{pmatrix})$ を求めよ．

(ii) 基底 $\boldsymbol{e}_1, \boldsymbol{e}_2$ に関する $f$ の表現行列を求めよ．

(iii) 基底 $\boldsymbol{u}_1, \boldsymbol{u}_2$ と $\boldsymbol{v}_1, \boldsymbol{v}_2$ に関する $f$ の表現行列を求めよ．

(iv) 基底 $\boldsymbol{e}_1, \boldsymbol{e}_2$ と $\boldsymbol{v}_1, \boldsymbol{v}_2$ に関する $f$ の表現行列を求めよ．

**13.**　次の線形写像について指定された基底に関する表現行列を求めよ．

(1) $f\colon \boldsymbol{R}^2 \to \boldsymbol{R}^3,\quad f(\begin{pmatrix} x \\ y \end{pmatrix}) = \begin{pmatrix} 2x + 3y \\ 3x - 4y \\ 4x + 2y \end{pmatrix}$

$$\boldsymbol{R}^2 \text{の基底} \begin{pmatrix} -1 \\ 1 \end{pmatrix}, \begin{pmatrix} 2 \\ -1 \end{pmatrix} \qquad \boldsymbol{R}^3 \text{の基底} \begin{pmatrix} 1 \\ 0 \\ 0 \end{pmatrix}, \begin{pmatrix} 1 \\ 1 \\ 0 \end{pmatrix}, \begin{pmatrix} 1 \\ 1 \\ 1 \end{pmatrix}$$

$$(2)\ f\colon \boldsymbol{R}^3 \to \boldsymbol{R}^2, \quad f(\begin{pmatrix} x_1 \\ x_2 \\ x_3 \end{pmatrix}) = \begin{pmatrix} -x_1 + 2x_2 \\ 3x_1 - x_3 \end{pmatrix}$$

$$\boldsymbol{R}^3 \text{の基底} \begin{pmatrix} 1 \\ 0 \\ 0 \end{pmatrix}, \begin{pmatrix} 0 \\ 1 \\ 0 \end{pmatrix}, \begin{pmatrix} 0 \\ 0 \\ 1 \end{pmatrix} \qquad \boldsymbol{R}^2 \text{の基底} \begin{pmatrix} 1 \\ 1 \end{pmatrix}, \begin{pmatrix} -1 \\ 2 \end{pmatrix}$$

$$(3)\ f\colon \boldsymbol{R}^3 \to \boldsymbol{R}^3, \quad f(\begin{pmatrix} x_1 \\ x_2 \\ x_3 \end{pmatrix}) = \begin{pmatrix} x_1 + x_2 \\ x_2 \\ 3x_1 + x_2 - x_3 \end{pmatrix}$$

$$\boldsymbol{R}^3 \text{の基底} \begin{pmatrix} 1 \\ 1 \\ 1 \end{pmatrix}, \begin{pmatrix} 1 \\ 0 \\ 2 \end{pmatrix}, \begin{pmatrix} 0 \\ 3 \\ -1 \end{pmatrix}$$

## B

**1.**　次の条件をみたす $\boldsymbol{R}^3$ から $\boldsymbol{R}^3$ への線形写像の表現行列を求めよ.

(1) $yz$ 平面に関する面対称移動　　(2) $z$ 軸のまわりの $\theta$ 回転

(3) $x$ 軸を $x$ 軸に，$y$ 軸を $y$ 軸に，$z$ 軸を $z$ 軸にうつす線形写像（一般形）

(4) $\boldsymbol{a} = \begin{pmatrix} 1 \\ 1 \\ 1 \end{pmatrix}, \boldsymbol{b} = \begin{pmatrix} 1 \\ 0 \\ 1 \end{pmatrix}, \boldsymbol{c} = \begin{pmatrix} 1 \\ 0 \\ -1 \end{pmatrix}$ とし，各々のベクトルを方向ベクトルとする原点を通る直線を $\ell, m, n$ とする．$x$ 軸を $\ell$ に，$y$ 軸を $m$ に，$z$ 軸を $n$ にうつす線形写像（一般形）

(5) $x$ 軸を $x$ 軸に，$yz$ 平面を $yz$ 平面にうつす線形写像（一般形）

**2.**　$A$ を $n$ 次正方行列，$f(x)$ を多項式（ただし $f(0) \neq 0$），$\boldsymbol{x} \in \boldsymbol{R}^n$ とする．このとき次の (1),(2) が成り立つことを示せ.

(1) $f(A)\boldsymbol{x} = \boldsymbol{0}$ かつ $A^m\boldsymbol{x} = \boldsymbol{0}$ ならば $\boldsymbol{x} = \boldsymbol{0}$.

(2) $A^m f(A) = O$ かつ $A^{m-1}f(A) \neq O$ ならば $\dim\{\boldsymbol{x} \in \boldsymbol{R}^n \mid A^m\boldsymbol{x} = \boldsymbol{0}\} \geq m$.

**A の解答**

**1.** $\begin{pmatrix} 1 & -2 \\ 1 & 3 \end{pmatrix}\begin{pmatrix} i \\ j \end{pmatrix} = \begin{pmatrix} i-2j \\ i+3j \end{pmatrix}$ より 12 個のベクトル $\begin{pmatrix} i \\ j \end{pmatrix}$ は $i=0$ に対し $j=0,1,2$，$i=1$ に対し $j=0,1,2\cdots\cdots$ と順に求めると，次の 12 個のベクトル $\boldsymbol{a}_k$ $(k=1,2,\cdots,12)$ にうつる．

$$\boldsymbol{a}_1 = \begin{pmatrix} 0 \\ 0 \end{pmatrix},\ \boldsymbol{a}_2 = \begin{pmatrix} -2 \\ 3 \end{pmatrix},\ \boldsymbol{a}_3 = \begin{pmatrix} -4 \\ 6 \end{pmatrix},\ \boldsymbol{a}_4 = \begin{pmatrix} 1 \\ 1 \end{pmatrix},$$

$$\boldsymbol{a}_5 = \begin{pmatrix} -1 \\ 4 \end{pmatrix},\ \boldsymbol{a}_6 = \begin{pmatrix} -3 \\ 7 \end{pmatrix},\ \boldsymbol{a}_7 = \begin{pmatrix} 2 \\ 2 \end{pmatrix},\ \boldsymbol{a}_8 = \begin{pmatrix} 0 \\ 5 \end{pmatrix},$$

$$\boldsymbol{a}_9 = \begin{pmatrix} -2 \\ 8 \end{pmatrix},\ \boldsymbol{a}_{10} = \begin{pmatrix} 3 \\ 3 \end{pmatrix},\ \boldsymbol{a}_{11} = \begin{pmatrix} 1 \\ 6 \end{pmatrix},\ \boldsymbol{a}_{12} = \begin{pmatrix} -1 \\ 9 \end{pmatrix}.$$

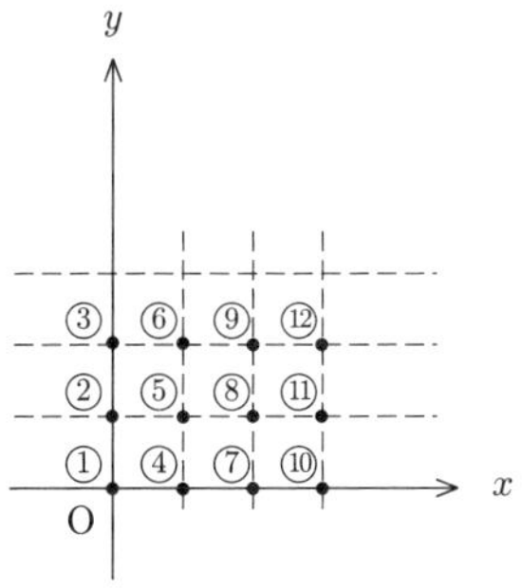


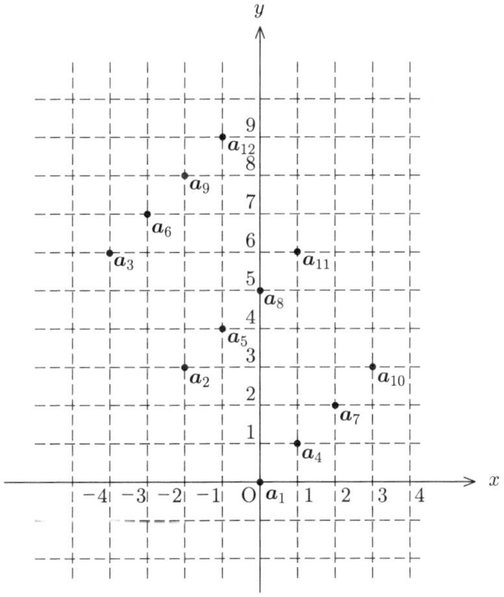


ベクトルⓚはベクトル $\boldsymbol{a}_k$ にうつっている．

**2.** (1) $\begin{pmatrix} X \\ Y \end{pmatrix} = \begin{pmatrix} 1 & -1 \\ 2 & 1 \end{pmatrix}\begin{pmatrix} x \\ y \end{pmatrix}$ のとき $\begin{cases} X = x-y \\ Y = 2x+y \end{cases}$ より $X+Y=3x,\ 2X-Y=-3y$ である．よって①～⑧の直線は下図の①′～⑧′にうつる．

(2) $\begin{pmatrix} X \\ Y \end{pmatrix} = \begin{pmatrix} -1 & 1 \\ 2 & -2 \end{pmatrix}\begin{pmatrix} x \\ y \end{pmatrix}$ のとき $\begin{cases} X = -x+y \\ Y = 2x-2y \end{cases}$ より $2X+Y=0$ である．よって①～⑧の直線は下図の⑨′にうつる．

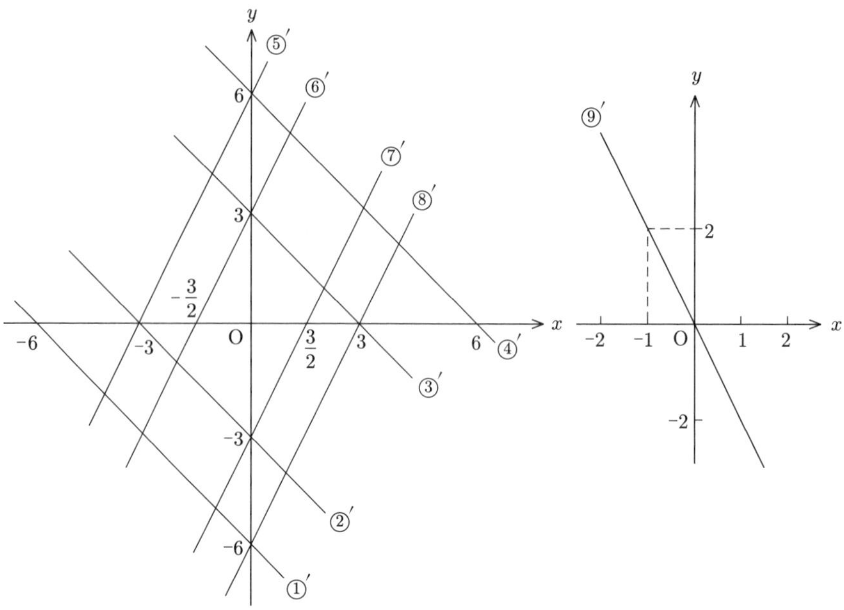


**3.** 例題 2 より $\begin{pmatrix} x \\ y \end{pmatrix}$ が $\begin{pmatrix} X \\ Y \end{pmatrix}$ にうつるとき $\begin{cases} x = -\dfrac{3}{5}X + \dfrac{4}{5}Y \\ y = \dfrac{4}{5}X + \dfrac{3}{5}Y \end{cases}$ であった.

(1) $x + 2y = 3$ より

$$-\frac{3}{5}X + \frac{4}{5}Y + 2\left(\frac{4}{5}X + \frac{3}{5}Y\right) = 3.$$

よって $X + 2Y = 3$ より求める図形の方程式は $x + 2y = 3$.

(2) $\left(-\dfrac{3}{5}X + \dfrac{4}{5}Y + 1\right)^2 + \left(\dfrac{4}{5}X + \dfrac{3}{5}Y - 1\right)^2 = 1$ より

$X^2 + Y^2 - \dfrac{14}{5}X + \dfrac{2}{5}Y = -1$, すなわち

$$\left(X - \frac{7}{5}\right)^2 + \left(Y + \frac{1}{5}\right)^2 = -1 + \left(\frac{7}{5}\right)^2 + \left(\frac{1}{5}\right)^2 = 1.$$

よって求める図形の方程式は $\left(x - \dfrac{7}{5}\right)^2 + \left(y + \dfrac{1}{5}\right)^2 = 1$.

(3) $\dfrac{\left(-\frac{3}{5}X + \frac{4}{5}Y - 2\right)^2}{4} + \left(\dfrac{4}{5}X + \dfrac{3}{5}Y\right)^2 = 1$ を整理して

$$73X^2 + 52Y^2 + 72XY + 60X - 80Y = 0.$$

よって求める図形の方程式は $73x^2 + 72xy + 52y^2 + 60x - 80y = 0$ である.

**4.** (1) 行列 $A = \begin{pmatrix} 2a & 1 \\ 1 & 3 \end{pmatrix}$ によって定まる写像だから線形で, 表現行列は $A$ である.

(2) $f(\begin{pmatrix} x \\ y \end{pmatrix}) = \begin{pmatrix} 2x^2+y \\ x+3y \end{pmatrix}$ である．$f(\begin{pmatrix} 1 \\ 0 \end{pmatrix}) = \begin{pmatrix} 2 \\ 1 \end{pmatrix}$, $f(\begin{pmatrix} -1 \\ 0 \end{pmatrix})$ $= \begin{pmatrix} 2 \\ -1 \end{pmatrix}$ で，$f(\begin{pmatrix} -1 \\ 0 \end{pmatrix}) = f((-1)\begin{pmatrix} 1 \\ 0 \end{pmatrix}) \neq (-1)f(\begin{pmatrix} 1 \\ 0 \end{pmatrix})$ となるから線形ではない．

(3) $f(\begin{pmatrix} x \\ y \end{pmatrix}) = \begin{pmatrix} x-y \\ x+y \end{pmatrix} = \begin{pmatrix} 1 & -1 \\ 1 & 1 \end{pmatrix}\begin{pmatrix} x \\ y \end{pmatrix}$ となり，行列 $A = \begin{pmatrix} 1 & -1 \\ 1 & 1 \end{pmatrix}$ によって定まる写像だから線形で，表現行列は $A$ である．

(4) $f(\begin{pmatrix} x \\ y \end{pmatrix}) = \begin{pmatrix} 0 & 0 \\ 0 & 1 \end{pmatrix}\begin{pmatrix} x \\ y \end{pmatrix}$ となり，行列 $A = \begin{pmatrix} 0 & 0 \\ 0 & 1 \end{pmatrix}$ によって定まる写像だから線形で，表現行列は $A$ である．

(5) $\begin{pmatrix} 0 \\ 0 \end{pmatrix}$ が $\begin{pmatrix} 1 \\ 0 \end{pmatrix}$ にうつるから線形ではない．

**5.** $f(\begin{pmatrix} x \\ y \end{pmatrix}) = \begin{pmatrix} x \\ y \\ -x+y \end{pmatrix} = \begin{pmatrix} 1 & 0 \\ 0 & 1 \\ -1 & 1 \end{pmatrix}\begin{pmatrix} x \\ y \end{pmatrix}$ より $A = \begin{pmatrix} 1 & 0 \\ 0 & 1 \\ -1 & 1 \end{pmatrix}$.

**6.** $A = \begin{pmatrix} T(\boldsymbol{e}_1) & T(\boldsymbol{e}_2) & T(\boldsymbol{e}_3) \end{pmatrix} = \begin{pmatrix} 0 & 0 & 1 \\ 1 & 0 & 0 \\ 0 & 1 & 0 \end{pmatrix}$.

**7.** (1) $T(\boldsymbol{x}+\boldsymbol{y}) = \boldsymbol{a} \times (\boldsymbol{x}+\boldsymbol{y}) = \boldsymbol{a} \times \boldsymbol{x} + \boldsymbol{a} \times \boldsymbol{y} = T(\boldsymbol{x}) + T(\boldsymbol{y})$

$T(k\boldsymbol{x}) = \boldsymbol{a} \times (k\boldsymbol{x}) = k(\boldsymbol{a} \times \boldsymbol{x}) = kT(\boldsymbol{x})$

(2) $T(\boldsymbol{x}) = \begin{pmatrix} 2 \\ -1 \\ 2 \end{pmatrix} \times \begin{pmatrix} x \\ y \\ z \end{pmatrix} = \begin{pmatrix} -2y-z \\ 2x-2z \\ x+2y \end{pmatrix} = \begin{pmatrix} 0 & -2 & -1 \\ 2 & 0 & -2 \\ 1 & 2 & 0 \end{pmatrix}\begin{pmatrix} x \\ y \\ z \end{pmatrix}$

より $A = \begin{pmatrix} 0 & -2 & -1 \\ 2 & 0 & -2 \\ 1 & 2 & 0 \end{pmatrix}$.

**8.** 点 $(x, y)$ が点 $(X, Y)$ にうつったとすると，中点 $\left(\dfrac{x+X}{2}, \dfrac{y+Y}{2}\right)$ は $y = kx$ 上の点となるから

$$\frac{y+Y}{2} = k\frac{x+X}{2} \quad \therefore \quad y+Y = k(x+X)$$

$$-kX+Y=kx-y \quad \cdots\cdots \quad ①$$

点 $(X,Y)$ は点 $(x,y)$ を通る傾き $-\dfrac{1}{k}$ の直線上の点だから

$$Y-y=-\frac{1}{k}(X-x)$$

$$\therefore \quad \frac{1}{k}X+Y=\frac{1}{k}x+y \quad \cdots\cdots \quad ②$$

①と②より

$$\begin{pmatrix} -k & 1 \\ \frac{1}{k} & 1 \end{pmatrix}\begin{pmatrix} X \\ Y \end{pmatrix}=\begin{pmatrix} k & -1 \\ \frac{1}{k} & 1 \end{pmatrix}\begin{pmatrix} x \\ y \end{pmatrix}.$$

$$\begin{pmatrix} -k & 1 \\ \frac{1}{k} & 1 \end{pmatrix}^{-1}=\frac{1}{-k-\frac{1}{k}}\begin{pmatrix} 1 & -1 \\ -\frac{1}{k} & -k \end{pmatrix}$$

より

$$\begin{pmatrix} X \\ Y \end{pmatrix}=\frac{1}{-k-\frac{1}{k}}\begin{pmatrix} 1 & -1 \\ -\frac{1}{k} & -k \end{pmatrix}\begin{pmatrix} k & -1 \\ \frac{1}{k} & 1 \end{pmatrix}\begin{pmatrix} x \\ y \end{pmatrix}$$

$$=\frac{k}{-k^2-1}\begin{pmatrix} k-\frac{1}{k} & -1-1 \\ -1-1 & \frac{1}{k}-k \end{pmatrix}\begin{pmatrix} x \\ y \end{pmatrix}$$

$$=\begin{pmatrix} -\frac{k^2-1}{k^2+1} & \frac{2k}{k^2+1} \\ \frac{2k}{k^2+1} & \frac{k^2-1}{k^2+1} \end{pmatrix}\begin{pmatrix} x \\ y \end{pmatrix}.$$

よって表現行列は $\begin{pmatrix} -\frac{k^2-1}{k^2+1} & \frac{2k}{k^2+1} \\ \frac{2k}{k^2+1} & \frac{k^2-1}{k^2+1} \end{pmatrix}$ である．

**9.** $f_A(\begin{pmatrix} 1 \\ 0 \\ 0 \end{pmatrix})=\begin{pmatrix} 1 \\ 0 \\ 0 \end{pmatrix}$, $f_A(\begin{pmatrix} 0 \\ 1 \\ 0 \end{pmatrix})=\begin{pmatrix} 0 \\ 1 \\ 1 \end{pmatrix}$,

$$f_A(\begin{pmatrix} 0 \\ 0 \\ 1 \end{pmatrix})=\begin{pmatrix} 1 \\ 2 \\ 2 \end{pmatrix}=\begin{pmatrix} 1 \\ 0 \\ 0 \end{pmatrix}+2\begin{pmatrix} 0 \\ 1 \\ 1 \end{pmatrix}$$

である．よって $f_A$ の像はベクトル $\begin{pmatrix} 1 \\ 0 \\ 0 \end{pmatrix}$ と $\begin{pmatrix} 0 \\ 1 \\ 1 \end{pmatrix}$

で張られる平面である．

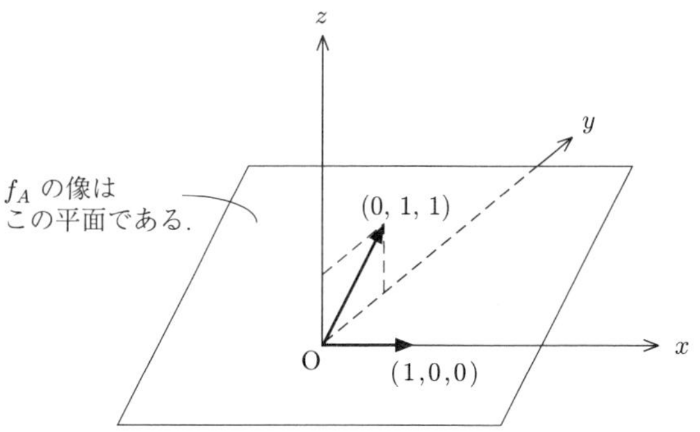


**10.** (1) $\operatorname{rank}\begin{pmatrix} 1 & 2 & 4 \\ 2 & 4 & 8 \end{pmatrix} = 1$ より $\dim(\operatorname{Ker} f_A) = 3 - 1 = 2$, $\dim(\operatorname{Im} f_A) = 1$.

$\operatorname{Ker} f_A$ の基底 $\begin{pmatrix} -2 \\ 1 \\ 0 \end{pmatrix}, \begin{pmatrix} -4 \\ 0 \\ 1 \end{pmatrix}$; $\operatorname{Im} f_A$ の基底 $\begin{pmatrix} 1 \\ 2 \end{pmatrix}$

(2) $\operatorname{rank}\begin{pmatrix} 2 & 4 & 12 & 20 \\ 1 & 3 & 8 & 13 \end{pmatrix} = 2$ より $\dim(\operatorname{Ker} f_A) = 4 - 2 = 2$, $\dim(\operatorname{Im} f_A) = 2$.

$\operatorname{Ker} f_A$ の基底 $\begin{pmatrix} -2 \\ -2 \\ 1 \\ 0 \end{pmatrix}, \begin{pmatrix} -4 \\ -3 \\ 0 \\ 1 \end{pmatrix}$; $\operatorname{Im} f_A$ の基底 $\begin{pmatrix} 2 \\ 1 \end{pmatrix}, \begin{pmatrix} 4 \\ 3 \end{pmatrix}$

(3) $\operatorname{rank}\begin{pmatrix} 1 & 1 & 1 \\ 1 & 1 & -1 \\ -1 & -1 & 0 \end{pmatrix} = 2$ より $\dim(\operatorname{Ker} f_A) = 3 - 2 = 1$, $\dim(\operatorname{Im} f_A) = 2$.

$\operatorname{Ker} f_A$ の基底 $\begin{pmatrix} -1 \\ 1 \\ 0 \end{pmatrix}$; $\operatorname{Im} f_A$ の基底 $\begin{pmatrix} 1 \\ 1 \\ -1 \end{pmatrix}, \begin{pmatrix} 1 \\ -1 \\ 0 \end{pmatrix}$

(4) $\operatorname{rank}\begin{pmatrix} 1 & 0 & 2 & -1 \\ 2 & 2 & 2 & 0 \\ 1 & 2 & -4 & 3 \end{pmatrix} = 3$ より $\dim(\operatorname{Ker} f_A) = 4 - 3 = 1$, $\dim(\operatorname{Im} f_A) = 3$.

$\operatorname{Ker} f_A$ の基底 $\begin{pmatrix} 0 \\ -1 \\ 1 \\ 2 \end{pmatrix}$; $\operatorname{Im} f_A$ の基底 $\begin{pmatrix} 1 \\ 2 \\ 1 \end{pmatrix}, \begin{pmatrix} 0 \\ 2 \\ 2 \end{pmatrix}, \begin{pmatrix} 2 \\ 2 \\ -4 \end{pmatrix}$

(5) $\mathrm{rank}\begin{pmatrix} -1 & 1 & 4 & 5 & 2 \\ 1 & 1 & 2 & 3 & -2 \\ 0 & 1 & 3 & 4 & 0 \end{pmatrix} = 2$ より $\dim(\mathrm{Ker}\, f_A) = 5-2=3,\ \dim(\mathrm{Im}\, f_A) = 2.$

$\mathrm{Ker}\, f_A$ の基底 $\begin{pmatrix} 1 \\ -3 \\ 1 \\ 0 \\ 0 \end{pmatrix}, \begin{pmatrix} 1 \\ -4 \\ 0 \\ 1 \\ 0 \end{pmatrix}, \begin{pmatrix} 2 \\ 0 \\ 0 \\ 0 \\ 1 \end{pmatrix}$; $\mathrm{Im}\, f_A$ の基底 $\begin{pmatrix} -1 \\ 1 \\ 0 \end{pmatrix}, \begin{pmatrix} 1 \\ 1 \\ 1 \end{pmatrix}$

(6) $\mathrm{rank}\begin{pmatrix} 3 & 2 & 5 & 8 \\ 1 & 3 & 4 & 6 \\ 7 & 1 & 0 & 0 \\ 2 & 3 & 4 & 6 \end{pmatrix} = 4$ より $\dim(\mathrm{Ker}\, f_A) = 4-4=0,\ \dim(\mathrm{Im}\, f_A) = 4.$

$\mathrm{Ker}\, f_A$ の基底はない．$\mathrm{Im}\, f_A$ の基底 $\begin{pmatrix} 3 \\ 1 \\ 7 \\ 2 \end{pmatrix}, \begin{pmatrix} 2 \\ 3 \\ 1 \\ 3 \end{pmatrix}, \begin{pmatrix} 5 \\ 4 \\ 0 \\ 4 \end{pmatrix}, \begin{pmatrix} 8 \\ 6 \\ 0 \\ 6 \end{pmatrix}$

**11.** (1) $k \neq 2$　　(2) $\boldsymbol{b} = \dfrac{k-5}{k-2}\boldsymbol{a}_1 + \dfrac{3}{k-2}\boldsymbol{a}_2$ より $\begin{pmatrix} \frac{k-5}{k-2} \\ \frac{3}{k-2} \end{pmatrix}$

**12.** (1) (i) $\begin{pmatrix} 3 \\ -11 \end{pmatrix}$　(ii) $\begin{pmatrix} 0 \\ 1 \end{pmatrix}$　(iii) $\begin{pmatrix} -40 & -11 \\ 29 & 8 \end{pmatrix}$　(iv) $\begin{pmatrix} -1 & -1 \\ 4 & 3 \end{pmatrix}$

(2) (i) $f(\begin{pmatrix} x \\ y \end{pmatrix}) = \begin{pmatrix} -9x+16y \\ 13x-23y \end{pmatrix}$　　(ii) $\begin{pmatrix} -9 & 16 \\ 13 & -23 \end{pmatrix}$

(iii) $\begin{pmatrix} 1 & 0 \\ 0 & 1 \end{pmatrix}$　　(iv) $\begin{pmatrix} -4 & 7 \\ 3 & -5 \end{pmatrix}$

**13.** (1)　$f(\begin{pmatrix} -1 \\ 1 \end{pmatrix}) = \begin{pmatrix} 1 \\ -7 \\ -2 \end{pmatrix} = 8\begin{pmatrix} 1 \\ 0 \\ 0 \end{pmatrix} - 5\begin{pmatrix} 1 \\ 1 \\ 0 \end{pmatrix} - 2\begin{pmatrix} 1 \\ 1 \\ 1 \end{pmatrix},$

$f(\begin{pmatrix} 2 \\ -1 \end{pmatrix}) = \begin{pmatrix} 1 \\ 10 \\ 6 \end{pmatrix} = -9\begin{pmatrix} 1 \\ 0 \\ 0 \end{pmatrix} + 4\begin{pmatrix} 1 \\ 1 \\ 0 \end{pmatrix} + 6\begin{pmatrix} 1 \\ 1 \\ 1 \end{pmatrix}$

よって表現行列は $\begin{pmatrix} 8 & -9 \\ -5 & 4 \\ -2 & 6 \end{pmatrix}$ である．

(2) $f(\begin{pmatrix} 1 \\ 0 \\ 0 \end{pmatrix}) = \begin{pmatrix} -1 \\ 3 \end{pmatrix} = \frac{1}{3}\begin{pmatrix} 1 \\ 1 \end{pmatrix} + \frac{4}{3}\begin{pmatrix} -1 \\ 2 \end{pmatrix}$,

$$f(\begin{pmatrix} 0 \\ 1 \\ 0 \end{pmatrix}) = \begin{pmatrix} 2 \\ 0 \end{pmatrix} = \frac{4}{3}\begin{pmatrix} 1 \\ 1 \end{pmatrix} - \frac{2}{3}\begin{pmatrix} -1 \\ 2 \end{pmatrix},$$

$$f(\begin{pmatrix} 0 \\ 0 \\ 1 \end{pmatrix}) = \begin{pmatrix} 0 \\ -1 \end{pmatrix} = -\frac{1}{3}\begin{pmatrix} 1 \\ 1 \end{pmatrix} - \frac{1}{3}\begin{pmatrix} -1 \\ 2 \end{pmatrix}$$

より表現行列は $\begin{pmatrix} \frac{1}{3} & \frac{4}{3} & -\frac{1}{3} \\ \frac{4}{3} & -\frac{2}{3} & -\frac{1}{3} \end{pmatrix}$ である.

(3) $f(\begin{pmatrix} 1 \\ 1 \\ 1 \end{pmatrix}) = \begin{pmatrix} 2 \\ 1 \\ 3 \end{pmatrix} = \begin{pmatrix} 1 \\ 1 \\ 1 \end{pmatrix} + \begin{pmatrix} 1 \\ 0 \\ 2 \end{pmatrix}$,

$$f(\begin{pmatrix} 1 \\ 0 \\ 2 \end{pmatrix}) = \begin{pmatrix} 1 \\ 0 \\ 1 \end{pmatrix} = \frac{3}{2}\begin{pmatrix} 1 \\ 1 \\ 1 \end{pmatrix} - \frac{1}{2}\begin{pmatrix} 1 \\ 0 \\ 2 \end{pmatrix} - \frac{1}{2}\begin{pmatrix} 0 \\ 3 \\ -1 \end{pmatrix},$$

$$f(\begin{pmatrix} 0 \\ 3 \\ -1 \end{pmatrix}) = \begin{pmatrix} 3 \\ 3 \\ 4 \end{pmatrix} = \frac{3}{2}\begin{pmatrix} 1 \\ 1 \\ 1 \end{pmatrix} + \frac{3}{2}\begin{pmatrix} 1 \\ 0 \\ 2 \end{pmatrix} + \frac{1}{2}\begin{pmatrix} 0 \\ 3 \\ -1 \end{pmatrix}$$

よって表現行列は $\begin{pmatrix} 1 & \frac{3}{2} & \frac{3}{2} \\ 1 & -\frac{1}{2} & \frac{3}{2} \\ 0 & -\frac{1}{2} & \frac{1}{2} \end{pmatrix}$ である.

**B の解答**

**1.** (1) $\begin{pmatrix} -1 & 0 & 0 \\ 0 & 1 & 0 \\ 0 & 0 & 1 \end{pmatrix}$ (2) $\begin{pmatrix} \cos\theta & -\sin\theta & 0 \\ \sin\theta & \cos\theta & 0 \\ 0 & 0 & 1 \end{pmatrix}$

(3) $\begin{pmatrix} a & 0 & 0 \\ 0 & b & 0 \\ 0 & 0 & c \end{pmatrix} (abc \neq 0)$ (4) $\begin{pmatrix} a & b & c \\ a & 0 & 0 \\ a & b & -c \end{pmatrix} (abc \neq 0)$

(5) $\begin{pmatrix} a & 0 & 0 \\ 0 & b & c \\ 0 & d & e \end{pmatrix} (a(be - cd) \neq 0)$

**2.** (1) $f(A) = g(A)A + f(0)E$（$g$ は多項式）とかけるので $A^m \boldsymbol{x} = \boldsymbol{0}$ より

$$f(A)A^{m-1}\boldsymbol{x} = g(A)A^m\boldsymbol{x} + f(0)A^{m-1}\boldsymbol{x} = f(0)A^{m-1}\boldsymbol{x}$$

また $f(A)\boldsymbol{x} = \boldsymbol{0}$ より

$$f(A)A^{m-1}\boldsymbol{x} = A^{m-1}f(A)\boldsymbol{x} = \boldsymbol{0}.$$

よって $f(0)A^{m-1}\boldsymbol{x} = \boldsymbol{0}$ となるが $f(0) \neq 0$ であるから $A^{m-1}\boldsymbol{x} = \boldsymbol{0}$ が得られる．これをくり返すことにより $\boldsymbol{x} = \boldsymbol{0}$ を得る．

（注意）より一般に，互いに素な多項式 $f, g$ に対し

$$f(A)\boldsymbol{x} = g(A)\boldsymbol{x} = \boldsymbol{0} \Longrightarrow \boldsymbol{x} = \boldsymbol{0}$$

である．

(2) $A^{m-1}f(A)\boldsymbol{y} \neq \boldsymbol{0}$ となる $\boldsymbol{y} \in \boldsymbol{R}^n$ をとり $\boldsymbol{x} = f(A)\boldsymbol{y}$ とおけば

$$A^m\boldsymbol{x} = \boldsymbol{0}, \quad A^{m-1}\boldsymbol{x} \neq \boldsymbol{0}$$

このとき $\boldsymbol{x}, A\boldsymbol{x}, \cdots, A^{m-1}\boldsymbol{x}$ は 1 次独立である．

（$\because$ $\displaystyle\sum_{i=0}^{m-1} c_i A^i \boldsymbol{x} = \boldsymbol{0}$ の両辺に $A^{m-1}$ を作用させて $c_0 A^{m-1}\boldsymbol{x} = \boldsymbol{0}$, $\therefore$ $c_0 = 0$. 次に $A^{m-2}$ を作用させて $c_1 A^{m-1}\boldsymbol{x} = \boldsymbol{0}$ より $c_1 = 0$. 以下同様.）従って

$$\dim\{\boldsymbol{x} \in \boldsymbol{R}^n \mid A^m\boldsymbol{x} = \boldsymbol{0}\} \geq m$$

（注意）ある $B$ に対し $A^m B = O$, $A^{m-1}B \neq O$ であればよい．

## 4.4 正規直交基底

### ユークリッド内積

$n$ 次元数ベクトル空間 $\boldsymbol{R}^n$ のベクトル

$$\boldsymbol{v} = \begin{pmatrix} a_1 \\ a_2 \\ \vdots \\ a_n \end{pmatrix}, \quad \boldsymbol{w} = \begin{pmatrix} b_1 \\ b_2 \\ \vdots \\ b_n \end{pmatrix}$$

に対して

$$\boldsymbol{v} \cdot \boldsymbol{w} = a_1 b_1 + a_2 b_2 + \cdots + a_n b_n$$

をユークリッド内積という．$\boldsymbol{v} \cdot \boldsymbol{w}$ の他に，$\langle \boldsymbol{v}, \boldsymbol{w} \rangle$ もしくは $(\boldsymbol{v}, \boldsymbol{w})$ と書くこともある．

ユークリッド内積に関して次のような法則が成り立つ．

$$\boldsymbol{v} \cdot \boldsymbol{w} = \boldsymbol{w} \cdot \boldsymbol{v}$$

$$(\boldsymbol{u} + \boldsymbol{v}) \cdot \boldsymbol{w} = \boldsymbol{u} \cdot \boldsymbol{w} + \boldsymbol{v} \cdot \boldsymbol{w}$$

$$\boldsymbol{u} \cdot (\boldsymbol{v} + \boldsymbol{w}) = \boldsymbol{u} \cdot \boldsymbol{v} + \boldsymbol{u} \cdot \boldsymbol{w}$$

$$(k\boldsymbol{v}) \cdot \boldsymbol{w} = \boldsymbol{v} \cdot (k\boldsymbol{w}) = k(\boldsymbol{v} \cdot \boldsymbol{w})$$

$\boldsymbol{v} \cdot \boldsymbol{v} \geq 0$ （等号成立は $\boldsymbol{v} = \boldsymbol{0}$ のときに限る．）

ユークリッド内積以外にも，また，一般のベクトル空間に対しても，上記の性質をみたす（一般の）内積を定義できる（内積の導入されたベクトル空間を内積空間と呼ぶ．）が，ここではあまり詳しく触れない．

### ベクトルの長さ

一般の次元の数ベクトル $\boldsymbol{v} = \begin{pmatrix} a_1 \\ a_2 \\ \vdots \\ a_n \end{pmatrix}$ に対しても

$$|\boldsymbol{v}| = \sqrt{\boldsymbol{v} \cdot \boldsymbol{v}} = \sqrt{a_1^2 + a_2^2 + \cdots + a_n^2}$$

としてベクトルの長さ（ノルム）を定義する．

ベクトルの長さに関して次のような法則が成り立つ．

$$|k\boldsymbol{v}| = |k||\boldsymbol{v}|$$

$$|\boldsymbol{v} + \boldsymbol{w}| \leq |\boldsymbol{v}| + |\boldsymbol{w}|$$

$$|\boldsymbol{v}\cdot\boldsymbol{w}| \leq |\boldsymbol{v}||\boldsymbol{w}|$$

$$|\boldsymbol{v}| \geq 0 \quad (\text{等号成立は } \boldsymbol{v}=\boldsymbol{0} \text{ のときに限る.})$$

### 角度・直交性

平面・空間のベクトルの場合と同様に，2 つのベクトル $\boldsymbol{v}, \boldsymbol{w}$ のなす角 $\theta$ は

$$\cos\theta = \frac{\boldsymbol{v}\cdot\boldsymbol{w}}{|\boldsymbol{v}||\boldsymbol{w}|}$$

をみたす $0 \leq \theta \leq \pi$ の範囲の角度として定義する．また，これらが直交していることを $\boldsymbol{v}\cdot\boldsymbol{w}=0$ で定義し

$$\boldsymbol{v} \perp \boldsymbol{w}$$

と書く．

### 直交補空間

$W$ をベクトル空間 $V$ の部分空間であるとする．$\boldsymbol{v} \in V$ が $W$ のすべてのベクトルに直交していることを

$$\boldsymbol{v} \perp W$$

と書き，このようなベクトルの全体

$$W^{\perp} = \{\boldsymbol{v} \mid \boldsymbol{v} \perp W,\ \boldsymbol{v} \in V\}$$

のことを $W$ の直交補空間と呼ぶ．直交補空間は $V$ の部分空間である．特に $W = W\{\boldsymbol{x}_1, \boldsymbol{x}_2, \cdots, \boldsymbol{x}_n\}$ のとき

$$W^{\perp} = \{\boldsymbol{v} \mid \boldsymbol{v}\cdot\boldsymbol{x}_1 = 0,\ \boldsymbol{v}\cdot\boldsymbol{x}_2 = 0,\ \cdots,\ \boldsymbol{v}\cdot\boldsymbol{x}_n = 0\}$$

となる．

直交補空間の直交補空間はもとの部分空間に一致する．すなわち

$$(W^{\perp})^{\perp} = W$$

となる．

### 正規直交基底

お互いに直交するベクトルの組 $\boldsymbol{v}_1, \boldsymbol{v}_2, \cdots, \boldsymbol{v}_n$ を直交系と呼ぶ．直交系は 1 次独立であることを証明できる．特に，ベクトル空間の基底が直交系である場合，直交基底と呼ぶ．

直交系のそれぞれのベクトルの長さが 1 であるとき，すなわち

$$\boldsymbol{v}_i \cdot \boldsymbol{v}_j = \begin{cases} 1 & (i=j) \\ 0 & (i \neq j) \end{cases}$$

となるとき，正規直交系と呼ぶ．特に，ベクトル空間の基底が正規直交系である場合，正規直交基底と呼ぶ．

標準基底 $\boldsymbol{e}_1, \boldsymbol{e}_2, \cdots, \boldsymbol{e}_n$ は $\boldsymbol{R}^n$ の正規直交基底である．

正規直交基底に関して次の定理が成立する．

**定理 1.** $\boldsymbol{v}_1, \boldsymbol{v}_2, \cdots, \boldsymbol{v}_n$ がベクトル空間 $V$ の正規直交基底であるとき，$V$ の任意のベクトル $\boldsymbol{v}$ をこの基底の 1 次結合として

$$\boldsymbol{v} = a_1\boldsymbol{v}_1 + a_2\boldsymbol{v}_2 + \cdots + a_n\boldsymbol{v}_n$$

のように表すと，その係数（座標成分）は $a_i = \boldsymbol{v} \cdot \boldsymbol{v}_i$ として求められる．

さらに，$V$ の別のベクトル $\boldsymbol{w}$ が

$$\boldsymbol{w} = b_1\boldsymbol{v}_1 + b_2\boldsymbol{v}_2 + \cdots + b_n\boldsymbol{v}_n, \qquad b_i = \boldsymbol{w} \cdot \boldsymbol{v}_i$$

と表されるとき，$\boldsymbol{v}$ と $\boldsymbol{w}$ の内積は

$$\boldsymbol{v} \cdot \boldsymbol{w} = a_1b_1 + a_2b_2 + \cdots + a_nb_n$$

として求められる．

### 正射影

平面に真上から光を当てると空中にある物体の影が真下にできるように，ベクトル空間の各ベクトルを，その部分空間上に垂直にうつす写像を正射影という．

ベクトル空間を $V$，その部分空間を $W$，$\boldsymbol{v} \in V$ が $W$ 上のベクトル $\boldsymbol{w} \in W$ に正射影されたとすると $\boldsymbol{v} - \boldsymbol{w}$ が $\boldsymbol{v}$ から $W$ に下ろした垂線の方向ベクトルとなるので

$$(\boldsymbol{v} - \boldsymbol{w}) \perp W$$

となる．

$W$ の正規直交基底を $\boldsymbol{w}_1, \boldsymbol{w}_2, \cdots, \boldsymbol{w}_k$ とすると

$$\boldsymbol{w} = a_1\boldsymbol{w}_1 + a_2\boldsymbol{w}_2 + \cdots + a_k\boldsymbol{w}_k, \qquad a_i = \boldsymbol{v} \cdot \boldsymbol{w}_i$$

となることを証明できる．

$\boldsymbol{v} \in V$ を $\boldsymbol{w} \in W$ に対応させる写像は線形写像である．

### グラム・シュミット（Gram-Schmidt）の正規直交化法

1 次独立なベクトルの組 $\boldsymbol{v}_1, \boldsymbol{v}_2, \cdots, \boldsymbol{v}_n$ をもとにして正規直交系 $\boldsymbol{w}_1, \boldsymbol{w}_2, \cdots, \boldsymbol{w}_n$ を構成することができる．

最初のベクトル $\boldsymbol{v}_1$ については，同じ向きで長さが 1 であるベクトルを考えればよいから

$$\boldsymbol{w}_1 = \frac{\boldsymbol{v}_1}{|\boldsymbol{v}_1|}$$

とすればよい．

2つ目のベクトル $\boldsymbol{v}_2$ については，まず $\boldsymbol{w}_1$ に直交するベクトル $\boldsymbol{u}_2$ を求めて，次にその長さを1にする．具体的には，$\boldsymbol{v}_2$ を $\boldsymbol{w}_1$ 方向に正射影したベクトル

$$(\boldsymbol{v}_2 \cdot \boldsymbol{w}_1)\boldsymbol{w}_1$$

を考え

$$\boldsymbol{u}_2 = \boldsymbol{v}_2 - (\boldsymbol{v}_2 \cdot \boldsymbol{w}_1)\boldsymbol{w}_1$$

と定義すると $\boldsymbol{u}_2 \perp \boldsymbol{w}_1$ となるので

$$\boldsymbol{w}_2 = \frac{\boldsymbol{u}_2}{|\boldsymbol{u}_2|}$$

とすればよい．

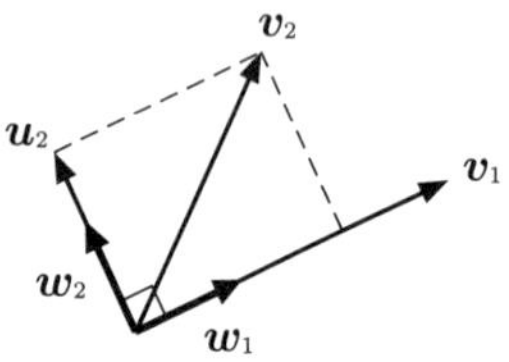


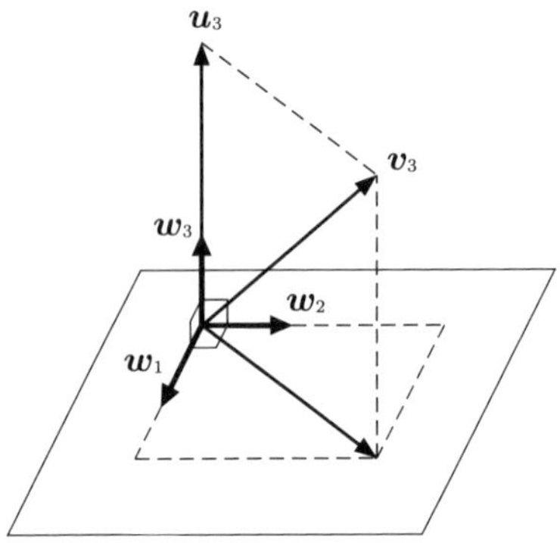


3つ目のベクトル $\boldsymbol{v}_3$ については，まず $\boldsymbol{w}_1, \boldsymbol{w}_2$ の両方に直交するベクトル $\boldsymbol{u}_3$ を求めて，次にその長さを1にする．具体的には，$\boldsymbol{v}_3$ を $W\{\boldsymbol{w}_1, \boldsymbol{w}_2\}$ に正射影したベクトル

$$(\boldsymbol{v}_3 \cdot \boldsymbol{w}_1)\boldsymbol{w}_1 + (\boldsymbol{v}_3 \cdot \boldsymbol{w}_2)\boldsymbol{w}_2$$

を考え

$$\boldsymbol{u}_3 = \boldsymbol{v}_3 - (\boldsymbol{v}_3 \cdot \boldsymbol{w}_1)\boldsymbol{w}_1 - (\boldsymbol{v}_3 \cdot \boldsymbol{w}_2)\boldsymbol{w}_2$$

と定義すると $\boldsymbol{u}_3 \perp W\{\boldsymbol{w}_1, \boldsymbol{w}_2\}$ となるので

$$\boldsymbol{w}_3 = \frac{\boldsymbol{u}_3}{|\boldsymbol{u}_3|}$$

とすればよい．

これを次々に繰り返すと，$\boldsymbol{w}_1, \boldsymbol{w}_2, \cdots, \boldsymbol{w}_n$ が構成できる．$\boldsymbol{w}_k$ は

$$\boldsymbol{u}_k = \boldsymbol{v}_k - (\boldsymbol{v}_k \cdot \boldsymbol{w}_1)\boldsymbol{w}_1 - (\boldsymbol{v}_k \cdot \boldsymbol{w}_2)\boldsymbol{w}_2 - \cdots - (\boldsymbol{v}_k \cdot \boldsymbol{w}_{k-1})\boldsymbol{w}_{k-1}$$

から

$$\boldsymbol{w}_k = \frac{\boldsymbol{u}_k}{|\boldsymbol{u}_k|}$$

として求める．

このようにして正規直交系を求めることを，グラム・シュミット（Gram-Schmidt）の正規直交化法とよぶ．ベクトル空間の基底から，この手法で正規直交基底を得ることができる．

### 直交変換・直交行列

線形変換 $f\colon V \to V$ が内積を変えない，すなわち，任意の $\boldsymbol{u}, \boldsymbol{v} \in V$ に対して

$$f(\boldsymbol{u}) \cdot f(\boldsymbol{v}) = \boldsymbol{u} \cdot \boldsymbol{v}$$

が成立する場合，この線形変換を直交変換と呼ぶ．$\boldsymbol{u}$ と $\boldsymbol{v}$ が直交しているとき，$f(\boldsymbol{u})$ と $f(\boldsymbol{v})$ も直交しているので，このように呼ばれる．内積が変わらないのでベクトルの長さも変わらない．原点を中心とした平面上の点の回転や，原点を通る直線に関する対称移動は直交変換である．

直交変換に関して次の定理が成立する．

**定理 2.** $\boldsymbol{v}_1, \boldsymbol{v}_2, \cdots, \boldsymbol{v}_n$ が $V$ の正規直交基底であるとする．線形変換 $f\colon V \to V$ が直交変換である必要十分条件は $f(\boldsymbol{v}_1), f(\boldsymbol{v}_2), \cdots, f(\boldsymbol{v}_n)$ が $V$ の正規直交基底になることである．

$\boldsymbol{R}^n$ の直交変換の表現行列を直交行列と呼ぶ．

$n$ 次正方行列 $P$ の列ベクトルを $\boldsymbol{p}_1, \boldsymbol{p}_2, \cdots, \boldsymbol{p}_n$ とすると

$$\boldsymbol{p}_i = P\boldsymbol{e}_i = f_P(\boldsymbol{e}_i)$$

であり，$\boldsymbol{e}_1, \boldsymbol{e}_2, \cdots, \boldsymbol{e}_n$ は $\boldsymbol{R}^n$ の正規直交基底だから，上の定理によって，$P$ の列ベクトルの組 $\boldsymbol{p}_1, \boldsymbol{p}_2, \cdots, \boldsymbol{p}_n$ が $\boldsymbol{R}^n$ の正規直交基底であるような $P$ が直交行列であることになる．

これを条件式で表すと

$${}^tPP = E$$

となる．このことから直交行列 $P$ は正則な行列で $P^{-1} = {}^tP$ であることがわかる．また

$$|P|^2 = |{}^tP||P| = |E| = 1$$

より，$|P| = \pm 1$ であることもわかる．$|P| = 1$ である直交行列のことを，特に，回転行列と呼ぶことがある．

**例題 1.**

$\boldsymbol{R}^4$ におけるベクトル $\boldsymbol{a} = \begin{pmatrix} 3 \\ 1 \\ 1 \\ 1 \end{pmatrix}, \boldsymbol{b} = \begin{pmatrix} 1 \\ 3 \\ -1 \\ 4 \end{pmatrix}$ について，長さ $|\boldsymbol{a}|$，$|\boldsymbol{b}|$ と内積 $\boldsymbol{a} \cdot \boldsymbol{b}$ および $\boldsymbol{a}$ と $\boldsymbol{b}$ のなす角 $\theta$ を求めよ．

解答

$$|\boldsymbol{a}| = \sqrt{3^2 + 1^2 + 1^2 + 1^2} = \sqrt{12} = 2\sqrt{3}$$

$$|\boldsymbol{b}| = \sqrt{1^2 + 3^2 + (-1)^2 + 4^2} = \sqrt{27} = 3\sqrt{3}$$

$$\boldsymbol{a}\cdot\boldsymbol{b} = 3+3-1+4 = 9$$

$$\cos\theta = \frac{\boldsymbol{a}\cdot\boldsymbol{b}}{|\boldsymbol{a}||\boldsymbol{b}|} = \frac{9}{2\sqrt{3}\cdot 3\sqrt{3}} = \frac{1}{2}$$

よって $\theta = \dfrac{\pi}{3}$ である．

**例題 2.**

$\boldsymbol{R}^3$ において $\boldsymbol{a}_1 = \begin{pmatrix} 1 \\ 2 \\ 0 \end{pmatrix}$, $\boldsymbol{a}_2 = \begin{pmatrix} 2 \\ -1 \\ 1 \end{pmatrix}$ で生成される部分空間を $W$ とするとき，$W^{\perp}$ を求めよ．

**解答**　$\boldsymbol{a}_1\cdot\boldsymbol{x} = 0$, $\boldsymbol{a}_2\cdot\boldsymbol{x} = 0$ をみたす $\boldsymbol{x} = \begin{pmatrix} x \\ y \\ z \end{pmatrix}$ は

$$\begin{pmatrix} 1 & 2 & 0 \\ 2 & -1 & 1 \end{pmatrix}\begin{pmatrix} x \\ y \\ z \end{pmatrix} = \begin{pmatrix} 0 \\ 0 \end{pmatrix}$$

の解である．これを解くと

$$\begin{pmatrix} x \\ y \\ z \end{pmatrix} = t\begin{pmatrix} -2 \\ 1 \\ 5 \end{pmatrix}.$$

よって

$$W^{\perp} = \left\{ t\begin{pmatrix} -2 \\ 1 \\ 5 \end{pmatrix} \,\middle|\, t \in \boldsymbol{R} \right\}.$$

幾何学的には $W$ は $\boldsymbol{a}_1$ と $\boldsymbol{a}_2$ を含む平面で，$W^{\perp}$ は原点を通る $W$ の法線である．

**例題 3.**

$\boldsymbol{R}^3$ のベクトル $\begin{pmatrix} 3 \\ 2 \\ 1 \end{pmatrix}$ を，$\boldsymbol{R}^3$ の部分空間 $W_1 = W\left\{\begin{pmatrix} 1 \\ 2 \\ 3 \end{pmatrix}\right\}$, $W_2 = W\left\{\begin{pmatrix} 1 \\ 0 \\ 1 \end{pmatrix}, \begin{pmatrix} 2 \\ 1 \\ 0 \end{pmatrix}\right\}$ に正射影したベクトルを，それぞれ求めよ．

**解答**　$W_1$ の正規直交基底は $\dfrac{1}{\sqrt{14}}\begin{pmatrix} 1 \\ 2 \\ 3 \end{pmatrix}$ であるから $\begin{pmatrix} 3 \\ 2 \\ 1 \end{pmatrix}$ を $W_1$ に正射影したベクトルは

$$\left(\begin{pmatrix} 3 \\ 2 \\ 1 \end{pmatrix} \cdot \frac{1}{\sqrt{14}}\begin{pmatrix} 1 \\ 2 \\ 3 \end{pmatrix}\right)\frac{1}{\sqrt{14}}\begin{pmatrix} 1 \\ 2 \\ 3 \end{pmatrix} = \frac{10}{14}\begin{pmatrix} 1 \\ 2 \\ 3 \end{pmatrix} = \frac{5}{7}\begin{pmatrix} 1 \\ 2 \\ 3 \end{pmatrix}$$

である．

$W_2$ の正規直交基底は $\dfrac{1}{\sqrt{2}}\begin{pmatrix} 1 \\ 0 \\ 1 \end{pmatrix}$, $\dfrac{1}{\sqrt{3}}\begin{pmatrix} 1 \\ 1 \\ -1 \end{pmatrix}$ であるから $\begin{pmatrix} 3 \\ 2 \\ 1 \end{pmatrix}$ を $W_2$ に正射影したベクトルは

$$\left(\begin{pmatrix} 3 \\ 2 \\ 1 \end{pmatrix} \cdot \frac{1}{\sqrt{2}}\begin{pmatrix} 1 \\ 0 \\ 1 \end{pmatrix}\right)\frac{1}{\sqrt{2}}\begin{pmatrix} 1 \\ 0 \\ 1 \end{pmatrix} + \left(\begin{pmatrix} 3 \\ 2 \\ 1 \end{pmatrix} \cdot \frac{1}{\sqrt{3}}\begin{pmatrix} 1 \\ 1 \\ -1 \end{pmatrix}\right)\frac{1}{\sqrt{3}}\begin{pmatrix} 1 \\ 1 \\ -1 \end{pmatrix}$$

$$= \frac{4}{2}\begin{pmatrix} 1 \\ 0 \\ 1 \end{pmatrix} + \frac{4}{3}\begin{pmatrix} 1 \\ 1 \\ -1 \end{pmatrix} = \frac{1}{3}\begin{pmatrix} 10 \\ 4 \\ 2 \end{pmatrix}$$

である．

**例題 4.**

$\boldsymbol{R}^3$ におけるベクトル $\boldsymbol{v}_1 = \begin{pmatrix} 1 \\ 1 \\ 0 \end{pmatrix}$, $\boldsymbol{v}_2 = \begin{pmatrix} 2 \\ 0 \\ 1 \end{pmatrix}$, $\boldsymbol{v}_3 = \begin{pmatrix} 0 \\ 2 \\ 1 \end{pmatrix}$ から正規直交系 $\boldsymbol{w}_1$, $\boldsymbol{w}_2$, $\boldsymbol{w}_3$ を作れ．

**解答**　$\boldsymbol{w}_1 = \dfrac{1}{\sqrt{2}}\begin{pmatrix} 1 \\ 1 \\ 0 \end{pmatrix}$, $\boldsymbol{u}_2 = \boldsymbol{v}_2 - (\boldsymbol{v}_2 \cdot \boldsymbol{w}_1)\,\boldsymbol{w}_1 = \begin{pmatrix} 2 \\ 0 \\ 1 \end{pmatrix} - \begin{pmatrix} 1 \\ 1 \\ 0 \end{pmatrix} =$

$\begin{pmatrix} 1 \\ -1 \\ 1 \end{pmatrix}$ より $\boldsymbol{w}_2 = \dfrac{1}{\sqrt{3}}\begin{pmatrix} 1 \\ -1 \\ 1 \end{pmatrix}$.

$\boldsymbol{u}_3 = \boldsymbol{v}_3 - (\boldsymbol{v}_3 \cdot \boldsymbol{w}_1)\,\boldsymbol{w}_1 - (\boldsymbol{v}_3 \cdot \boldsymbol{w}_2)\,\boldsymbol{w}_2 = \begin{pmatrix} 0 \\ 2 \\ 1 \end{pmatrix} - \begin{pmatrix} 1 \\ 1 \\ 0 \end{pmatrix} + \dfrac{1}{3}\begin{pmatrix} 1 \\ -1 \\ 1 \end{pmatrix} =$

$\begin{pmatrix} -\frac{2}{3} \\ \frac{2}{3} \\ \frac{4}{3} \end{pmatrix}$ より $\boldsymbol{w}_3 = \dfrac{1}{\sqrt{6}}\begin{pmatrix} -1 \\ 1 \\ 2 \end{pmatrix}$ である．よって正規直交系は

$$\frac{1}{\sqrt{2}}\begin{pmatrix} 1 \\ 1 \\ 0 \end{pmatrix},\ \frac{1}{\sqrt{3}}\begin{pmatrix} 1 \\ -1 \\ 1 \end{pmatrix},\ \frac{1}{\sqrt{6}}\begin{pmatrix} -1 \\ 1 \\ 2 \end{pmatrix}$$

である．

## A

**1.**　$\boldsymbol{R}^4$ のベクトル $\boldsymbol{v} = \begin{pmatrix} k-1 \\ 2 \\ 3k \\ 1 \end{pmatrix}$ と $\boldsymbol{w} = \begin{pmatrix} 1 \\ -k \\ -2k \\ 2 \end{pmatrix}$ が直交するような $k$ の値を求めよ．

**2.**　ベクトル $\boldsymbol{a} = \begin{pmatrix} a \\ a \\ b \\ c \end{pmatrix}$ がベクトル $\boldsymbol{b} = \begin{pmatrix} 1 \\ 0 \\ 2 \\ 1 \end{pmatrix}$, $\boldsymbol{c} = \begin{pmatrix} 1 \\ 1 \\ 0 \\ -1 \end{pmatrix}$ と直交するような単位ベクトルであるとき，$a, b, c$ を求めよ．

**3.**　$\boldsymbol{a} = \begin{pmatrix} 5 \\ -3 \\ 1 \\ 1 \end{pmatrix}$ と $\boldsymbol{b} = \begin{pmatrix} -1 \\ 1 \\ 0 \\ -1 \end{pmatrix}$ のなす角を求めよ．

**4.**　$\boldsymbol{a}_1, \boldsymbol{a}_2, \cdots, \boldsymbol{a}_r$ が互いに直交するとき，これらのベクトルは 1 次独立であることを示せ．ただし，$\boldsymbol{a}_1 \neq \boldsymbol{0}$, $\boldsymbol{a}_2 \neq \boldsymbol{0}$, $\cdots$, $\boldsymbol{a}_r \neq \boldsymbol{0}$ とする．

**5.**　$\boldsymbol{R}^4$ において $\boldsymbol{a}_1 = \begin{pmatrix} 1 \\ 0 \\ 2 \\ -1 \end{pmatrix}, \boldsymbol{a}_2 = \begin{pmatrix} 1 \\ 2 \\ 0 \\ 3 \end{pmatrix}$ で生成される部分空間 $W$ の直交補空間 $W^{\perp}$ を求めよ．

**6.**　$\boldsymbol{R}^3$ の部分空間 $W_1 = W\left\{\begin{pmatrix} 1 \\ 2 \\ 3 \end{pmatrix}\right\}, W_2 = W\left\{\begin{pmatrix} 1 \\ 0 \\ 1 \end{pmatrix}, \begin{pmatrix} 2 \\ 1 \\ 0 \end{pmatrix}\right\}$ について

(1) $\boldsymbol{R}^3$ から $W_1, W_2$ への正射影を表す線形写像の表現行列 $A_1, A_2$ をそれぞれ求めよ．

(2) $W_1, W_2$ への正射影を表す線形写像 $f_{A_1}, f_{A_2}$ の核をそれぞれ求めよ．

**7.**　次のベクトルの組から正規直交系を作れ．

(1) $\boldsymbol{v}_1 = \begin{pmatrix} 0 \\ 2 \end{pmatrix}, \boldsymbol{v}_2 = \begin{pmatrix} 3 \\ 4 \end{pmatrix}$

(2) $\boldsymbol{v}_1 = \begin{pmatrix} 1 \\ 0 \\ -1 \end{pmatrix}, \boldsymbol{v}_2 = \begin{pmatrix} 0 \\ 1 \\ 0 \end{pmatrix}, \boldsymbol{v}_3 = \begin{pmatrix} 1 \\ 1 \\ 1 \end{pmatrix}$

(3) $\boldsymbol{v}_1 = \begin{pmatrix} 1 \\ 0 \\ 1 \end{pmatrix}, \boldsymbol{v}_2 = \begin{pmatrix} -2 \\ 2 \\ 1 \end{pmatrix}, \boldsymbol{v}_3 = \begin{pmatrix} 1 \\ 5 \\ 1 \end{pmatrix}$

(4) $\boldsymbol{v}_1 = \begin{pmatrix} 1 \\ 1 \\ 1 \\ 0 \end{pmatrix}, \boldsymbol{v}_2 = \begin{pmatrix} 1 \\ 1 \\ 0 \\ 1 \end{pmatrix}, \boldsymbol{v}_3 = \begin{pmatrix} 1 \\ 0 \\ 1 \\ 1 \end{pmatrix}, \boldsymbol{v}_4 = \begin{pmatrix} 0 \\ 1 \\ 1 \\ 1 \end{pmatrix}$

**8.**　$A = \begin{pmatrix} \sin\theta\cos\phi & \cos\theta\cos\phi & -\sin\phi \\ \sin\theta\sin\phi & \cos\theta\sin\phi & \cos\phi \\ \cos\theta & -\sin\theta & 0 \end{pmatrix}$ が直交行列であることを示せ．

**9.**　$A = \begin{pmatrix} \frac{1}{3} & 0 & a \\ \frac{2}{3} & \frac{1}{\sqrt{2}} & b \\ \frac{2}{3} & -\frac{1}{\sqrt{2}} & c \end{pmatrix}$ が直交行列であるとき，$a, b, c$ の値を求めよ．

**10.**　$A$ を $n$ 次の直交行列であるとするとき，次の問に答えよ．

(1) $\boldsymbol{R}^n$ の任意のベクトル $\boldsymbol{v}$ に対し，$|f_A(\boldsymbol{v})| = |\boldsymbol{v}|$ が成立すること，すなわち直交変換でベクトルの長さは変わらないことを示せ．

(2) $\boldsymbol{R}^n$ のベクトル $\boldsymbol{v}_1, \boldsymbol{v}_2$ のなす角が $\theta$ であるとするとき，$f_A(\boldsymbol{v}_1), f_A(\boldsymbol{v}_2)$ のなす角も $\theta$ となること，すなわち直交変換でベクトルのなす角は変わらないことを示せ．

**11.**　$A, B$ が直交行列ならば，$A^{-1}, AB$ もそうであることを示せ．

## B

**1.**　$\boldsymbol{R}^3$ において $\boldsymbol{a}_1 = \begin{pmatrix} \frac{1}{\sqrt{3}} \\ \frac{1}{\sqrt{3}} \\ \frac{1}{\sqrt{3}} \end{pmatrix}$ とし，$\boldsymbol{a}_1, \boldsymbol{a}_2, \boldsymbol{a}_3$ が $\boldsymbol{R}^3$ の正規直交基底になるような組 $\boldsymbol{a}_2, \boldsymbol{a}_3$ をすべて求めよ．

**2.**　$\boldsymbol{a} \in \boldsymbol{R}^n$，$\boldsymbol{a} \neq \boldsymbol{0}$ とする．

(1) $\boldsymbol{a}^\perp = \{\boldsymbol{x} \in \boldsymbol{R}^n \mid \boldsymbol{a} \cdot \boldsymbol{x} = 0\}$ とおくとき，$\boldsymbol{a}^\perp$ は $\boldsymbol{R}^n$ の $(n-1)$ 次元部分空間になることを示せ．

(2) 写像 $f\colon \boldsymbol{R}^n \to \boldsymbol{R}^n$ を

$$f(\boldsymbol{x}) = \boldsymbol{x} - \frac{2\boldsymbol{a} \cdot \boldsymbol{x}}{|\boldsymbol{a}|^2}\boldsymbol{a} \quad (\boldsymbol{x} \in \boldsymbol{R}^n)$$

と定めるとき，$f$ は線形変換であることを示せ．さらに直交変換であることを示せ．この $f$ を部分空間 $\boldsymbol{a}^\perp$ に関する対称移動という．

**3.**　$n$ 次元数ベクトル空間 $\boldsymbol{R}^n$ において，$m$ 個のベクトル $\boldsymbol{a}_1, \cdots, \boldsymbol{a}_m$ が 1 次従属であるための必要十分条件は

$$\begin{vmatrix} \boldsymbol{a}_1 \cdot \boldsymbol{a}_1 & \cdots & \boldsymbol{a}_1 \cdot \boldsymbol{a}_m \\ \vdots & & \vdots \\ \boldsymbol{a}_m \cdot \boldsymbol{a}_1 & \cdots & \boldsymbol{a}_m \cdot \boldsymbol{a}_m \end{vmatrix} = 0$$

であることを示せ．

### A の解答

**1.** $\boldsymbol{v} \cdot \boldsymbol{w} = k - 1 - 2k - 6k^2 + 2 = -6k^2 - k + 1 = 0$ を解いて $k = \dfrac{1}{3}, -\dfrac{1}{2}$.

**2.** $\boldsymbol{a} \cdot \boldsymbol{b} = 0$, $\boldsymbol{a} \cdot \boldsymbol{c} = 0$, $|\boldsymbol{a}| = 1$ より

$$b = -\frac{3}{2}a,\ c = 2a,\ 2a^2 + b^2 + c^2 = 1.$$

これを解いて $a = \pm\dfrac{2}{\sqrt{33}}$, $b = \mp\dfrac{3}{\sqrt{33}}$, $c = \pm\dfrac{4}{\sqrt{33}}$ (複号同順).

**3.** $\boldsymbol{a}$ と $\boldsymbol{b}$ のなす角を $\theta$ とすれば

$$\cos\theta = \frac{\boldsymbol{a} \cdot \boldsymbol{b}}{|\boldsymbol{a}||\boldsymbol{b}|} = \frac{-9}{\sqrt{36}\sqrt{3}} = -\frac{\sqrt{3}}{2}.$$

よって $\boldsymbol{a}$ と $\boldsymbol{b}$ のなす角は $\dfrac{5}{6}\pi$ である.

**4.** $k_1\boldsymbol{a}_1 + k_2\boldsymbol{a}_2 + \cdots + k_r\boldsymbol{a}_r = \boldsymbol{0}$ とおき，$\boldsymbol{a}_1$ との内積を考えると

$$(k_1\boldsymbol{a}_1 + k_2\boldsymbol{a}_2 + \cdots + k_r\boldsymbol{a}_r)\cdot\boldsymbol{a}_1 = \boldsymbol{0}\cdot\boldsymbol{a}_1 = 0$$

$$k_1\boldsymbol{a}_1\cdot\boldsymbol{a}_1 + k_2\boldsymbol{a}_2\cdot\boldsymbol{a}_1 + \cdots + k_r\boldsymbol{a}_r\cdot\boldsymbol{a}_1 = 0$$

$$k_1\boldsymbol{a}_1\cdot\boldsymbol{a}_1 = 0 \quad (\because\ \boldsymbol{a}_2\cdot\boldsymbol{a}_1 = \cdots = \boldsymbol{a}_r\cdot\boldsymbol{a}_1 = 0)$$

$$\therefore\quad k_1 = 0 \quad (\because\ \boldsymbol{a}_1 \neq \boldsymbol{0})$$

同様に $k_2 = 0, \cdots, k_r = 0$.

**5.**

$$\begin{pmatrix} 1 & 0 & 2 & -1 \\ 1 & 2 & 0 & 3 \end{pmatrix}\begin{pmatrix} x \\ y \\ z \\ w \end{pmatrix} = \begin{pmatrix} 0 \\ 0 \end{pmatrix}$$

を解いて

$$\begin{pmatrix} x \\ y \\ z \\ w \end{pmatrix} = s\begin{pmatrix} -2 \\ 1 \\ 1 \\ 0 \end{pmatrix} + t\begin{pmatrix} 1 \\ -2 \\ 0 \\ 1 \end{pmatrix}$$

よって

$$W^{\perp} = W\left\{\begin{pmatrix} -2 \\ 1 \\ 1 \\ 0 \end{pmatrix}, \begin{pmatrix} 1 \\ -2 \\ 0 \\ 1 \end{pmatrix}\right\}.$$

**6.** (1) $W_1$ の正規直交基底は $\dfrac{1}{\sqrt{14}}\begin{pmatrix} 1 \\ 2 \\ 3 \end{pmatrix}$ である. $\begin{pmatrix} 1 \\ 0 \\ 0 \end{pmatrix}, \begin{pmatrix} 0 \\ 1 \\ 0 \end{pmatrix}, \begin{pmatrix} 0 \\ 0 \\ 1 \end{pmatrix}$

を $W_1$ に正射影したベクトルを $\boldsymbol{a}_1, \boldsymbol{a}_2, \boldsymbol{a}_3$ とすると

$$\boldsymbol{a}_1 = (\begin{pmatrix} 1 \\ 0 \\ 0 \end{pmatrix}\cdot\frac{1}{\sqrt{14}}\begin{pmatrix} 1 \\ 2 \\ 3 \end{pmatrix})\frac{1}{\sqrt{14}}\begin{pmatrix} 1 \\ 2 \\ 3 \end{pmatrix} - \frac{1}{14}\begin{pmatrix} 1 \\ 2 \\ 3 \end{pmatrix}$$

$$\boldsymbol{a}_2 = (\begin{pmatrix} 0 \\ 1 \\ 0 \end{pmatrix}\cdot\frac{1}{\sqrt{14}}\begin{pmatrix} 1 \\ 2 \\ 3 \end{pmatrix})\frac{1}{\sqrt{14}}\begin{pmatrix} 1 \\ 2 \\ 3 \end{pmatrix} = \frac{2}{14}\begin{pmatrix} 1 \\ 2 \\ 3 \end{pmatrix} = \frac{1}{7}\begin{pmatrix} 1 \\ 2 \\ 3 \end{pmatrix}$$

$$\boldsymbol{a}_3 = (\begin{pmatrix} 0 \\ 0 \\ 1 \end{pmatrix} \cdot \frac{1}{\sqrt{14}} \begin{pmatrix} 1 \\ 2 \\ 3 \end{pmatrix}) \frac{1}{\sqrt{14}} \begin{pmatrix} 1 \\ 2 \\ 3 \end{pmatrix} = \frac{3}{14} \begin{pmatrix} 1 \\ 2 \\ 3 \end{pmatrix}$$

よって

$$A_1 = \begin{pmatrix} \boldsymbol{a}_1 & \boldsymbol{a}_2 & \boldsymbol{a}_3 \end{pmatrix} = \begin{pmatrix} \frac{1}{14} & \frac{1}{7} & \frac{3}{14} \\ \frac{1}{7} & \frac{2}{7} & \frac{3}{7} \\ \frac{3}{14} & \frac{3}{7} & \frac{9}{14} \end{pmatrix}$$

である.

$W_2$ の正規直交基底は $\frac{1}{\sqrt{2}} \begin{pmatrix} 1 \\ 0 \\ 1 \end{pmatrix}, \frac{1}{\sqrt{3}} \begin{pmatrix} 1 \\ 1 \\ -1 \end{pmatrix}$ である. $\begin{pmatrix} 1 \\ 0 \\ 0 \end{pmatrix}, \begin{pmatrix} 0 \\ 1 \\ 0 \end{pmatrix},$ $\begin{pmatrix} 0 \\ 0 \\ 1 \end{pmatrix}$ を $W_2$ に正射影したベクトルを $\boldsymbol{b}_1, \boldsymbol{b}_2, \boldsymbol{b}_3$ とすると

$$\boldsymbol{b}_1 = (\begin{pmatrix} 1 \\ 0 \\ 0 \end{pmatrix} \cdot \frac{1}{\sqrt{2}} \begin{pmatrix} 1 \\ 0 \\ 1 \end{pmatrix}) \frac{1}{\sqrt{2}} \begin{pmatrix} 1 \\ 0 \\ 1 \end{pmatrix} + (\begin{pmatrix} 1 \\ 0 \\ 0 \end{pmatrix} \cdot \frac{1}{\sqrt{3}} \begin{pmatrix} 1 \\ 1 \\ -1 \end{pmatrix}) \frac{1}{\sqrt{3}} \begin{pmatrix} 1 \\ 1 \\ -1 \end{pmatrix}$$

$$= \frac{1}{2} \begin{pmatrix} 1 \\ 0 \\ 1 \end{pmatrix} + \frac{1}{3} \begin{pmatrix} 1 \\ 1 \\ -1 \end{pmatrix} = \frac{1}{6} \begin{pmatrix} 5 \\ 2 \\ 1 \end{pmatrix}$$

$$\boldsymbol{b}_2 = (\begin{pmatrix} 0 \\ 1 \\ 0 \end{pmatrix} \cdot \frac{1}{\sqrt{2}} \begin{pmatrix} 1 \\ 0 \\ 1 \end{pmatrix}) \frac{1}{\sqrt{2}} \begin{pmatrix} 1 \\ 0 \\ 1 \end{pmatrix} + (\begin{pmatrix} 0 \\ 1 \\ 0 \end{pmatrix} \cdot \frac{1}{\sqrt{3}} \begin{pmatrix} 1 \\ 1 \\ -1 \end{pmatrix}) \frac{1}{\sqrt{3}} \begin{pmatrix} 1 \\ 1 \\ -1 \end{pmatrix}$$

$$= 0 + \frac{1}{3} \begin{pmatrix} 1 \\ 1 \\ -1 \end{pmatrix} = \frac{1}{3} \begin{pmatrix} 1 \\ 1 \\ -1 \end{pmatrix}$$

$$\boldsymbol{b}_3 = (\begin{pmatrix} 0 \\ 0 \\ 1 \end{pmatrix} \cdot \frac{1}{\sqrt{2}} \begin{pmatrix} 1 \\ 0 \\ 1 \end{pmatrix}) \frac{1}{\sqrt{2}} \begin{pmatrix} 1 \\ 0 \\ 1 \end{pmatrix} + (\begin{pmatrix} 0 \\ 0 \\ 1 \end{pmatrix} \cdot \frac{1}{\sqrt{3}} \begin{pmatrix} 1 \\ 1 \\ -1 \end{pmatrix}) \frac{1}{\sqrt{3}} \begin{pmatrix} 1 \\ 1 \\ -1 \end{pmatrix}$$

$$= \frac{1}{2} \begin{pmatrix} 1 \\ 0 \\ 1 \end{pmatrix} - \frac{1}{3} \begin{pmatrix} 1 \\ 1 \\ -1 \end{pmatrix} = \frac{1}{6} \begin{pmatrix} 1 \\ -2 \\ 5 \end{pmatrix}$$

よって

$$A_2 = \begin{pmatrix} \boldsymbol{b}_1 & \boldsymbol{b}_2 & \boldsymbol{b}_3 \end{pmatrix} = \begin{pmatrix} \frac{5}{6} & \frac{1}{3} & \frac{1}{6} \\ \frac{1}{3} & \frac{1}{3} & -\frac{1}{3} \\ \frac{1}{6} & -\frac{1}{3} & \frac{5}{6} \end{pmatrix}$$

である.

(2) $f_{A_1}(\begin{pmatrix} x \\ y \\ z \end{pmatrix}) = \begin{pmatrix} \frac{1}{14} & \frac{1}{7} & \frac{3}{14} \\ \frac{1}{7} & \frac{2}{7} & \frac{3}{7} \\ \frac{3}{14} & \frac{3}{7} & \frac{9}{14} \end{pmatrix} \begin{pmatrix} x \\ y \\ z \end{pmatrix} = \begin{pmatrix} 0 \\ 0 \\ 0 \end{pmatrix}$ の解は

$$\begin{pmatrix} x \\ y \\ z \end{pmatrix} = t_1 \begin{pmatrix} -2 \\ 1 \\ 0 \end{pmatrix} + t_2 \begin{pmatrix} -3 \\ 0 \\ 1 \end{pmatrix} \quad (t_1, t_2 \text{ は任意定数})$$

である. よって

$$\mathrm{Ker}\, f_{A_1} = W \left\{ \begin{pmatrix} -2 \\ 1 \\ 0 \end{pmatrix}, \begin{pmatrix} -3 \\ 0 \\ 1 \end{pmatrix} \right\}.$$

$f_{A_2}(\begin{pmatrix} x \\ y \\ z \end{pmatrix}) = \begin{pmatrix} \frac{5}{6} & \frac{1}{3} & \frac{1}{6} \\ \frac{1}{3} & \frac{1}{3} & -\frac{1}{3} \\ \frac{1}{6} & -\frac{1}{3} & \frac{5}{6} \end{pmatrix} \begin{pmatrix} x \\ y \\ z \end{pmatrix} = \begin{pmatrix} 0 \\ 0 \\ 0 \end{pmatrix}$ の解は

$$\begin{pmatrix} x \\ y \\ z \end{pmatrix} = t \begin{pmatrix} -1 \\ 2 \\ 1 \end{pmatrix} \quad (t \text{ は任意定数})$$

である. よって

$$\mathrm{Ker}\, f_{A_2} = W \left\{ \begin{pmatrix} -1 \\ 2 \\ 1 \end{pmatrix} \right\}.$$

**7.** (1) $\boldsymbol{w}_1 = \begin{pmatrix} 0 \\ 1 \end{pmatrix}$, $\boldsymbol{u}_2 = \begin{pmatrix} 3 \\ 4 \end{pmatrix} - 4 \begin{pmatrix} 0 \\ 1 \end{pmatrix} = \begin{pmatrix} 3 \\ 0 \end{pmatrix}$ より

$\boldsymbol{w}_2 = \begin{pmatrix} 1 \\ 0 \end{pmatrix}$. よって正規直交系は

$$\begin{pmatrix} 0 \\ 1 \end{pmatrix}, \quad \begin{pmatrix} 1 \\ 0 \end{pmatrix}$$

である.

(2) $\boldsymbol{w}_1 = \frac{1}{\sqrt{2}}\begin{pmatrix} 1 \\ 0 \\ -1 \end{pmatrix}$, $\boldsymbol{w}_2 = \begin{pmatrix} 0 \\ 1 \\ 0 \end{pmatrix}$, $\boldsymbol{u}_3 = \begin{pmatrix} 1 \\ 1 \\ 1 \end{pmatrix} - \begin{pmatrix} 0 \\ 1 \\ 0 \end{pmatrix}$

$= \begin{pmatrix} 1 \\ 0 \\ 1 \end{pmatrix}$ より $\boldsymbol{w}_3 = \frac{1}{\sqrt{2}}\begin{pmatrix} 1 \\ 0 \\ 1 \end{pmatrix}$. よって正規直交系は

$$\frac{1}{\sqrt{2}}\begin{pmatrix} 1 \\ 0 \\ -1 \end{pmatrix}, \quad \begin{pmatrix} 0 \\ 1 \\ 0 \end{pmatrix}, \quad \frac{1}{\sqrt{2}}\begin{pmatrix} 1 \\ 0 \\ 1 \end{pmatrix}$$

である.

(3) $\boldsymbol{w}_1 = \frac{1}{\sqrt{2}}\begin{pmatrix} 1 \\ 0 \\ 1 \end{pmatrix}$, $\boldsymbol{u}_2 = \begin{pmatrix} -2 \\ 2 \\ 1 \end{pmatrix} + \frac{1}{2}\begin{pmatrix} 1 \\ 0 \\ 1 \end{pmatrix} = \frac{1}{2}\begin{pmatrix} -3 \\ 4 \\ 3 \end{pmatrix}$ より

$\boldsymbol{w}_2 = \frac{1}{\sqrt{34}}\begin{pmatrix} -3 \\ 4 \\ 3 \end{pmatrix}$.

$$\boldsymbol{u}_3 = \begin{pmatrix} 1 \\ 5 \\ 1 \end{pmatrix} - \begin{pmatrix} 1 \\ 0 \\ 1 \end{pmatrix} - \frac{20}{34}\begin{pmatrix} -3 \\ 4 \\ 3 \end{pmatrix} = \frac{1}{34}\begin{pmatrix} 60 \\ 90 \\ -60 \end{pmatrix} = \frac{30}{34}\begin{pmatrix} 2 \\ 3 \\ -2 \end{pmatrix}$$

より $\boldsymbol{w}_3 = \frac{1}{\sqrt{17}}\begin{pmatrix} 2 \\ 3 \\ -2 \end{pmatrix}$ である. よって正規直交系は

$$\frac{1}{\sqrt{2}}\begin{pmatrix} 1 \\ 0 \\ 1 \end{pmatrix}, \quad \frac{1}{\sqrt{34}}\begin{pmatrix} -3 \\ 4 \\ 3 \end{pmatrix}, \quad \frac{1}{\sqrt{17}}\begin{pmatrix} 2 \\ 3 \\ -2 \end{pmatrix}$$

である.

(4) $\boldsymbol{w}_1 = \frac{1}{\sqrt{3}}\begin{pmatrix} 1 \\ 1 \\ 1 \\ 0 \end{pmatrix}$, $\boldsymbol{u}_2 = \begin{pmatrix} 1 \\ 1 \\ 0 \\ 1 \end{pmatrix} - \frac{2}{3}\begin{pmatrix} 1 \\ 1 \\ 1 \\ 0 \end{pmatrix} = \frac{1}{3}\begin{pmatrix} 1 \\ 1 \\ -2 \\ 3 \end{pmatrix}$ より

$$\boldsymbol{w}_2 = \frac{1}{\sqrt{15}} \begin{pmatrix} 1 \\ 1 \\ -2 \\ 3 \end{pmatrix}.$$

$$\boldsymbol{u}_3 = \begin{pmatrix} 1 \\ 0 \\ 1 \\ 1 \end{pmatrix} - \frac{2}{3} \begin{pmatrix} 1 \\ 1 \\ 1 \\ 0 \end{pmatrix} - \frac{2}{15} \begin{pmatrix} 1 \\ 1 \\ -2 \\ 3 \end{pmatrix} = \frac{1}{15} \begin{pmatrix} 3 \\ -12 \\ 9 \\ 9 \end{pmatrix}$$

$= \dfrac{3}{15} \begin{pmatrix} 1 \\ -4 \\ 3 \\ 3 \end{pmatrix}$ より $\boldsymbol{w}_3 = \dfrac{1}{\sqrt{35}} \begin{pmatrix} 1 \\ -4 \\ 3 \\ 3 \end{pmatrix}$.

$$\boldsymbol{u}_4 = \begin{pmatrix} 0 \\ 1 \\ 1 \\ 1 \end{pmatrix} - \frac{2}{3} \begin{pmatrix} 1 \\ 1 \\ 1 \\ 0 \end{pmatrix} - \frac{2}{15} \begin{pmatrix} 1 \\ 1 \\ -2 \\ 3 \end{pmatrix} - \frac{2}{35} \begin{pmatrix} 1 \\ -4 \\ 3 \\ 3 \end{pmatrix}$$

$= \dfrac{1}{105} \begin{pmatrix} -90 \\ 45 \\ 45 \\ 45 \end{pmatrix} = \dfrac{3}{7} \begin{pmatrix} -2 \\ 1 \\ 1 \\ 1 \end{pmatrix}$ より $\boldsymbol{w}_4 = \dfrac{1}{\sqrt{7}} \begin{pmatrix} -2 \\ 1 \\ 1 \\ 1 \end{pmatrix}$. よって正規直交系は

$$\frac{1}{\sqrt{3}} \begin{pmatrix} 1 \\ 1 \\ 1 \\ 0 \end{pmatrix}, \quad \frac{1}{\sqrt{15}} \begin{pmatrix} 1 \\ 1 \\ -2 \\ 3 \end{pmatrix}, \quad \frac{1}{\sqrt{35}} \begin{pmatrix} 1 \\ -4 \\ 3 \\ 3 \end{pmatrix}, \quad \frac{1}{\sqrt{7}} \begin{pmatrix} -2 \\ 1 \\ 1 \\ 1 \end{pmatrix}$$

である.

**8.** ${}^tAA$ を計算すると

$$\begin{pmatrix} \sin\theta\cos\phi & \sin\theta\sin\phi & \cos\theta \\ \cos\theta\cos\phi & \cos\theta\sin\phi & -\sin\theta \\ -\sin\phi & \cos\phi & 0 \end{pmatrix} \begin{pmatrix} \sin\theta\cos\phi & \cos\theta\cos\phi & -\sin\phi \\ \sin\theta\sin\phi & \cos\theta\sin\phi & \cos\phi \\ \cos\theta & -\sin\theta & 0 \end{pmatrix}$$

$$= \begin{pmatrix} 1 & 0 & 0 \\ 0 & 1 & 0 \\ 0 & 0 & 1 \end{pmatrix}$$

となる.

**9.** ${}^tAA = E$ から

$$a + 2b + 2c = 0, \quad b = c, \quad a^2 + b^2 + c^2 = 1$$

となる. これを解いて

$$a = \pm\frac{2\sqrt{2}}{3}, \quad b = c = \mp\frac{1}{3\sqrt{2}} \quad \text{(複号同順)}$$

**10.** $A$ は直交行列だから ${}^tAA = E$ をみたす.

(1) $|f_A(\boldsymbol{v})|^2 = f_A(\boldsymbol{v}) \cdot f_A(\boldsymbol{v}) = {}^t(A\boldsymbol{v})A\boldsymbol{v} = {}^t\boldsymbol{v}\,{}^tAA\boldsymbol{v} = {}^t\boldsymbol{v}\boldsymbol{v} = \boldsymbol{v} \cdot \boldsymbol{v} = |\boldsymbol{v}|^2$.
よって $|f_A(\boldsymbol{v})| = |\boldsymbol{v}|$ である.

(2) $f_A(\boldsymbol{v}_1) \cdot f_A(\boldsymbol{v}_2) = {}^t(A\boldsymbol{v}_1)A\boldsymbol{v}_2 = {}^t\boldsymbol{v}_1\,{}^tAA\boldsymbol{v}_2 = {}^t\boldsymbol{v}_1\boldsymbol{v}_2 = \boldsymbol{v}_1 \cdot \boldsymbol{v}_2$.
(1) より $|f_A(\boldsymbol{v}_1)| = |\boldsymbol{v}_1|$, $|f_A(\boldsymbol{v}_2)| = |\boldsymbol{v}_2|$ だから

$$\cos\theta = \frac{\boldsymbol{v}_1 \cdot \boldsymbol{v}_2}{|\boldsymbol{v}_1||\boldsymbol{v}_2|} = \frac{f_A(\boldsymbol{v}_1) \cdot f_A(\boldsymbol{v}_2)}{|f_A(\boldsymbol{v}_1)||f_A(\boldsymbol{v}_2)|}$$

となり $f_A(\boldsymbol{v}_1)$, $f_A(\boldsymbol{v}_2)$ のなす角も $\theta$ となる.

**11.** ${}^tAA = E$ だから $A^{-1} = {}^tA$. ${}^t(A^{-1})A^{-1} = AA^{-1} = E$. したがって $A^{-1}$ は直交行列. 次に ${}^t(AB)AB = {}^tB\,{}^tAAB = {}^tB({}^tAA)B = {}^tBB = E$ だから $AB$ も直交行列である.

**B の解答**

**1.** $\boldsymbol{a}_1 \cdot \boldsymbol{x} = 0$, $\boldsymbol{x} = \begin{pmatrix} x_1 \\ x_2 \\ x_3 \end{pmatrix} \neq \begin{pmatrix} 0 \\ 0 \\ 0 \end{pmatrix}$ とおくと $x_1 + x_2 + x_3 = 0$ だから

$$\boldsymbol{x} = \begin{pmatrix} x_1 \\ x_2 \\ x_3 \end{pmatrix} = \begin{pmatrix} -a-b \\ a \\ b \end{pmatrix} \quad (a \neq 0 \text{ または } b \neq 0).$$

よって

$$\boldsymbol{a}_2 = \frac{1}{\sqrt{(-a-b)^2 + a^2 + b^2}}\begin{pmatrix} -a-b \\ a \\ b \end{pmatrix} = \frac{1}{\sqrt{2}\sqrt{a^2 + ab + b^2}}\begin{pmatrix} -a-b \\ a \\ b \end{pmatrix}.$$

次に $\boldsymbol{a}_3$ を求める. $\boldsymbol{a}_1 \cdot \boldsymbol{y} = 0$ をみたす $\boldsymbol{y} \neq \boldsymbol{0}$ は

$$\boldsymbol{y} = \begin{pmatrix} -c-d \\ c \\ d \end{pmatrix} \quad (c \neq 0 \text{ または } d \neq 0) \quad \cdots\cdots \quad (*)$$

とかけるから

$$\boldsymbol{a}_2 \cdot \boldsymbol{y} = 0 \iff \begin{pmatrix} -a-b \\ a \\ b \end{pmatrix} \cdot \begin{pmatrix} -c-d \\ c \\ d \end{pmatrix} = 0$$

$$\iff c(2a+b) + d(a+2b) = 0 \quad \cdots\cdots \quad (**)$$

$a \neq 0$ または $b \neq 0$ だから $2a+b \neq 0$ または $a+2b \neq 0$．よって $(**)$ を $c$ または $d$ について解いて $(*)$ に代入すれば

$$\boldsymbol{y} = k \begin{pmatrix} a-b \\ a+2b \\ -2a-b \end{pmatrix} \quad (k \text{ は定数})$$

となる．したがって

$$\boldsymbol{a}_3 = \frac{1}{\sqrt{(a-b)^2 + (a+2b)^2 + (-2a-b)^2}} \begin{pmatrix} a-b \\ a+2b \\ -2a-b \end{pmatrix}$$

$$= \frac{1}{\sqrt{6}\sqrt{a^2+ab+b^2}} \begin{pmatrix} a-b \\ a+2b \\ -2a-b \end{pmatrix}$$

以上により

$$\boldsymbol{a}_2 = \frac{1}{\sqrt{2}\sqrt{a^2+ab+b^2}} \begin{pmatrix} -a-b \\ a \\ b \end{pmatrix},$$

$$\boldsymbol{a}_3 = \frac{1}{\sqrt{6}\sqrt{a^2+ab+b^2}} \begin{pmatrix} a-b \\ a+2b \\ -2a-b \end{pmatrix} \quad (a \neq 0 \text{ または } b \neq 0).$$

**2.** (1) $1 \times n$ 型の行列 $A$ を $A = {}^t\boldsymbol{a}$ とおくとき，$\boldsymbol{a}^{\perp}$ は連立 1 次方程式 $A\boldsymbol{x} = \boldsymbol{0}$ の解空間である．$\boldsymbol{a} \neq \boldsymbol{0}$ より $\operatorname{rank} A = 1$ だから解空間の次元は $n-1$ である．

(2)

$$f(\alpha\boldsymbol{x} + \beta\boldsymbol{y}) = (\alpha\boldsymbol{x} + \beta\boldsymbol{y}) - \frac{2\boldsymbol{a} \cdot (\alpha\boldsymbol{x} + \beta\boldsymbol{y})}{|\boldsymbol{a}|^2}\boldsymbol{a}$$

$$= \alpha\left(\boldsymbol{x} - \frac{2\boldsymbol{a} \cdot \boldsymbol{x}}{|\boldsymbol{a}|^2}\boldsymbol{a}\right) + \beta\left(\boldsymbol{y} - \frac{2\boldsymbol{a} \cdot \boldsymbol{y}}{|\boldsymbol{a}|^2}\boldsymbol{a}\right)$$

$$= \alpha f(\boldsymbol{x}) + \beta f(\boldsymbol{y})$$

だから $f$ は線形変換である．次に

$$
\begin{aligned}
f(\boldsymbol{x})\cdot f(\boldsymbol{y}) &= \left(\boldsymbol{x}-\frac{2\boldsymbol{a}\cdot\boldsymbol{x}}{|\boldsymbol{a}|^2}\boldsymbol{a}\right)\cdot\left(\boldsymbol{y}-\frac{2\boldsymbol{a}\cdot\boldsymbol{y}}{|\boldsymbol{a}|^2}\boldsymbol{a}\right) \\
&= \boldsymbol{x}\cdot\boldsymbol{y}-\frac{2(\boldsymbol{a}\cdot\boldsymbol{y})}{|\boldsymbol{a}|^2}(\boldsymbol{a}\cdot\boldsymbol{x})-\frac{2(\boldsymbol{a}\cdot\boldsymbol{x})}{|\boldsymbol{a}|^2}(\boldsymbol{a}\cdot\boldsymbol{y})+\frac{4(\boldsymbol{a}\cdot\boldsymbol{x})(\boldsymbol{a}\cdot\boldsymbol{y})}{|\boldsymbol{a}|^4}|\boldsymbol{a}|^2 \\
&= \boldsymbol{x}\cdot\boldsymbol{y}
\end{aligned}
$$

だから $f$ は直交変換である．

**3.** まず，$u_1,\cdots,u_m$ についての方程式

$$u_1\boldsymbol{a}_1+\cdots+u_m\boldsymbol{a}_m=\mathbf{0} \quad \cdots\cdots \quad ①$$

は $m$ 個の方程式（連立 1 次方程式）

$$(\boldsymbol{a}_i\cdot\boldsymbol{a}_1)u_1+\cdots+(\boldsymbol{a}_i\cdot\boldsymbol{a}_m)u_m=0 \qquad (i=1,\cdots,m) \quad \cdots\cdots \quad ②$$

と同値であることがいえる．実際，②は①の両辺と $\boldsymbol{a}_i$ との内積から得られる．逆に②より

$$\boldsymbol{a}_i\cdot(u_1\boldsymbol{a}_1+\cdots+u_m\boldsymbol{a}_m)=0 \quad (i=1,\cdots,m)$$

両辺に $u_i$ をかけて

$$u_i\boldsymbol{a}_i\cdot(u_1\boldsymbol{a}_1+\cdots+u_m\boldsymbol{a}_m)=0 \quad (i=1,\cdots,m)$$

これを $i=1,\cdots,m$ について足し合わせると

$$(u_1\boldsymbol{a}_1+\cdots+u_m\boldsymbol{a}_m)\cdot(u_1\boldsymbol{a}_1+\cdots+u_m\boldsymbol{a}_m)=0$$

となる．これより①が得られる．

$\boldsymbol{a}_1,\cdots,\boldsymbol{a}_m$ が 1 次従属であるための条件は，$u_1,\cdots,u_m$ についての連立方程式②が非自明解をもつこととなり，それは $\det(\boldsymbol{a}_i\cdot\boldsymbol{a}_j)=0$ と同値である．

# 第5章

# 固有値と固有ベクトル

## 5.1 固有値と固有ベクトル

正方行列 $A$ に対し，$\mathbf{0}$ でないベクトル $\boldsymbol{x}$ と定数 $\lambda$ が存在して

$$A\boldsymbol{x} = \lambda\boldsymbol{x} \tag{1}$$

をみたすとき，$\lambda$ を $A$ の固有値，$\boldsymbol{x}$ を $\lambda$ に対する $A$ の固有ベクトルという．言い換えれば，固有ベクトルとは線形変換 $f_A(\boldsymbol{x}) = A\boldsymbol{x}$ によって‘向き’の変わらないベクトルのことであり，固有値 $\lambda$ は固有ベクトルが同一方向にのびる割合を表す．（反対方向も含めて考える．）

$A = (a_{ij})$ を $n$ 次正方行列とする．(1) 式は

$$\lambda\boldsymbol{x} - A\boldsymbol{x} = (\lambda E - A)\boldsymbol{x} = \mathbf{0}$$

と書けるから，$\lambda$ が $A$ の固有値であるということは同次連立1次方程式

$$(\lambda E - A)\boldsymbol{x} = \mathbf{0} \tag{2}$$

が非自明解をもつということである．そして，その非自明解が $\lambda$ に対する固有ベクトルである．(2) の解空間，すなわち $\lambda$ に対する固有ベクトルの全体に $\mathbf{0}$ を合わせた集合を，固有値 $\lambda$ に対する固有空間という．

連立1次方程式 (2) が非自明解をもつための必要十分条件は $|\lambda E - A| = 0$，すなわち

$$\begin{vmatrix} \lambda - a_{11} & -a_{12} & \cdots & -a_{1n} \\ -a_{21} & \lambda - a_{22} & \cdots & -a_{2n} \\ \cdots & \cdots & \cdots & \cdots \\ -a_{n1} & -a_{n2} & \cdots & \lambda - a_{nn} \end{vmatrix} = 0$$

が成り立つことである．言い換えれば，未知数 $x$ に関する方程式

$$\begin{vmatrix} x - a_{11} & -a_{12} & \cdots & -a_{1n} \\ -a_{21} & x - a_{22} & \cdots & -a_{2n} \\ \cdots & \cdots & \cdots & \cdots \\ -a_{n1} & -a_{n2} & \cdots & x - a_{nn} \end{vmatrix} = 0 \tag{3}$$

が解 $x=\lambda$ をもつということにほかならない．(3) の左辺を展開すると $x$ の $n$ 次多項式が得られる．これを $\varphi_A(x)$ で表し，$A$ の固有多項式という．さらに方程式 $\varphi_A(x)=0$ を $A$ の固有方程式という．$\lambda$ が $A$ の固有値であるとは，$\lambda$ が固有方程式 $\varphi_A(x)=0$ の解であるということにほかならない．ところで固有方程式 $\varphi_A(x)=0$ は $n$ 次方程式であり，$n$ 次方程式は $n$ 個の複素数解 $\lambda_1,\lambda_2,\cdots,\lambda_n$（重解はその重複だけ数える）をもつことが知られている．したがって $A$ はこれら $n$ 個の $\lambda_1,\lambda_2,\cdots,\lambda_n$ を固有値としてもつ．このとき $\varphi_A(x)$ を1次式に因数分解すると

$$\varphi_A(x)=(x-\lambda_1)(x-\lambda_2)\cdots(x-\lambda_n)$$

となる．同じ固有値をまとめれば

$$\varphi_A(x)=(x-\lambda_1)^{n_1}(x-\lambda_2)^{n_2}\cdots(x-\lambda_r)^{n_r}$$

の形になる．各 $n_i$ を固有値 $\lambda_i$ の重複度という．

**注**：$A$ の成分が実数であっても固有値は実数とは限らないから，対応する固有ベクトルは複素数を成分とするベクトルを考える必要がある．しかし，固有値がすべて実数ならば，固有ベクトルは実数の範囲で求めることができる．

**例 1．** $A=\begin{pmatrix}4&3\\1&2\end{pmatrix}$ について

$$\varphi_A(x)=\begin{vmatrix}x-4&-3\\-1&x-2\end{vmatrix}=x^2-6x+5=(x-1)(x-5)$$

だから，固有値は1と5である．固有値1に対する固有空間を $W_1$ とおくと，$W_1$ は $(E-A)\boldsymbol{x}=\boldsymbol{0}$，すなわち $\begin{cases}-3x-3y=0\\-x-y=0\end{cases}$ を解いて $W_1=\left\{\alpha\begin{pmatrix}-1\\1\end{pmatrix}\mid\alpha\in\boldsymbol{R}\right\}$．固有値5に対する固有空間を $W_2$ とおくと，$W_2$ は $(5E-A)\boldsymbol{x}=\boldsymbol{0}$, すなわち $\begin{cases}x-3y=0\\-x+3y=0\end{cases}$ を解いて $W_2=\left\{\beta\begin{pmatrix}3\\1\end{pmatrix}\mid\beta\in\boldsymbol{R}\right\}$ となる．すなわち $W_1,W_2$ は $\boldsymbol{R}^2$ の1次元部分空間である（$W_1$ は直線 $y=-x$，$W_2$ は直線 $y=\dfrac{1}{3}x$ を表す）．$W_1$ に属するベクトル $\boldsymbol{x}=\alpha\begin{pmatrix}-1\\1\end{pmatrix}$ $(\alpha\neq0)$ は $A\boldsymbol{x}=\boldsymbol{x}$ をみたす．すなわち $f_A(\boldsymbol{x})=A\boldsymbol{x}$ によって向きも大きさも変わらないベクトルである．$W_2$ に属するベクトル $\boldsymbol{x}=\beta\begin{pmatrix}3\\1\end{pmatrix}$ $(\beta\neq0)$ は $A\boldsymbol{x}=5\boldsymbol{x}$

をみたす．すなわち $f_A$ によって大きさが 5 倍のベクトルになる．$W_1, W_2$ に属さないベクトル $\boldsymbol{x}$ はこのような性質をもたないが，$\begin{pmatrix} -1 \\ 1 \end{pmatrix}$，$\begin{pmatrix} 3 \\ 1 \end{pmatrix}$ は $\boldsymbol{R}^2$ の基底だから，$\boldsymbol{x} = \alpha \begin{pmatrix} -1 \\ 1 \end{pmatrix} + \beta \begin{pmatrix} 3 \\ 1 \end{pmatrix}$ と表せる．このとき

$$f_A(\boldsymbol{x}) = \alpha f_A(\begin{pmatrix} -1 \\ 1 \end{pmatrix}) + \beta f_A(\begin{pmatrix} 3 \\ 1 \end{pmatrix}) = \alpha \begin{pmatrix} -1 \\ 1 \end{pmatrix} + 5\beta \begin{pmatrix} 3 \\ 1 \end{pmatrix}$$

となるから，$\begin{pmatrix} -1 \\ 1 \end{pmatrix}$ と $\begin{pmatrix} 3 \\ 1 \end{pmatrix}$ を基底とする座標系を考えれば，$\begin{pmatrix} -1 \\ 1 \end{pmatrix}$ 方向の座標成分は変わらず $\begin{pmatrix} 3 \\ 1 \end{pmatrix}$ 方向の座標成分は 5 倍になることがわかる．このことから平面全体が $\begin{pmatrix} 3 \\ 1 \end{pmatrix}$ 方向に 5 倍にのびる様子が想像できる．このように，固有値と固有ベクトルは線形変換の性質を知るのに役立つ．

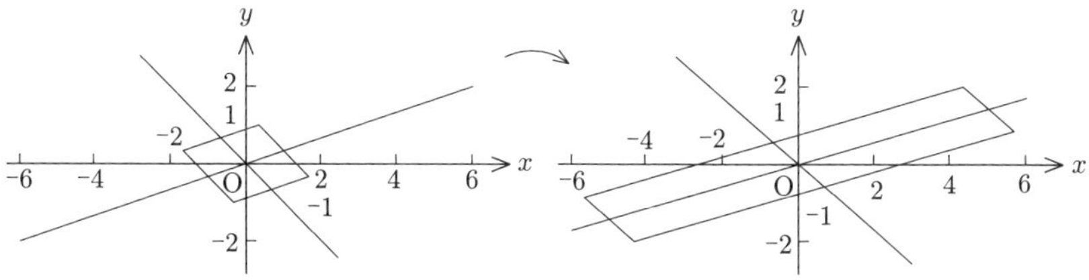


**例 2.** $A = \begin{pmatrix} 0 & -1 \\ 1 & 0 \end{pmatrix}$ を考える．この行列は原点のまわりの 90 度の回転を表す．この回転で不変な方向は存在しないから，$\boldsymbol{R}^2$ の線形変換としては固有ベクトルをもたない．しかし，複素数まで範囲を広げれば存在する．実際

$$\varphi_A(x) = \begin{vmatrix} x & 1 \\ -1 & x \end{vmatrix} = x^2 + 1 = (x+i)(x-i)$$

だから，固有値は $i, -i$ である．$i$ に対する固有ベクトルは，$(iE - A)\boldsymbol{x} = \boldsymbol{0}$ を解いて，$\boldsymbol{x} = \alpha \begin{pmatrix} i \\ 1 \end{pmatrix}$ （$\alpha$ は 0 でない複素数）となる．また $-i$ に対する固有ベクトルは，$(-iE - A)\boldsymbol{x} = \boldsymbol{0}$ を解いて，$\boldsymbol{x} = \beta \begin{pmatrix} -i \\ 1 \end{pmatrix}$ （$\beta$ は 0 でない複素数）となる．

**定理 1.** $A$ を $n$ 次正方行列，$\lambda_1, \lambda_2, \cdots, \lambda_n$ を $A$ の固有値とする．このとき

$$\lambda_1 + \lambda_2 + \cdots + \lambda_n = \operatorname{tr} A, \quad \lambda_1 \lambda_2 \cdots \lambda_n = \det A$$

が成り立つ．

**定理 2.** $A$ を $n$ 次正方行列，$P$ を $n$ 次正則行列とし，$B = P^{-1}AP$ とおく．このとき $A$ と $B$ の固有多項式は一致する．したがって $A$ と $B$ の固有値も一致する．

**定理 3.** $n$ 次正方行列 $A$ の相異なる固有値を $\lambda_1, \lambda_2, \cdots, \lambda_r$，各固有値 $\lambda_i$ に対する固有ベクトルを $\boldsymbol{x}_i$ とする（$i = 1, 2, \cdots, r$）．このとき $\boldsymbol{x}_1, \boldsymbol{x}_2, \cdots, \boldsymbol{x}_r$ は 1 次独立である．

**定理 4** (ハミルトン・ケーリー（Hamilton–Cayley）の定理)**.** $A$ を $n$ 次正方行列，$\varphi_A(x) = x^n + a_{n-1}x^{n-1} + \cdots + a_1 x + a_0$ を $A$ の固有多項式とする．このとき

$$\varphi_A(A) = A^n + a_{n-1}A^{n-1} + \cdots + a_1 A + a_0 E = O$$

が成り立つ．

**例 3.** $A = \begin{pmatrix} a & b \\ c & d \end{pmatrix}$ のとき

$$\varphi_A(A) = A^2 - (a+d)A + (ad - bc)E = O.$$

**定理 5** (フロベニウス (Frobenius) の定理)**.** $n$ 次正方行列 $A$ の固有値が（重複を込めて）$\lambda_1, \cdots, \lambda_n$ であるとする．多項式 $f(x) = a_m x^m + \cdots + a_1 x + a_0$ に対し，$f(A) = a_m A^m + \cdots + a_1 A + a_0 E$ と定義するとき，$n$ 次正方行列 $f(A)$ の固有値は（重複を込めて）$f(\lambda_1), \cdots, f(\lambda_n)$ となる．

**例題 1.**

次の行列の固有値および固有ベクトルを求めよ．

$$A = \begin{pmatrix} 3 & 2 & 4 \\ 2 & 0 & 2 \\ 4 & 2 & 3 \end{pmatrix}$$

**解答**

$$\varphi_A(x) = \begin{vmatrix} x-3 & -2 & -4 \\ -2 & x & -2 \\ -4 & -2 & x-3 \end{vmatrix} = \begin{vmatrix} x+1 & 0 & -(x+1) \\ -2 & x & -2 \\ -4 & -2 & x-3 \end{vmatrix}$$

$$= \begin{vmatrix} x+1 & 0 & 0 \\ -2 & x & -4 \\ -4 & -2 & x-7 \end{vmatrix} = (x+1)\begin{vmatrix} x & -4 \\ -2 & x-7 \end{vmatrix}$$

$$= (x+1)(x^2-7x-8) = (x-8)(x+1)^2.$$

よって $A$ の固有値は $8, -1$（重複度は 2）である．

固有値が 8 のとき，$(8E-A)\begin{pmatrix} x \\ y \\ z \end{pmatrix} = \begin{pmatrix} 0 \\ 0 \\ 0 \end{pmatrix}$ すなわち

$\begin{cases} 5x-2y-4z \;\; = 0 \\ -2x+8y-2z = 0 \\ -4x-2y+5z = 0 \end{cases}$ の解を求めると，$\begin{pmatrix} x \\ y \\ z \end{pmatrix} = t\begin{pmatrix} 2 \\ 1 \\ 2 \end{pmatrix}$．よって固有値 8 に対する固有ベクトルは $t\begin{pmatrix} 2 \\ 1 \\ 2 \end{pmatrix}$（$t$ は 0 でない任意定数）である．

固有値 $-1$ のとき，$(-E-A)\begin{pmatrix} x \\ y \\ z \end{pmatrix} = \begin{pmatrix} 0 \\ 0 \\ 0 \end{pmatrix}$ すなわち

$\begin{cases} -4x-2y-4z = 0 \\ -2x-y-2z \;\; = 0 \\ -4x-2y-4z = 0 \end{cases}$ を解くと $\begin{pmatrix} x \\ y \\ z \end{pmatrix} = t_1\begin{pmatrix} 1 \\ -2 \\ 0 \end{pmatrix} + t_2\begin{pmatrix} 0 \\ -2 \\ 1 \end{pmatrix}$．

よって固有値 $-1$ に対する固有ベクトルは $t_1\begin{pmatrix} 1 \\ -2 \\ 0 \end{pmatrix} + t_2\begin{pmatrix} 0 \\ -2 \\ 1 \end{pmatrix}$（ただし $t_1$ と $t_2$ は同時には 0 でない任意定数）である．

**例題 2.**

$n$ 次正方行列 $A$ の固有値を $\lambda_1, \lambda_2, \cdots, \lambda_n$ とするとき

$$\lambda_1 + \lambda_2 + \cdots + \lambda_n = \mathrm{tr}\, A, \quad \lambda_1\lambda_2\cdots\lambda_n = \det A$$

を示せ．

**解答**　$A = (a_{ij})$ とし，$\varphi_A(x) = (x-\lambda_1)(x-\lambda_2)\cdots(x-\lambda_n)$ とする．

すると

$$\begin{vmatrix} x-a_{11} & -a_{12} & \cdots & -a_{1n} \\ -a_{21} & x-a_{22} & \cdots & -a_{2n} \\ \cdots & \cdots & \cdots & \cdots \\ -a_{n1} & -a_{n2} & \cdots & x-a_{nn} \end{vmatrix} = (x-\lambda_1)(x-\lambda_2)\cdots(x-\lambda_n) \quad \cdots \ (*)$$

が成り立つ．ここで $(*)$ 式の両辺の $x^{n-1}$ の係数を考える．左辺の行列式の展開を考えると $x^{n-1}$ の項が出てくるのは $(x-a_{11})(x-a_{22})\cdots(x-a_{nn})$ からだから，さらに展開して考えると $x^{n-1}$ の係数は $-a_{11}-a_{22}-\cdots-a_{nn} = -\operatorname{tr} A$ である．一方，右辺の $x^{n-1}$ の係数は $-\lambda_1-\lambda_2-\cdots-\lambda_n = -(\lambda_1+\lambda_2+\cdots+\lambda_n)$ である．よって

$$\operatorname{tr} A = \lambda_1 + \lambda_2 + \cdots + \lambda_n$$

となる．

次に $(*)$ 式の両辺に $x=0$ を代入すると

$$|-A| = (-1)^n \lambda_1\lambda_2\cdots\lambda_n.$$

ここで $|-A| = (-1)^n|A| = (-1)^n \det A$ だから $\lambda_1\lambda_2\cdots\lambda_n = \det A$ となる．

**例題 3.**

ハミルトン・ケーリーの定理を用いて $A = \begin{pmatrix} 1 & 1 & -2 \\ -1 & 2 & 1 \\ 0 & 1 & -1 \end{pmatrix}$ がみたす3次の関係式を求めよ．

**解答**　$\varphi_A(x) = \begin{vmatrix} x-1 & -1 & 2 \\ 1 & x-2 & -1 \\ 0 & -1 & x+1 \end{vmatrix} = x^3-2x^2-x+2$ より

$$A^3 - 2A^2 - A + 2E = O$$

となる．

## A

**1.**　次の行列 $A$ の固有値と固有ベクトルを求めよ．

(1) $A = \begin{pmatrix} 2 & -1 \\ -1 & 2 \end{pmatrix}$　　(2) $A = \begin{pmatrix} 8 & -10 \\ 5 & -7 \end{pmatrix}$

(3) $A = \begin{pmatrix} 4 & 1 & -3 \\ 4 & 6 & -10 \\ 2 & 1 & -1 \end{pmatrix}$　(4) $A = \begin{pmatrix} 4 & 1 & -1 \\ -1 & 0 & 1 \\ 5 & 1 & 0 \end{pmatrix}$

(5) $A = \begin{pmatrix} 3 & 2 & 4 \\ 2 & 0 & 2 \\ 6 & 3 & 5 \end{pmatrix}$　(6) $A = \begin{pmatrix} 1 & 0 & 0 & 0 \\ 0 & 0 & 1 & -1 \\ 0 & -2 & 3 & -1 \\ 0 & -1 & 1 & 1 \end{pmatrix}$

**2.**　行列 $A = \begin{pmatrix} a & b \\ c & 0 \end{pmatrix}$ の固有値が 1 と 3 であるとき，整数 $a, b, c$ の値を求めよ．

**3.**　$A = \begin{pmatrix} a & 0 & c \\ 0 & b & 0 \\ c & 0 & a \end{pmatrix}$ の異なる固有値が 2 個であるための条件を求めよ．

**4.**　$B$ を $m$ 次正方行列とし，その固有値を $\mu_1, \cdots, \mu_m$ とする．任意の実数 $\lambda$ と $m$ 次元行ベクトル $\boldsymbol{d}$ に対して，行列

$$A = \begin{pmatrix} \lambda & \boldsymbol{d} \\ \boldsymbol{0} & B \end{pmatrix}$$

の固有値は $\lambda, \mu_1, \cdots, \mu_m$ であることを示せ．

**5.**　$A$ を $n$ 次正方行列，$P$ を $n$ 次正則行列とし，$B = P^{-1}AP$ とおく．このとき $A$ と $B$ の固有多項式および固有値は一致することを示せ．

**6.**　行列 $A = \begin{pmatrix} 0 & 3 & -2 \\ -2 & -5 & 3 \\ -3 & -7 & 4 \end{pmatrix}$ について

(1) ハミルトン・ケーリーの定理を用いて，$A$ がみたす 3 次の関係式を求めよ．

(2) $A^{10}$ を求めよ．

**7.**　次を示せ．

(1) $n$ 次正方行列 $A$ が正則であるための必要十分条件は $A$ が 0 を固有値にもたないことである．

(2) $n$ 次正則行列 $A$ の固有値を $\lambda_1, \cdots, \lambda_n$ とするとき，$A^{-1}$ の固有値は $\lambda_1^{-1}, \cdots, \lambda_n^{-1}$ である．

**B**

**1.**　行列 $A = \begin{pmatrix} 0 & a_1 & \cdots & a_{n-1} \\ a_1 & & & \\ \vdots & & \text{\huge 0} & \\ a_{n-1} & & & \end{pmatrix}$ の固有値と固有ベクトルを求めよ.

ただし，$n \geq 2$ かつ $a = \sqrt{a_1^2 + \cdots + a_{n-1}^2} \neq 0$ とする.

**2.**　$n$ 次正方行列 $A = \begin{pmatrix} 0 & 1 & & & \\ 1 & 0 & \ddots & & \text{\huge 0} \\ & \ddots & \ddots & \ddots & \\ & & \ddots & \ddots & 1 \\ \text{\huge 0} & & & 1 & 0 \end{pmatrix}$ の固有値と固有ベクトル

を求めよ.

**3.**　$n$ 次正方行列 $A, B$ に対し，$AB$ と $BA$ の固有値は一致することを示せ.

**A の解答**

**1.** (1) $\begin{vmatrix} x-2 & 1 \\ 1 & x-2 \end{vmatrix} = (x-1)(x-3)$ より $A$ の固有値は $1, 3$ である.

$E - A = \begin{pmatrix} -1 & 1 \\ 1 & -1 \end{pmatrix}$，$3E - A = \begin{pmatrix} 1 & 1 \\ 1 & 1 \end{pmatrix}$ より固有値 1 に対する固有ベクトルは $t\begin{pmatrix} 1 \\ 1 \end{pmatrix}$（$t$ は 0 でない任意定数）で，固有値 3 に対する固有ベクトルは $s\begin{pmatrix} 1 \\ -1 \end{pmatrix}$（$s$ は 0 でない任意定数）である.

(2) $\begin{vmatrix} x-8 & 10 \\ -5 & x+7 \end{vmatrix} = (x-3)(x+2)$ より $A$ の固有値は $3, -2$ である.

$3E - A = \begin{pmatrix} -5 & 10 \\ -5 & 10 \end{pmatrix}$，$-2E - A = \begin{pmatrix} -10 & 10 \\ -5 & 5 \end{pmatrix}$ より固有値 $3, 2$ に対する固有ベクトルはそれぞれ $t\begin{pmatrix} 2 \\ 1 \end{pmatrix}$，$s\begin{pmatrix} 1 \\ 1 \end{pmatrix}$（$t, s$ は 0 でない任意定数）である.

(3) $\begin{vmatrix} x-4 & -1 & 3 \\ -4 & x-6 & 10 \\ -2 & -1 & x+1 \end{vmatrix} = (x-2)(x-3)(x-4)$ より $A$ の固有値は $2, 3, 4$ である．

$2E - A = \begin{pmatrix} -2 & -1 & 3 \\ -4 & -4 & 10 \\ -2 & -1 & 3 \end{pmatrix}$，$3E - A = \begin{pmatrix} -1 & -1 & 3 \\ -4 & -3 & 10 \\ -2 & -1 & 4 \end{pmatrix}$，

$4E - A = \begin{pmatrix} 0 & -1 & 3 \\ -4 & -2 & 10 \\ -2 & -1 & 5 \end{pmatrix}$ より固有値 $2, 3, 4$ に対する固有ベクトルはそれぞれ $t\begin{pmatrix} 1 \\ 4 \\ 2 \end{pmatrix}$，$s\begin{pmatrix} 1 \\ 2 \\ 1 \end{pmatrix}$，$u\begin{pmatrix} 1 \\ 3 \\ 1 \end{pmatrix}$（$t, s, u$ は $0$ でない任意定数）である．

(4) $\begin{vmatrix} x-4 & -1 & 1 \\ 1 & x & -1 \\ -5 & -1 & x \end{vmatrix} = (x-2)(x-1)^2$ より $A$ の固有値は $2, 1$（重複度は $2$）である．

$2E - A = \begin{pmatrix} -2 & -1 & 1 \\ 1 & 2 & -1 \\ -5 & -1 & 2 \end{pmatrix}$，$E - A = \begin{pmatrix} -3 & -1 & 1 \\ 1 & 1 & -1 \\ -5 & -1 & 1 \end{pmatrix}$ より固有値 $2, 1$ に対する固有ベクトルはそれぞれ $t\begin{pmatrix} 1 \\ 1 \\ 3 \end{pmatrix}$，$s\begin{pmatrix} 0 \\ 1 \\ 1 \end{pmatrix}$（$t, s$ は $0$ でない任意定数）である．

(5) $\begin{vmatrix} x-3 & -2 & -4 \\ -2 & x & -2 \\ -6 & -3 & x-5 \end{vmatrix} = (x-10)(x+1)^2$ より $A$ の固有値は $10, -1$（重複度は $2$）である．

$10E - A = \begin{pmatrix} 7 & -2 & -4 \\ -2 & 10 & -2 \\ -6 & -3 & 5 \end{pmatrix}$，$-E - A = \begin{pmatrix} -4 & -2 & 4 \\ -2 & -1 & -2 \\ -6 & -3 & -6 \end{pmatrix}$ より固有値 $10$ に対する固有ベクトルは $t\begin{pmatrix} 2 \\ 1 \\ 3 \end{pmatrix}$（$t$ は $0$ でない任意定数）で，固有

値 $-1$ に対する固有ベクトルは $t_1\begin{pmatrix}1\\0\\-1\end{pmatrix}+t_2\begin{pmatrix}1\\-2\\0\end{pmatrix}$（$t_1, t_2$ は同時には0でない任意定数）である．

(6) $\begin{vmatrix}x-1 & 0 & 0 & 0\\0 & x & -1 & 1\\0 & 2 & x-3 & 1\\0 & 1 & -1 & x-1\end{vmatrix}=(x-2)(x-1)^3$ より $A$ の固有値は $2, 1$（重複度は3）である．

$2E-A=\begin{pmatrix}1&0&0&0\\0&2&-1&1\\0&2&-1&1\\0&1&-1&1\end{pmatrix}$，$E-A=\begin{pmatrix}0&0&0&0\\0&1&-1&1\\0&2&-2&1\\0&1&-1&0\end{pmatrix}$ より固有値2に対する固有ベクトルは $t\begin{pmatrix}0\\0\\1\\1\end{pmatrix}$（$t$ は0でない任意定数）で，固有値1に対する固有ベクトルは $t_1\begin{pmatrix}1\\0\\0\\0\end{pmatrix}+t_2\begin{pmatrix}0\\1\\1\\0\end{pmatrix}$（$t_1, t_2$ は同時には0でない任意定数）である．

**2.** $\varphi_A(x)=\begin{vmatrix}x-a & -b\\-c & x\end{vmatrix}=x^2-ax-bc=(x-1)(x-3)$ であるとき $-a=-4$, $-bc=3$ をみたす．$a, b, c$ は整数だから $a=4$, $b=\pm1$, $c=\mp3$（複号同順）または $a=4$, $b=\pm3$, $c=\mp1$（複号同順）である．

**3.**

$$|xE-A|=\begin{vmatrix}x-a & 0 & -c\\0 & x-b & 0\\-c & 0 & x-a\end{vmatrix}=(x-b)\{x-(a-c)\}\{x-(a+c)\}.$$

ゆえに固有値は $b$, $a-c$, $a+c$ である．

$c=0$ ($\Longleftrightarrow a-c=a+c$) のとき　$b\neq a$

$c\neq 0$ のとき　$b=a-c$ または $b=a+c$

よって求める条件は $\left\{\begin{array}{ll} & c=0 \text{ かつ } b\neq a \\ \text{または,} & c\neq 0 \text{ かつ } b=a-c \\ \text{または,} & c\neq 0 \text{ かつ } b=a+c \end{array}\right.$ である.

**4.**

$$\varphi_A(x)=|xE_{m+1}-A|=\begin{vmatrix} x-\lambda & -\boldsymbol{d} \\ \boldsymbol{0} & xE_m-B \end{vmatrix}$$

$$=(x-\lambda)\,|xE_m-B|=(x-\lambda)\varphi_B(x).$$

よって $A$ の固有値は $\lambda$ と $B$ の固有値だから $\lambda,\mu_1,\mu_2,\cdots,\mu_m$ である.

**5.** $P$ は正則行列だから $P^{-1}P=E$ で $|P^{-1}P|=|P^{-1}|\cdot|P|=1$ である．この性質を使うと

$$\varphi_B(x)=|xE-B|=|xP^{-1}P-P^{-1}AP|=|P^{-1}(xE-A)P|$$

$$=|P^{-1}|\cdot|xE-A|\cdot|P|=|xE-A|=\varphi_A(x).$$

よって $A$ と $B$ の固有多項式が一致する．$\varphi_B(x)=\varphi_A(x)=0$ の解を考えると，$A$ の固有値と $B$ の固有値は一致する.

**6.** (1) $\varphi_A(x)=\begin{vmatrix} x & -3 & 2 \\ 2 & x+5 & -3 \\ 3 & 7 & x-4 \end{vmatrix}=x^3+x^2+x+1$ より $A^3+A^2+A+E=O$.

(2) $A^4-E=(A-E)(A^3+A^2+A+E)=O$ より $A^4=E$．よって

$$A^{10}=A^2=\begin{pmatrix} 0 & -1 & 1 \\ 1 & -2 & 1 \\ 2 & -2 & 1 \end{pmatrix}.$$

**7.** (1) $A$ の固有値を $\lambda_1,\cdots,\lambda_n$ とすると，例題 2 より

$$\det A=\lambda_1\lambda_2\cdots\lambda_n\neq 0 \iff \lambda_1\neq 0,\ \lambda_2\neq 0,\ \cdots,\lambda_n\neq 0.$$

(2) $A\boldsymbol{x}_i=\lambda_i\boldsymbol{x}_i$ $(i=1,2,\cdots,n)$ とする．この式の両辺に左から $\lambda_i^{-1}A^{-1}$ をかけると

$$\lambda_i^{-1}\boldsymbol{x}_i=A^{-1}\boldsymbol{x}_i.$$

よって $\lambda_i^{-1}$ は $A^{-1}$ の固有値

**B の解答**

**1.** 固有多項式 $\varphi_A(x) = \begin{vmatrix} x & -a_1 & -a_2 & \cdots & -a_{n-1} \\ -a_1 & x & 0 & & 0 \\ -a_2 & 0 & x & & \vdots \\ \vdots & \vdots & \vdots & & \vdots \\ -a_{n-1} & 0 & 0 & \cdots & x \end{vmatrix}$ を第1行で余因子展開すると $\varphi_A(x) = x^n - a_1^2x^{n-2} - a_2^2x^{n-2} - \cdots - a_{n-1}^2x^{n-2} = x^{n-2}(x^2 - a^2)$ であるから，固有値は $0, \pm a$ である．

固有値0に対する固有空間は

$$\left\{ \begin{pmatrix} 0 \\ x_1 \\ \vdots \\ x_{n-1} \end{pmatrix} \middle| \sum_{i=1}^{n-1} a_i x_i = 0 \right\}.$$

また固有値 $a, -a$ に対する固有ベクトルはそれぞれ $t\begin{pmatrix} a \\ a_1 \\ \vdots \\ a_{n-1} \end{pmatrix}, s\begin{pmatrix} a \\ -a_1 \\ \vdots \\ -a_{n-1} \end{pmatrix}$ （$t, s$ は0でない任意定数）である．

**2.** $A$ の固有値を $2\lambda$，固有ベクトルを $\boldsymbol{u} = \begin{pmatrix} u_1 \\ u_2 \\ \vdots \\ u_n \end{pmatrix}$ とし，特に $-1 < \lambda < 1$ で考える．

$$A\boldsymbol{u} = 2\lambda\boldsymbol{u} \Longleftrightarrow \begin{cases} u_2 = 2\lambda u_1 \\ u_1 + u_3 = 2\lambda u_2 \\ \quad\vdots \\ u_{n-2} + u_n = 2\lambda u_{n-1} \\ u_{n-1} = 2\lambda u_n \end{cases}$$

$$\Longleftrightarrow \begin{cases} u_{k-1} + u_{k+1} = 2\lambda u_k \ (k = 1, 2, \cdots, n) \\ u_0 = u_{n+1} = 0 \end{cases}$$

$\lambda^2 \neq 1$ のとき差分方程式 $u_{k-1} + u_{k+1} = 2\lambda u_k$ の一般解は

$$u_k = c_1\lambda_1^k + c_2\lambda_2^k$$

である．ただし $\lambda_1 = \lambda + \sqrt{\lambda^2 - 1}$, $\lambda_2 = \lambda - \sqrt{\lambda^2 - 1}$.

$$u_0 = 0 \text{ より } c_1 = -c_2, \quad u_{n+1} = 0 \Longleftrightarrow \left(\frac{\lambda_1}{\lambda_2}\right)^{n+1} = 1$$

$$\Longleftrightarrow \left(\lambda + \sqrt{\lambda^2 - 1}\right)^{2(n+1)} = 1.$$

$|\lambda| < 1$ だから $\lambda = \cos\theta$ とおけるので $e^{2(n+1)i\theta} = 1$ すなわち $\theta = \dfrac{m\pi}{n+1}$ $(m = 1, \cdots n)$ のとき $2\lambda$ は $A$ の固有値であり

$$\boldsymbol{u} = \begin{pmatrix} \sin\dfrac{m}{n+1}\pi \\ \sin\dfrac{2m}{n+1}\pi \\ \vdots \\ \sin\dfrac{nm}{n+1}\pi \end{pmatrix} (m = 1, 2, \cdots, n)$$

は固有ベクトルである．(異なる固有値が $n$ 個得られたので、これ以外に考える必要はない)

**3.** $A, B$ の一方，例えば $A$ が正則であるとすると，問題 A の 5 より $AB$ と $A^{-1}(AB)A = BA$ の固有多項式が一致する．よって固有値も一致する．

次に $A, B$ のどちらも正則でないとする．$\varepsilon$ を $A$ の固有値と異なる数とすると，$A - \varepsilon E$ は正則である．したがって上の議論から $(A - \varepsilon E)B$ と $B(A - \varepsilon E)$ の固有多項式は一致する．すなわち

$$|xE - (A - \varepsilon E)B| = |xE - B(A - \varepsilon E)|$$

が成り立つ．ここで $\varepsilon \to 0$ とすると

$$|xE - AB| = |xE - BA|$$

となり，$AB$ と $BA$ の固有多項式が一致する．

## 5.2　行列の対角化

$A$ を $n$ 次正方行列とする．もし $n$ 次正則行列 $P$ が存在して，$P^{-1}AP$ が対角行列になるとき，すなわち

$$P^{-1}AP = \begin{pmatrix} \lambda_1 & & & \\ & \lambda_2 & & \text{\Large 0} \\ & & \ddots & \\ \text{\Large 0} & & & \lambda_n \end{pmatrix} \tag{1}$$

となるとき，$A$ は対角化可能であるという．また，このとき $A$ は $P$ によって対角化されるという．(1) の右辺の行列の固有値は $\lambda_1, \lambda_2, \cdots, \lambda_n$ であるから，5.1 の定理 2 より $\lambda_1, \lambda_2, \cdots, \lambda_n$ は $A$ の固有値であることがわかる．すなわち，$A$ を対角化したときの対角行列の対角成分は $A$ の固有値が並ぶ.

$A$ が対角化可能であるための条件を考えてみよう．$n$ 次正方行列 $A$ が相異なる固有値 $\lambda_1, \lambda_2, \cdots, \lambda_n$ を持つ場合を考える．各 $\lambda_i$ に対する固有ベクトルを $\boldsymbol{x}_i$ $(i = 1, 2, \cdots, n)$ とすると，5.1 の定理 3 より $\boldsymbol{x}_1, \boldsymbol{x}_2, \cdots, \boldsymbol{x}_n$ は 1 次独立である．よって行列 $P$ を

$$P = \begin{pmatrix} \boldsymbol{x}_1 & \boldsymbol{x}_2 & \cdots & \boldsymbol{x}_n \end{pmatrix}$$

と定めると，$P$ は正則となる．一方 $A\boldsymbol{x}_i = \lambda_i \boldsymbol{x}_i$ $(i = 1, 2, \cdots, n)$ だから

$$AP = \begin{pmatrix} A\boldsymbol{x}_1 & A\boldsymbol{x}_2 & \cdots & A\boldsymbol{x}_n \end{pmatrix} = \begin{pmatrix} \lambda_1\boldsymbol{x}_1 & \lambda_2\boldsymbol{x}_2 & \cdots & \lambda_n\boldsymbol{x}_n \end{pmatrix} =$$

$$\begin{pmatrix} \boldsymbol{x}_1 & \boldsymbol{x}_2 & \cdots & \boldsymbol{x}_n \end{pmatrix} \begin{pmatrix} \lambda_1 & & & \\ & \lambda_2 & & \text{\Large 0} \\ & & \ddots & \\ \text{\Large 0} & & & \lambda_n \end{pmatrix} = P \begin{pmatrix} \lambda_1 & & & \\ & \lambda_2 & & \text{\Large 0} \\ & & \ddots & \\ \text{\Large 0} & & & \lambda_n \end{pmatrix}.$$

よって $P^{-1}AP = \begin{pmatrix} \lambda_1 & & & \\ & \lambda_2 & & \text{\Large 0} \\ & & \ddots & \\ \text{\Large 0} & & & \lambda_n \end{pmatrix}$ となり，$A$ は対角化可能である.

したがって次のことが成り立つ.

**定理 1.** 正方行列 $A$ の固有値がすべて異なるならば，$A$ は対角化可能である.

$A$ の固有値が重複する場合，$A$ は必ずしも対角化可能ではない．これについては次の定理が成り立つ.

**定理 2.** $n$ 次正方行列 $A$ に対し，次の (1)，(2) は同値である.

(1) $A$ は対角化可能である.

(2) $A$ の相異なる固有値を $\lambda_1, \lambda_2, \cdots, \lambda_r$ とするとき，各 $\lambda_i$ の重複度が $\lambda_i$ に

対する固有空間の次元と一致する．

$A$ が定理 2 (2) の条件をみたすとき，$A$ を対角行列にするような正則行列 $P$ は次のように作ることができる．固有値 $\lambda_i$ の重複度を $n_i$ $(i = 1, 2, \cdots, r)$ とし，各 $\lambda_i$ に対する固有空間の基底を $\boldsymbol{x}_{ik}$ $(k = 1, 2, \cdots, n_i)$ とおく．このとき仮定から $n_1 + n_2 + \cdots + n_r = n$ であり，$n$ 個のベクトル

$$\boldsymbol{x}_{11}, \cdots, \boldsymbol{x}_{1n_1}, \boldsymbol{x}_{21}, \cdots, \boldsymbol{x}_{2n_2}, \cdots, \boldsymbol{x}_{r1}, \cdots, \boldsymbol{x}_{rn_r}$$

は 1 次独立であることがわかる．したがって

$$P = \begin{pmatrix} \boldsymbol{x}_{11} & \cdots & \boldsymbol{x}_{1n_1} & \boldsymbol{x}_{21} & \cdots & \boldsymbol{x}_{2n_2} & \cdots & \boldsymbol{x}_{r1} & \cdots & \boldsymbol{x}_{rn_r} \end{pmatrix}$$

とおくと $P$ は正則行列であって，さらに

$$P^{-1}AP = \begin{pmatrix} \overbrace{\lambda_1 \ \ddots \ \lambda_1}^{n_1\text{個}} & & & & \Large 0 \\ & \overbrace{\lambda_2 \ \ddots \ \lambda_2}^{n_2\text{個}} & & & \\ & & \ddots & & \\ \Large 0 & & & \overbrace{\lambda_r \ \ddots \ \lambda_r}^{n_r\text{個}} & \end{pmatrix}$$

となる．

**例．** $n$ 次正方行列 $A$ が対角化可能なとき，$A$ の $k$ 乗 $A^k$ を容易に求めることができる．$P^{-1}AP = \begin{pmatrix} \lambda_1 & & & \Large 0 \\ & \lambda_2 & & \\ & & \ddots & \\ \Large 0 & & & \lambda_n \end{pmatrix}$ とすると，$(P^{-1}AP)^k = (P^{-1}AP)(P^{-1}AP)\cdots(P^{-1}AP) = P^{-1}A^kP$ だから

$$\begin{aligned} P^{-1}A^kP &= (P^{-1}AP)^k \\ &= \begin{pmatrix} \lambda_1 & & & \Large 0 \\ & \lambda_2 & & \\ & & \ddots & \\ \Large 0 & & & \lambda_n \end{pmatrix}^k = \begin{pmatrix} \lambda_1^k & & & \Large 0 \\ & \lambda_2^k & & \\ & & \ddots & \\ \Large 0 & & & \lambda_n^k \end{pmatrix}. \end{aligned}$$

したがって $A^k = P\begin{pmatrix} \lambda_1^k & & & 0 \\ & \lambda_2^k & & \\ & & \ddots & \\ 0 & & & \lambda_n^k \end{pmatrix}P^{-1}$ となる.

**例題 1.**

行列 $A = \begin{pmatrix} 2 & 1 \\ 4 & -1 \end{pmatrix}$ について

(1) $A$ の固有値を求めよ.

(2) $A$ の固有ベクトルを求めよ.

(3) $P^{-1}AP$ が対角行列になるような正則行列 $P$ と $P$ の逆行列 $P^{-1}$ を求めよ.

(4) $A^n$ を求めよ.

**解答**　(1) 固有方程式 $\begin{vmatrix} x-2 & -1 \\ -4 & x+1 \end{vmatrix} = (x+2)(x-3) = 0$ から $A$ の固有値は $3, -2$ である.

(2) 固有値 $3, -2$ に対する固有ベクトルはそれぞれ $t\begin{pmatrix} 1 \\ 1 \end{pmatrix}$, $s\begin{pmatrix} 1 \\ -4 \end{pmatrix}$ ($t, s$ は 0 でない任意定数）である.

(3) $P = \begin{pmatrix} 1 & 1 \\ 1 & -4 \end{pmatrix}$ とおけば $P^{-1} = -\frac{1}{5}\begin{pmatrix} -4 & -1 \\ -1 & 1 \end{pmatrix} = \begin{pmatrix} \frac{4}{5} & \frac{1}{5} \\ \frac{1}{5} & -\frac{1}{5} \end{pmatrix}$ で

$$P^{-1}AP = \begin{pmatrix} 3 & 0 \\ 0 & -2 \end{pmatrix}$$

(4) $(P^{-1}AP)^n = \begin{pmatrix} 3^n & 0 \\ 0 & (-2)^n \end{pmatrix}$ で $(P^{-1}AP)^n = P^{-1}A^nP$ である.

よって

$$\begin{aligned} A^n &= P\begin{pmatrix} 3^n & 0 \\ 0 & (-2)^n \end{pmatrix}P^{-1} \\ &= \begin{pmatrix} 1 & 1 \\ 1 & -4 \end{pmatrix}\begin{pmatrix} 3^n & 0 \\ 0 & (-2)^n \end{pmatrix}\begin{pmatrix} \frac{4}{5} & \frac{1}{5} \\ \frac{1}{5} & -\frac{1}{5} \end{pmatrix} \\ &= \begin{pmatrix} \frac{4\cdot 3^n+(-1)^n 2^n}{5} & \frac{3^n+(-1)^{n+1}2^n}{5} \\ \frac{4\cdot 3^n+(-1)^{n+1}2^{n+2}}{5} & \frac{3^n+(-1)^n 2^{n+2}}{5} \end{pmatrix} \end{aligned}$$

**例題 2.**

行列 $A = \begin{pmatrix} 1 & 0 & 0 \\ 1 & 2 & -3 \\ 1 & 1 & -2 \end{pmatrix}$ を対角化せよ．

**解答** 固有方程式 $\begin{vmatrix} x-1 & 0 & 0 \\ -1 & x-2 & 3 \\ -1 & -1 & x+2 \end{vmatrix} = (x-1)^2(x+1) = 0$ より $A$ の固有値は 1（重複度は 2），$-1$ である．

固有値 1 に対する固有ベクトルは $t_1 \begin{pmatrix} -1 \\ 1 \\ 0 \end{pmatrix} + t_2 \begin{pmatrix} 3 \\ 0 \\ 1 \end{pmatrix}$（ただし $t_1, t_2$ は同時には 0 でない任意定数），固有値 $-1$ に対する固有ベクトルは $t \begin{pmatrix} 0 \\ 1 \\ 1 \end{pmatrix}$（$t$ は 0 でない任意定数）である．よって

$P = \begin{pmatrix} -1 & 3 & 0 \\ 1 & 0 & 1 \\ 0 & 1 & 1 \end{pmatrix}$ とおけば $P^{-1}AP = \begin{pmatrix} 1 & 0 & 0 \\ 0 & 1 & 0 \\ 0 & 0 & -1 \end{pmatrix}$.

## A

**1.** 次の行列が対角化可能かどうかを調べ，対角化可能ならば正則行列 $P$ を用いて対角化せよ．

(1) $\begin{pmatrix} 3 & -1 \\ 2 & 0 \end{pmatrix}$ (2) $\begin{pmatrix} 5 & -1 \\ -1 & 3 \end{pmatrix}$ (3) $\begin{pmatrix} 0 & -1 \\ 4 & 0 \end{pmatrix}$ (4) $\begin{pmatrix} 1 & 1 & 1 \\ 0 & 1 & 1 \\ 0 & 0 & 1 \end{pmatrix}$

(5) $\begin{pmatrix} 5 & 0 & 2 \\ 7 & 4 & 8 \\ -5 & -1 & -3 \end{pmatrix}$ (6) $\begin{pmatrix} 1 & 1 & 2 \\ 0 & 2 & 2 \\ -1 & 1 & 1 \end{pmatrix}$ (7) $\begin{pmatrix} 0 & -2 & 2 \\ 1 & -3 & 1 \\ 2 & -2 & 0 \end{pmatrix}$

**2.** 次の行列 $A$ を対角化することにより，$A^n$ を求めよ．

(1) $A = \begin{pmatrix} 5 & 3 \\ -2 & 0 \end{pmatrix}$ (2) $A = \begin{pmatrix} 1 & 1 & 0 \\ 0 & 1 & 1 \\ 0 & 1 & 1 \end{pmatrix}$

**3.**　$a$ を実数とする．

(1) 行列 $\begin{pmatrix} 1 & -1 \\ 3 & a \end{pmatrix}$ の固有方程式が相異なる 2 実数解，重解，虚数解をもつための $a$ の条件をそれぞれ求めよ．

(2) (1) の行列で対角化できない $a$ を求めよ．それ以外で $a$ を指定することによって対角化できる例を作れ．

**4.**　線形写像 $f\colon \boldsymbol{R}^3 \to \boldsymbol{R}^3$ において，次の対応が存在する．

$$\begin{pmatrix} 1 \\ 0 \\ 2 \end{pmatrix} \mapsto \begin{pmatrix} -1 \\ 3 \\ 10 \end{pmatrix},\quad \begin{pmatrix} 0 \\ 1 \\ 0 \end{pmatrix} \mapsto \begin{pmatrix} 0 \\ 2 \\ 0 \end{pmatrix},\quad \begin{pmatrix} 0 \\ -1 \\ 1 \end{pmatrix} \mapsto \begin{pmatrix} -1 \\ -1 \\ 4 \end{pmatrix}$$

このとき，$f$ の表現行列 $A$ を求めて対角化せよ．

## B

**1.**　次を示せ．

(1) 巾零行列の固有値は 0 のみである．

(2) 零行列でない巾零行列は対角化可能ではない．

**2.**　$n$ 次正方行列 $A$ は $A^{n-1} \neq O,\ A^n = O$ をみたすものとする．ベクトル $\boldsymbol{a} \in \boldsymbol{R}^n$ を $A^{n-1}\boldsymbol{a} \neq \boldsymbol{0}$ となるようにとり，$n$ 次正方行列 $P$ を

$$P = \begin{pmatrix} A^{n-1}\boldsymbol{a} & A^{n-2}\boldsymbol{a} & \cdots & A\boldsymbol{a} & \boldsymbol{a} \end{pmatrix}$$

と定める．

(1) $P$ は正則であることを示せ．

(2) $P^{-1}AP$ を求めよ．

### A の解答

**1.** (1) $\begin{vmatrix} x-3 & 1 \\ -2 & x \end{vmatrix} = (x-1)(x-2)$ より固有値は $1, 2$ であり，固有ベクトルとして $\begin{pmatrix} 1 \\ 2 \end{pmatrix}, \begin{pmatrix} 1 \\ 1 \end{pmatrix}$ をとることができる．よって $P = \begin{pmatrix} 1 & 1 \\ 2 & 1 \end{pmatrix}$ とおけば $P^{-1}\begin{pmatrix} 3 & -1 \\ 2 & 0 \end{pmatrix}P = \begin{pmatrix} 1 & 0 \\ 0 & 2 \end{pmatrix}$ となる．

(2) $\begin{vmatrix} x-5 & 1 \\ 1 & x-3 \end{vmatrix} = x^2 - 8x + 14$ より固有値は $4 \pm \sqrt{2}$ であり，固有ベクトルとして $\begin{pmatrix} -(1+\sqrt{2}) \\ 1 \end{pmatrix}, \begin{pmatrix} -(1-\sqrt{2}) \\ 1 \end{pmatrix}$ をとることができる．

よって$P = \begin{pmatrix} -(1+\sqrt{2}) & -(1-\sqrt{2}) \\ 1 & 1 \end{pmatrix}$とおけば$P^{-1}\begin{pmatrix} 5 & -1 \\ -1 & 3 \end{pmatrix} P =$ $\begin{pmatrix} 4+\sqrt{2} & 0 \\ 0 & 4-\sqrt{2} \end{pmatrix}$となる．

(3) $\begin{vmatrix} x & 1 \\ -4 & x \end{vmatrix} = x^2+4$ より固有値は $\pm 2i$ であり，固有ベクトルとして $\begin{pmatrix} 1 \\ -2i \end{pmatrix}, \begin{pmatrix} 1 \\ 2i \end{pmatrix}$ をとることができる．$P = \begin{pmatrix} 1 & 1 \\ -2i & 2i \end{pmatrix}$ とおけば $P^{-1}\begin{pmatrix} 0 & -1 \\ 4 & 0 \end{pmatrix} P = \begin{pmatrix} 2i & 0 \\ 0 & -2i \end{pmatrix}$ となる．

(4) $\begin{vmatrix} x-1 & -1 & -1 \\ 0 & x-1 & -1 \\ 0 & 0 & x-1 \end{vmatrix} = (x-1)^3$ より固有値は 1（重複度は 3）．$\begin{pmatrix} 0 & -1 & -1 \\ 0 & 0 & -1 \\ 0 & 0 & 0 \end{pmatrix}$ の階数は 2 より固有空間の次元は 1 $(< 3)$ だから対角化できない．

(5) $\begin{vmatrix} x-5 & 0 & -2 \\ -7 & x-4 & -8 \\ 5 & 1 & x+3 \end{vmatrix} = (x-1)(x-2)(x-3)$ より固有値は $1, 2, 3$ であり，固有ベクトルとして $\begin{pmatrix} 1 \\ 3 \\ -2 \end{pmatrix}, \begin{pmatrix} 2 \\ 5 \\ -3 \end{pmatrix}, \begin{pmatrix} 1 \\ 1 \\ -1 \end{pmatrix}$ をとることができる．よって $P = \begin{pmatrix} 1 & 2 & 1 \\ 3 & 5 & 1 \\ -2 & -3 & -1 \end{pmatrix}$ とおけば $P^{-1}\begin{pmatrix} 5 & 0 & 2 \\ 7 & 4 & 8 \\ -5 & -1 & -3 \end{pmatrix} P =$ $\begin{pmatrix} 1 & 0 & 0 \\ 0 & 2 & 0 \\ 0 & 0 & 3 \end{pmatrix}$ となる．

(6) $\begin{vmatrix} x-1 & -1 & -2 \\ 0 & x-2 & -2 \\ 1 & -1 & x-1 \end{vmatrix} = (x-2)(x-1)^2$ より固有値は 1（重複度 2），

2である．固有値1に対する固有ベクトルは $t\begin{pmatrix} 2 \\ 2 \\ -1 \end{pmatrix}$（$t$ は0でない任意定数）であるから，固有空間の次元は1 ($<2$) となり対角化できない．

(7) $\begin{vmatrix} x & 2 & -2 \\ -1 & x+3 & -1 \\ -2 & 2 & x \end{vmatrix} = (x+2)^2(x-1)$ より固有値は $-2$（重複度は2），1 である．固有値 $-2$ に対する1次独立な固有ベクトルとして $\begin{pmatrix} 1 \\ 1 \\ 0 \end{pmatrix}$, $\begin{pmatrix} -1 \\ 0 \\ 1 \end{pmatrix}$ をとることができる．固有値1に対する固有ベクトルとして $\begin{pmatrix} 2 \\ 1 \\ 2 \end{pmatrix}$ をとることができる．よって $P = \begin{pmatrix} 1 & -1 & 2 \\ 1 & 0 & 1 \\ 0 & 1 & 2 \end{pmatrix}$ とおけば $P^{-1}\begin{pmatrix} 0 & -2 & 2 \\ 1 & -3 & 1 \\ 2 & -2 & 0 \end{pmatrix}P = \begin{pmatrix} -2 & 0 & 0 \\ 0 & -2 & 0 \\ 0 & 0 & 1 \end{pmatrix}$ となる．

**2.** (1) $\begin{vmatrix} x-5 & -3 \\ 2 & x \end{vmatrix} = (x-2)(x-3)$ より $A$ の固有値は $2, 3$ であり，固有ベクトルとして $\begin{pmatrix} 1 \\ -1 \end{pmatrix}$, $\begin{pmatrix} 3 \\ -2 \end{pmatrix}$ をとることができる．よって $P = \begin{pmatrix} 1 & 3 \\ -1 & -2 \end{pmatrix}$ とおけば $P^{-1} = \begin{pmatrix} -2 & -3 \\ 1 & 1 \end{pmatrix}$ で $A^n = P\begin{pmatrix} 2^n & 0 \\ 0 & 3^n \end{pmatrix}P^{-1}$

$$= \begin{pmatrix} -2^{n+1}+3^{n+1} & -3\cdot 2^n + 3^{n+1} \\ 2^{n+1} - 2\cdot 3^n & 3\cdot 2^n - 2\cdot 3^n \end{pmatrix}$$

(2) $\begin{vmatrix} x-1 & -1 & 0 \\ 0 & x-1 & -1 \\ 0 & -1 & x-1 \end{vmatrix} = x(x-1)(x-2)$ より $A$ の固有値は $0, 1, 2$ であり，固有ベクトルとして $\begin{pmatrix} 1 \\ -1 \\ 1 \end{pmatrix}$, $\begin{pmatrix} 1 \\ 0 \\ 0 \end{pmatrix}$, $\begin{pmatrix} 1 \\ 1 \\ 1 \end{pmatrix}$ をとることができ

る．よって $P = \begin{pmatrix} 1 & 1 & 1 \\ -1 & 0 & 1 \\ 1 & 0 & 1 \end{pmatrix}$ とおけば $P^{-1} = \begin{pmatrix} 0 & -\frac{1}{2} & \frac{1}{2} \\ 1 & 0 & -1 \\ 0 & \frac{1}{2} & \frac{1}{2} \end{pmatrix}$ で

$$A^n = P\begin{pmatrix} 0 & 0 & 0 \\ 0 & 1 & 0 \\ 0 & 0 & 2^n \end{pmatrix}P^{-1} = \begin{pmatrix} 1 & 2^{n-1} & -1+2^{n-1} \\ 0 & 2^{n-1} & 2^{n-1} \\ 0 & 2^{n-1} & 2^{n-1} \end{pmatrix}$$

**3.** (1) 固有方程式は $\begin{vmatrix} x-1 & 1 \\ -3 & x-a \end{vmatrix} = x^2-(a+1)x+a+3=0$ で，判別式は $(a+1)^2-4(a+3)=a^2-2a-11$ である．よって

相異なる 2 実数解をもつ $\Longleftrightarrow a < 1-2\sqrt{3}$ または $a > 1+2\sqrt{3}$

重解をもつ $\Longleftrightarrow a = 1 \pm 2\sqrt{3}$

虚数解をもつ $\Longleftrightarrow 1-2\sqrt{3} < a < 1+2\sqrt{3}$

(2) 固有方程式が重解 $x=\lambda$ をもつ場合 $\mathrm{rank}\begin{pmatrix} \lambda-1 & 1 \\ -3 & \lambda-a \end{pmatrix} = 1$ だから $\lambda$ に対する固有空間の次元は 1 となり行列 $\begin{pmatrix} 1 & -1 \\ 3 & a \end{pmatrix}$ は対角化できない．よって $a = 1\pm 2\sqrt{3}$ のとき対角化できない．対角化できる例を作ってみる．

たとえば $a=5$ のとき固有方程式は $x^2-6x+8=(x-2)(x-4)=0$ となり固有値は 2, 4 であり，固有ベクトルとして $\begin{pmatrix} 1 \\ -1 \end{pmatrix}, \begin{pmatrix} 1 \\ -3 \end{pmatrix}$ をとることができる．よって $P = \begin{pmatrix} 1 & 1 \\ -1 & -3 \end{pmatrix}$ とおけば $P^{-1}AP = \begin{pmatrix} 2 & 0 \\ 0 & 4 \end{pmatrix}$ となる．また $a=1$ のとき固有方程式は $x^2-2x+4=0$ となり固有値は $1\pm\sqrt{3}i$ である．固有ベクトルとして $\begin{pmatrix} 1 \\ -\sqrt{3}i \end{pmatrix}, \begin{pmatrix} 1 \\ \sqrt{3}i \end{pmatrix}$ をとることができる．よって $P = \begin{pmatrix} 1 & 1 \\ -\sqrt{3}i & \sqrt{3}i \end{pmatrix}$ とおけば $P^{-1}AP = \begin{pmatrix} 1+\sqrt{3}i & 0 \\ 0 & 1-\sqrt{3}i \end{pmatrix}$ となる．

**4.** $\begin{pmatrix} 1 \\ 0 \\ 2 \end{pmatrix}, \begin{pmatrix} 0 \\ -1 \\ 1 \end{pmatrix}$ を標準基底の 1 次結合で表すと

$$\begin{pmatrix} 1 \\ 0 \\ 2 \end{pmatrix} = \begin{pmatrix} 1 \\ 0 \\ 0 \end{pmatrix} + 2\begin{pmatrix} 0 \\ 0 \\ 1 \end{pmatrix}, \quad \begin{pmatrix} 0 \\ -1 \\ 1 \end{pmatrix} = -\begin{pmatrix} 0 \\ 1 \\ 0 \end{pmatrix} + \begin{pmatrix} 0 \\ 0 \\ 1 \end{pmatrix}.$$

$$f(\begin{pmatrix} 1 \\ 0 \\ 2 \end{pmatrix}) = f(\begin{pmatrix} 1 \\ 0 \\ 0 \end{pmatrix}) + 2f(\begin{pmatrix} 0 \\ 0 \\ 1 \end{pmatrix}) = \begin{pmatrix} -1 \\ 3 \\ 10 \end{pmatrix} \quad \cdots\cdots \quad ①$$

$$f(\begin{pmatrix} 0 \\ 1 \\ 0 \end{pmatrix}) = \begin{pmatrix} 0 \\ 2 \\ 0 \end{pmatrix} \quad \cdots\cdots \quad ②$$

$$f(\begin{pmatrix} 0 \\ -1 \\ 1 \end{pmatrix}) = -f(\begin{pmatrix} 0 \\ 1 \\ 0 \end{pmatrix}) + f(\begin{pmatrix} 0 \\ 0 \\ 1 \end{pmatrix}) = \begin{pmatrix} -1 \\ -1 \\ 4 \end{pmatrix} \quad \cdots\cdots \quad ③$$

②と③より

$$f(\begin{pmatrix} 0 \\ 0 \\ 1 \end{pmatrix}) = \begin{pmatrix} 0 \\ 2 \\ 0 \end{pmatrix} + \begin{pmatrix} -1 \\ -1 \\ 4 \end{pmatrix} = \begin{pmatrix} -1 \\ 1 \\ 4 \end{pmatrix} \quad \cdots\cdots \quad ④$$

①と④より

$$f(\begin{pmatrix} 1 \\ 0 \\ 0 \end{pmatrix}) = -2\begin{pmatrix} -1 \\ 1 \\ 4 \end{pmatrix} + \begin{pmatrix} -1 \\ 3 \\ 10 \end{pmatrix} = \begin{pmatrix} 1 \\ 1 \\ 2 \end{pmatrix}$$

よって $A = \begin{pmatrix} 1 & 0 & -1 \\ 1 & 2 & 1 \\ 2 & 0 & 4 \end{pmatrix}$ となる.

$\begin{vmatrix} x-1 & 0 & 1 \\ -1 & x-2 & -1 \\ -2 & 0 & x-4 \end{vmatrix} = (x-2)^2(x-3)$ より $A$ の固有値は 2（重複度は 2），3 である.

固有値 2 に対する 1 次独立な固有ベクトルとして $\begin{pmatrix} 1 \\ 0 \\ -1 \end{pmatrix}$, $\begin{pmatrix} 0 \\ 1 \\ 0 \end{pmatrix}$ をとる

ことができる．固有値 3 に対する固有ベクトルとして $\begin{pmatrix} -1 \\ 1 \\ 2 \end{pmatrix}$ をとることができる．よって $P = \begin{pmatrix} 1 & 0 & -1 \\ 0 & 1 & 1 \\ -1 & 0 & 2 \end{pmatrix}$ とおけば $P^{-1}AP = \begin{pmatrix} 2 & 0 & 0 \\ 0 & 2 & 0 \\ 0 & 0 & 3 \end{pmatrix}$ となる．

**B の解答**

**1.** (1) $A$ を巾零行列とすると，自然数 $k$ があって $A^k = O$.

$$A\boldsymbol{x} = \lambda\boldsymbol{x} \quad (\boldsymbol{x} \neq \boldsymbol{0})$$

とおく．両辺に左から $A$ をかけると

$$A^2\boldsymbol{x} = \lambda A\boldsymbol{x} = \lambda^2\boldsymbol{x}.$$

この操作を続けて

$$A^k\boldsymbol{x} = \lambda^k\boldsymbol{x}.$$

よって $A^k = O$ より $\lambda^k\boldsymbol{x} = \boldsymbol{0}$ となるが，$\boldsymbol{x} \neq \boldsymbol{0}$ だから $\lambda^k = 0$，すなわち $\lambda = 0$.

(2) 仮に $A$ が対角化可能であるとすると，正則行列 $P$ があって（(1) の結果を用いて）

$$P^{-1}AP = \begin{pmatrix} 0 & & \text{\Large 0} \\ & \ddots & \\ \text{\Large 0} & & 0 \end{pmatrix} = O.$$

よって $A = O$ となり，$A \neq O$ に矛盾する．

**2.** (1) $n$ 個のベクトル

$$A^{n-1}\boldsymbol{a},\ A^{n-2}\boldsymbol{a},\ \cdots,\ A\boldsymbol{a},\ \boldsymbol{a}$$

が 1 次独立なことをいえば十分．

$$\alpha_1 A^{n-1}\boldsymbol{a} + \alpha_2 A^{n-2}\boldsymbol{a} + \cdots + \alpha_{n-1}A\boldsymbol{a} + \alpha_n\boldsymbol{a} = \boldsymbol{0} \quad \cdots\cdots \quad (*)$$

とおく．この両辺に左から $A$ をかけると（$A^n = O$ に注意して）

$$\alpha_2 A^{n-1}\boldsymbol{a} + \cdots + \alpha_{n-1}A^2\boldsymbol{a} + \alpha_n A\boldsymbol{a} = \boldsymbol{0}.$$

この操作を繰り返すと $\alpha_n A^{n-1}\boldsymbol{a} = \boldsymbol{0}$ となる．ところが $A^{n-1}\boldsymbol{a} \neq \boldsymbol{0}$ だから $\alpha_n = 0$．$(*)$ で $\alpha_n = 0$ とおいて同じ作業を繰り返すと，結局 $\alpha_1 = \alpha_2 = \cdots = \alpha_n = 0$ を得る．

(2)

$$\begin{aligned}AP &= A\begin{pmatrix} A^{n-1}\boldsymbol{a} & A^{n-2}\boldsymbol{a} & \cdots & A\boldsymbol{a} & \boldsymbol{a} \end{pmatrix}\\ &= \begin{pmatrix} \mathbf{0} & A^{n-1}\boldsymbol{a} & \cdots & A^2\boldsymbol{a} & A\boldsymbol{a} \end{pmatrix}\\ &= \begin{pmatrix} A^{n-1}\boldsymbol{a} & A^{n-2}\boldsymbol{a} & \cdots & A\boldsymbol{a} & \boldsymbol{a} \end{pmatrix}\begin{pmatrix} 0 & 1 & & \text{\huge 0} \\ & \ddots & \ddots & \\ & & \ddots & 1 \\ \text{\huge 0} & & & 0 \end{pmatrix}\\ &= P\begin{pmatrix} 0 & 1 & & \text{\huge 0} \\ & \ddots & \ddots & \\ & & \ddots & 1 \\ \text{\huge 0} & & & 0 \end{pmatrix}.\end{aligned}$$

よって

$$P^{-1}AP = \begin{pmatrix} 0 & 1 & & \text{\huge 0} \\ & \ddots & \ddots & \\ & & \ddots & 1 \\ \text{\huge 0} & & & 0 \end{pmatrix}.$$

## 5.3 対称行列

### 行列の三角化

正方行列は必ずしも対角化可能ではないが，対角行列に形の近い三角行列に変形にすることは可能である．ここでは固有値が実数の場合を扱う．

**定理 1.** $n$ 次正方行列 $A$ は適当な正則行列 $P$ によって

$$P^{-1}AP = \begin{pmatrix} \lambda_1 & & & \ast \\ & \lambda_2 & & \\ & & \ddots & \\ 0 & & & \lambda_n \end{pmatrix}$$

と三角行列に変形できる．特に $A$ が $n$ 次実正方行列で固有値がすべて実数ならば，$P$ として直交行列をとることができる．

### 対称行列の対角化

$n$ 次正方行列 $A$ は，${}^tA = A$ をみたすとき対称行列であると定義した．もしさらに $A$ の成分が実数であれば，$A$ は実対称行列であるという．

**定理 2.** 実対称行列 $A$ の固有値はすべて実数である．

**定理 3.** 実対称行列 $A$ の相異なる固有値に対する固有ベクトルは互いに直交する．

**定理 4.** 実対称行列 $A$ は適当な正則行列 $P$ によって

$$P^{-1}AP = \begin{pmatrix} \lambda_1 & & & 0 \\ & \lambda_2 & & \\ & & \ddots & \\ 0 & & & \lambda_n \end{pmatrix}$$

と対角化される．特に $P$ として直交行列をとることができる．

$A$ を対角化する直交行列 $P$ は次のように作ることができる．$n$ 次実対称行列 $A$ の相異なる固有値を $\lambda_1, \lambda_1, \cdots, \lambda_r$ とする．各固有値 $\lambda_i$ の重複度を $n_i$ $(i = 1, 2, \cdots, r)$ とし，各 $\lambda_i$ に対する固有空間の基底を $\boldsymbol{x}_{ik}$ $(k = 1, 2, \cdots, n_i)$ とおく．各 $i$ について，$n_i$ 個のベクトル $\boldsymbol{x}_{i1}, \boldsymbol{x}_{i2}, \cdots, \boldsymbol{x}_{in_i}$ は 1 次独立だから，これらをグラム・シュミットの方法で正規直交化する．このとき $n$ 個のベクトル

$$\boldsymbol{x}_{11}, \cdots, \boldsymbol{x}_{1n_1}, \boldsymbol{x}_{21}, \cdots, \boldsymbol{x}_{2n_2}, \cdots, \boldsymbol{x}_{r1}, \cdots, \boldsymbol{x}_{rn_r}$$

は $\boldsymbol{R}^n$ の正規直交基底になる．したがって $n$ 次正方行列 $P$ を

$$P = \begin{pmatrix} \boldsymbol{x}_{11} & \cdots & \boldsymbol{x}_{1n_1} & \boldsymbol{x}_{21} & \cdots & \boldsymbol{x}_{2n_2} & \cdots & \boldsymbol{x}_{r1} & \cdots & \boldsymbol{x}_{rn_r} \end{pmatrix}$$

と定めると，$P$ は直交行列であって，さらに $A$ を対角化する行列になる．

**正規行列**

正方行列 $A=(a_{ij})$ に対し，転置行列 ${}^tA$ のすべての成分を共役複素数に置き換えた行列を $A^*$ で表す．すなわち $A^*=(\overline{a_{ji}})$ （$\overline{a_{ji}}$ は $a_{ji}$ の共役複素数）である．

$n$ 次正方行列 $A$ が $A^*A=AA^*$ をみたすとき，$A$ は正規行列であるという．

**例 1.** $A=\begin{pmatrix} i & 1+i \\ -1+i & 0 \end{pmatrix}$ について

$$\begin{pmatrix} -i & -1-i \\ 1-i & 0 \end{pmatrix}\begin{pmatrix} i & 1+i \\ -1+i & 0 \end{pmatrix}=\begin{pmatrix} 3 & 1-i \\ 1+i & 2 \end{pmatrix}$$
$$=\begin{pmatrix} i & 1+i \\ -1+i & 0 \end{pmatrix}\begin{pmatrix} -i & -1-i \\ 1-i & 0 \end{pmatrix}$$

だから，$A$ は正規行列である．

**例 2.** $A^*=A$ をみたす行列 $A$ は正規行列である．このような $A$ をエルミート行列という．成分がすべて実数のエルミート行列は実対称行列である．

**例 3.** $U^*U=UU^*=E$ をみたす行列 $U$ も正規行列である．このような $U$ をユニタリー行列という．成分がすべて実数のユニタリー行列は直交行列である．

**定理 5.** ユニタリー行列の固有値の絶対値は 1 である．

**定理 6.** $A$ が正規行列ならば，$A$ の相異なる固有値に対する固有ベクトルは直交する．ただし，ベクトルの内積は，$\boldsymbol{x}=\begin{pmatrix} x_1 \\ x_2 \\ \vdots \\ x_n \end{pmatrix}$, $\boldsymbol{y}=\begin{pmatrix} y_1 \\ y_2 \\ \vdots \\ y_n \end{pmatrix}$ に対して

$$\boldsymbol{x}\cdot\boldsymbol{y}=x_1\overline{y_1}+x_2\overline{y_2}+\cdots+x_n\overline{y_n}$$

とする．

**定理 7.** 正規行列 $A$ は適当なユニタリー行列 $U$ によって

$$U^*AU=\begin{pmatrix} \lambda_1 & & & \text{\huge 0} \\ & \lambda_2 & & \\ & & \ddots & \\ \text{\huge 0} & & & \lambda_n \end{pmatrix}$$

と対角化される．ここで $\lambda_1,\lambda_2,\cdots,\lambda_n$ は $A$ の固有値である．逆に，正方行列 $A$ がユニタリー行列 $U$ によって対角化可能ならば，$A$ は正規行列である．

**例題 1.**

対称行列 $A = \begin{pmatrix} 3 & 1 & -1 \\ 1 & 2 & 0 \\ -1 & 0 & 2 \end{pmatrix}$ について

(1) $A$ の固有値を求めよ.

(2) $A$ の固有ベクトルを求めよ.

(3) ${}^tTAT$ が対角行列になるような直交行列 $T$ を求めよ.

**解答** (1) $\varphi_A(x) = \begin{vmatrix} x-3 & -1 & 1 \\ -1 & x-2 & 0 \\ 1 & 0 & x-2 \end{vmatrix} = (x-2)(x-1)(x-4)$ より $A$ の固有値は $1, 2, 4$ である.

(2) 固有値 $1, 2, 4$ に対する固有ベクトルはそれぞれ

$t\begin{pmatrix} 1 \\ -1 \\ 1 \end{pmatrix}$, $s\begin{pmatrix} 0 \\ 1 \\ 1 \end{pmatrix}$, $u\begin{pmatrix} 2 \\ 1 \\ -1 \end{pmatrix}$ ($t, s, u$ は 0 でない任意定数) である.

(3) $\begin{pmatrix} 1 \\ -1 \\ 1 \end{pmatrix}$, $\begin{pmatrix} 0 \\ 1 \\ 1 \end{pmatrix}$, $\begin{pmatrix} 2 \\ 1 \\ -1 \end{pmatrix}$ は定理 3 より互いに直交する. これらのベクトルの長さを 1 にして並べた行列を $T = \begin{pmatrix} \frac{1}{\sqrt{3}} & 0 & \frac{2}{\sqrt{6}} \\ -\frac{1}{\sqrt{3}} & \frac{1}{\sqrt{2}} & \frac{1}{\sqrt{6}} \\ \frac{1}{\sqrt{3}} & \frac{1}{\sqrt{2}} & -\frac{1}{\sqrt{6}} \end{pmatrix}$

とおけば $T$ は直交行列で ${}^tTAT = \begin{pmatrix} 1 & 0 & 0 \\ 0 & 2 & 0 \\ 0 & 0 & 4 \end{pmatrix}$ となる.

**例題 2.**

行列 $A = \begin{pmatrix} 4 & 1 & -1 \\ -1 & 0 & 1 \\ 5 & 1 & 0 \end{pmatrix}$ を直交行列 $P$ により上三角行列にせよ.

**解答** $A$ の固有多項式は $(x-1)^2(x-2)$ で, 固有値は $1, 2$. 固有値 1 に対する固有ベクトルとして $\begin{pmatrix} 0 \\ 1 \\ 1 \end{pmatrix}$ をとることができる. これを含む $\boldsymbol{R}^3$ の 1 組の

基底をつくる．例えば$\begin{pmatrix} 0 \\ 1 \\ 1 \end{pmatrix}, \begin{pmatrix} 1 \\ 0 \\ 0 \end{pmatrix}, \begin{pmatrix} 0 \\ 1 \\ 0 \end{pmatrix}$とし，次にこれを正規直交化すれば

$$\begin{pmatrix} 0 \\ \frac{1}{\sqrt{2}} \\ \frac{1}{\sqrt{2}} \end{pmatrix}, \quad \begin{pmatrix} 1 \\ 0 \\ 0 \end{pmatrix}, \quad \begin{pmatrix} 0 \\ \frac{1}{\sqrt{2}} \\ -\frac{1}{\sqrt{2}} \end{pmatrix}.$$

そこで $Q = \begin{pmatrix} 0 & 1 & 0 \\ \frac{1}{\sqrt{2}} & 0 & \frac{1}{\sqrt{2}} \\ \frac{1}{\sqrt{2}} & 0 & -\frac{1}{\sqrt{2}} \end{pmatrix}$ とおくと $Q$ は直交行列で

$$Q^{-1}AQ = {}^tQAQ = \begin{pmatrix} 1 & 2\sqrt{2} & 0 \\ 0 & 4 & \sqrt{2} \\ 0 & -3\sqrt{2} & -1 \end{pmatrix}$$

となる．

次に $B = \begin{pmatrix} 4 & \sqrt{2} \\ -3\sqrt{2} & -1 \end{pmatrix}$ とおき，$B$ に同様の作業を行う．$B$ の固有値は $1, 2$．固有値 1 に対する固有ベクトルの 1 つ，例えば $\begin{pmatrix} \sqrt{2} \\ -3 \end{pmatrix}$ をとる．これを含む $\boldsymbol{R}^2$ の 1 組の基底として例えば $\begin{pmatrix} \sqrt{2} \\ -3 \end{pmatrix}, \begin{pmatrix} 1 \\ 0 \end{pmatrix}$ をとり，正規直交化すると

$$\begin{pmatrix} \sqrt{\frac{2}{11}} \\ -\frac{3}{\sqrt{11}} \end{pmatrix}, \quad \begin{pmatrix} \frac{3}{\sqrt{11}} \\ \sqrt{\frac{2}{11}} \end{pmatrix}.$$

よって

$$R = \begin{pmatrix} \sqrt{\frac{2}{11}} & \frac{3}{\sqrt{11}} \\ -\frac{3}{\sqrt{11}} & \sqrt{\frac{2}{11}} \end{pmatrix}$$

とおくと $R$ は 2 次の直交行列である．さらに

$$P = Q \begin{pmatrix} 1 & 0 & 0 \\ 0 & & \\ 0 & & R \end{pmatrix} = \begin{pmatrix} 0 & \sqrt{\frac{2}{11}} & \frac{3}{\sqrt{11}} \\ \frac{1}{\sqrt{2}} & -\frac{3}{\sqrt{22}} & \frac{1}{\sqrt{11}} \\ \frac{1}{\sqrt{2}} & \frac{3}{\sqrt{22}} & -\frac{1}{\sqrt{11}} \end{pmatrix}$$

とおけば，$P$ は 3 次の直交行列で

$$
{}^tPAP = \begin{pmatrix} 1 & \frac{4}{\sqrt{11}} & \frac{6\sqrt{2}}{\sqrt{11}} \\ 0 & 1 & 4\sqrt{2} \\ 0 & 0 & 2 \end{pmatrix}
$$

が得られる．

**例題 3.**

エルミート行列 $A = \begin{pmatrix} 1 & i & 1 \\ -i & 0 & 0 \\ 1 & 0 & 0 \end{pmatrix}$ の固有値，固有ベクトルを求め，

異なる固有値に対応する固有ベクトルが直交することを示せ．

**解答**　$\varphi_A(x) = \begin{vmatrix} x-1 & -i & -1 \\ i & x & 0 \\ -1 & 0 & x \end{vmatrix} = x(x-2)(x+1)$ より $A$ の固有値は

$0, 2, -1$ である．

固有値 $0, 2, -1$ に対する固有ベクトルはそれぞれ

$t\begin{pmatrix} 0 \\ 1 \\ -i \end{pmatrix}$，$s\begin{pmatrix} 2 \\ -i \\ 1 \end{pmatrix}$，$u\begin{pmatrix} 1 \\ i \\ -1 \end{pmatrix}$ （$t, s, u$ は 0 でない任意定数）である．

そこで内積を計算すると

$$
\begin{pmatrix} 0 \\ 1 \\ -i \end{pmatrix} \cdot \begin{pmatrix} 2 \\ -i \\ 1 \end{pmatrix} = \begin{pmatrix} 0 & 1 & -i \end{pmatrix} \begin{pmatrix} 2 \\ i \\ 1 \end{pmatrix} = i - i = 0
$$

$$
\begin{pmatrix} 0 \\ 1 \\ -i \end{pmatrix} \cdot \begin{pmatrix} 1 \\ i \\ -1 \end{pmatrix} = \begin{pmatrix} 0 & 1 & -i \end{pmatrix} \begin{pmatrix} 1 \\ -i \\ -1 \end{pmatrix} = -i + i = 0
$$

$$
\begin{pmatrix} 2 \\ -i \\ 1 \end{pmatrix} \cdot \begin{pmatrix} 1 \\ i \\ -1 \end{pmatrix} - \begin{pmatrix} 2 & -\imath & 1 \end{pmatrix} \begin{pmatrix} 1 \\ -i \\ -1 \end{pmatrix} = 2 - 1 - 1 = 0.
$$

よって異なる固有値に対応する固有ベクトルは直交することがいえる．

## A

**1.**　次の対称行列を直交行列 $P$ で対角化せよ．

(1) $\begin{pmatrix} -1 & -2 \\ -2 & 2 \end{pmatrix}$　　(2) $\begin{pmatrix} 2 & a \\ a & 2 \end{pmatrix}$　　(3) $\begin{pmatrix} 1 & -1 & 0 \\ -1 & 2 & 1 \\ 0 & 1 & 1 \end{pmatrix}$

(4) $\begin{pmatrix} 0 & 0 & 1 \\ 0 & 1 & 0 \\ 1 & 0 & 0 \end{pmatrix}$　　(5) $\begin{pmatrix} 2 & 1 & 1 \\ 1 & 2 & 1 \\ 1 & 1 & 2 \end{pmatrix}$　　(6) $\begin{pmatrix} \frac{13}{9} & -\frac{2}{9} & \frac{4}{9} \\ -\frac{2}{9} & \frac{10}{9} & -\frac{2}{9} \\ \frac{4}{9} & -\frac{2}{9} & \frac{13}{9} \end{pmatrix}$

**2.**　$A = \begin{pmatrix} \frac{5}{4} & -\frac{3\sqrt{3}}{4} \\ -\frac{3\sqrt{3}}{4} & -\frac{1}{4} \end{pmatrix}$ とする．

(1) $A$ を直交行列によって対角化せよ．

(2) $A^n$ を求めよ．

**3.**　対称行列 $A, B$ が直交行列 $P, Q$ によってそれぞれ対角化されるとき，行列

$$C = \begin{pmatrix} A & O \\ O & B \end{pmatrix}$$

を直交行列によって対角化せよ．

**4.**　実対称行列 $A$ が零行列でなければ，任意の自然数 $m$ に対して $A^m \neq O$ であることを証明せよ．

**5.**　正方行列 $A$ が直交行列によって対角化されるならば，$A$ は対称行列であることを示せ．

**6.**　$A = \begin{pmatrix} 0 & 1+i \\ -1+i & -i \end{pmatrix}$ に関して以下の問に答えよ．

(1) $A$ はエルミート行列でないことを示せ．

(2) $A$ は正規行列であることを示せ．

(3) $A$ の固有値 $\lambda_1, \lambda_2$ に対応する固有ベクトル $\boldsymbol{x}_1, \boldsymbol{x}_2$ を求めよ．

(4) (3) で求めた固有ベクトルは直交することを示せ．

(5) $A$ を対角化せよ．

## B

**1.**　$A$ が実対称行列であり，かつその固有値がすべて正であるためには，$A = {}^tBB$ となる実正則行列 $B$ があることが必要十分条件であることを証明せよ．

**2.**　(1) 行列式の値が 1 の 3 次直交行列 $A$ は回転軸をもつこと，すなわちある直線のまわりの回転を表すことを示せ．

(2) $\begin{pmatrix} 0 & 1 & 0 \\ 0 & 0 & 1 \\ 1 & 0 & 0 \end{pmatrix}$ の回転軸は何か．

**3.** $2\times 2$ 型の行列 $A$ がエルミート行列とするとき，以下の問に答えよ．ただし $A^* = {}^t(\overline{A}) = \overline{({}^tA)}$.

(1) エルミート行列の定義を述べよ．

(2) $\lambda$ を $A$ の固有値，$\boldsymbol{x}$ を $\lambda$ に対応する固有ベクトルとするとき，次が成り立つことを示せ．

(i) $x^*(A\boldsymbol{x}) = \lambda\boldsymbol{x}^*\boldsymbol{x}$ (ii) $(A\boldsymbol{x})^* = \boldsymbol{x}^*A^*$ (iii) $(\lambda\boldsymbol{x})^*\boldsymbol{x} = \overline{\lambda}(\boldsymbol{x}^*\boldsymbol{x})$

(3) (2) の結果から $\lambda = \overline{\lambda}$ すなわちエルミート行列の固有値は実数であることを示せ．

**4.** $A$ を 2 次ユニタリー行列とする．$A^*\begin{pmatrix} x & y+iz \\ y-iz & -x \end{pmatrix}A$ はエルミート行列かつトレース 0 だから $\begin{pmatrix} X & Y+iZ \\ Y-iZ & -X \end{pmatrix}$ とかける．このとき

$$\begin{pmatrix} x \\ y \\ z \end{pmatrix} \to \begin{pmatrix} X \\ Y \\ Z \end{pmatrix}$$

は $\boldsymbol{R}^3$ の線形変換となる．その表現行列を $\widehat{A}$ とする．

(1) $\widehat{A}$ は直交行列であることを示せ．

また $A = \begin{pmatrix} e^{i\alpha} & 0 \\ 0 & e^{-i\alpha} \end{pmatrix}$, $\begin{pmatrix} \cos\theta & -\sin\theta \\ \sin\theta & \cos\theta \end{pmatrix}$ のとき $\widehat{A}$ を求めよ．

(2) $\widehat{A} = E$ となる $A$ は何か．

**A の解答**

**1.** (1) $\begin{vmatrix} x+1 & 2 \\ 2 & x-2 \end{vmatrix} = (x-3)(x+2)$ より固有値は $3, -2$ である．

固有値 $3, -2$ に対応する固有ベクトルとして $\begin{pmatrix} 1 \\ -2 \end{pmatrix}$, $\begin{pmatrix} 2 \\ 1 \end{pmatrix}$ をとることができる．$P = \begin{pmatrix} \frac{1}{\sqrt{5}} & \frac{2}{\sqrt{5}} \\ -\frac{2}{\sqrt{5}} & \frac{1}{\sqrt{5}} \end{pmatrix}$ とおけば $P$ は直交行列で

$${}^tP\begin{pmatrix} -1 & -2 \\ -2 & 2 \end{pmatrix}P = \begin{pmatrix} 3 & 0 \\ 0 & -2 \end{pmatrix}$$

となる．

(2) $\begin{vmatrix} x-2 & -a \\ -a & x-2 \end{vmatrix} = (x-2-a)(x-2+a)$ より固有値は $2+a,\ 2-a$ である.

$a=0$ のときは $\begin{pmatrix} 2 & 0 \\ 0 & 2 \end{pmatrix}$ なので，すでに対角化されている.

$a \neq 0$ のとき，固有値 $2+a,\ 2-a$ に対応する固有ベクトルとして $\begin{pmatrix} 1 \\ 1 \end{pmatrix}$, $\begin{pmatrix} 1 \\ -1 \end{pmatrix}$ をとることができる．$P = \begin{pmatrix} \frac{1}{\sqrt{2}} & \frac{1}{\sqrt{2}} \\ \frac{1}{\sqrt{2}} & -\frac{1}{\sqrt{2}} \end{pmatrix}$ とおけば $P$ は直交行列で

$$ {}^tP \begin{pmatrix} 2 & a \\ a & 2 \end{pmatrix} P = \begin{pmatrix} 2+a & 0 \\ 0 & 2-a \end{pmatrix} $$

となる.

(3) $\begin{vmatrix} x-1 & 1 & 0 \\ 1 & x-2 & -1 \\ 0 & -1 & x-1 \end{vmatrix} = x(x-1)(x-3)$ より固有値は $0, 1, 3$ である.

固有値 $0, 1, 3$ に対応する固有ベクトルとして $\begin{pmatrix} 1 \\ 1 \\ -1 \end{pmatrix}$, $\begin{pmatrix} 1 \\ 0 \\ 1 \end{pmatrix}$, $\begin{pmatrix} -1 \\ 2 \\ 1 \end{pmatrix}$ をとることができる．$P = \begin{pmatrix} \frac{1}{\sqrt{3}} & \frac{1}{\sqrt{2}} & -\frac{1}{\sqrt{6}} \\ \frac{1}{\sqrt{3}} & 0 & \frac{2}{\sqrt{6}} \\ -\frac{1}{\sqrt{3}} & \frac{1}{\sqrt{2}} & \frac{1}{\sqrt{6}} \end{pmatrix}$ とおけば $P$ は直交行列で

$$ {}^tP \begin{pmatrix} 1 & -1 & 0 \\ -2 & 2 & 1 \\ 0 & 1 & 1 \end{pmatrix} P = \begin{pmatrix} 0 & 0 & 0 \\ 0 & 1 & 0 \\ 0 & 0 & 3 \end{pmatrix} $$

となる.

(4) $\begin{vmatrix} x & 0 & -1 \\ 0 & x-1 & 0 \\ -1 & 0 & x \end{vmatrix} = (x-1)^2(x+1)$ より固有値は 1（重複度は 2），$-1$ である.

固有値 1 に対応する 1 次独立な固有ベクトルとして $\begin{pmatrix} 1 \\ 0 \\ 1 \end{pmatrix}$, $\begin{pmatrix} 0 \\ 1 \\ 0 \end{pmatrix}$ をとることができる.

固有値 $-1$ に対応する固有ベクトルとして $\begin{pmatrix} 1 \\ 0 \\ -1 \end{pmatrix}$ をとることができる.

$P = \begin{pmatrix} \frac{1}{\sqrt{2}} & 0 & \frac{1}{\sqrt{2}} \\ 0 & 1 & 0 \\ \frac{1}{\sqrt{2}} & 0 & -\frac{1}{\sqrt{2}} \end{pmatrix}$ とおけば $P$ は直交行列で

$$ {}^tP \begin{pmatrix} 0 & 0 & 1 \\ 0 & 1 & 0 \\ 1 & 0 & 0 \end{pmatrix} P = \begin{pmatrix} 1 & 0 & 0 \\ 0 & 1 & 0 \\ 0 & 0 & -1 \end{pmatrix} $$

となる.

(5) $\begin{vmatrix} x-2 & -1 & -1 \\ -1 & x-2 & -1 \\ -1 & -1 & x-2 \end{vmatrix} = (x-1)^2(x-4)$ より固有値は 1 (重複度は 2), 4 である. 固有値 1 に対応する 1 次独立な固有ベクトルとして $\begin{pmatrix} -1 \\ 1 \\ 0 \end{pmatrix}, \begin{pmatrix} -1 \\ 0 \\ 1 \end{pmatrix}$ をとることができる. この 2 つのベクトルは直交していないので正規直交化すると $\frac{1}{\sqrt{2}}\begin{pmatrix} -1 \\ 1 \\ 0 \end{pmatrix}, \frac{1}{\sqrt{6}}\begin{pmatrix} -1 \\ -1 \\ 2 \end{pmatrix}$ が得られる. 固有値 4 に対応する固有ベクトルとして $\begin{pmatrix} 1 \\ 1 \\ 1 \end{pmatrix}$ をとることができる. これを正規化すると $\frac{1}{\sqrt{3}}\begin{pmatrix} 1 \\ 1 \\ 1 \end{pmatrix}$ となる. よって $P = \begin{pmatrix} -\frac{1}{\sqrt{2}} & -\frac{1}{\sqrt{6}} & \frac{1}{\sqrt{3}} \\ \frac{1}{\sqrt{2}} & -\frac{1}{\sqrt{6}} & \frac{1}{\sqrt{3}} \\ 0 & \frac{2}{\sqrt{6}} & \frac{1}{\sqrt{3}} \end{pmatrix}$ とおけば $P$ は直交行列で

$$ {}^tP \begin{pmatrix} 2 & 1 & 1 \\ 1 & 2 & 1 \\ 1 & 1 & 2 \end{pmatrix} P = \begin{pmatrix} 1 & 0 & 0 \\ 0 & 1 & 0 \\ 0 & 0 & 4 \end{pmatrix} $$

となる.

(6) $\begin{vmatrix} x-\frac{13}{9} & \frac{2}{9} & -\frac{4}{9} \\ \frac{2}{9} & x-\frac{10}{9} & \frac{2}{9} \\ -\frac{4}{9} & \frac{2}{9} & x-\frac{13}{9} \end{vmatrix} = (x-1)^2(x-2)$ より固有値は 1（重複度は 2），2 である．固有値 1 に対応する 1 次独立な固有ベクトルとして $\begin{pmatrix} 1 \\ 0 \\ -1 \end{pmatrix}$, $\begin{pmatrix} 0 \\ 2 \\ 1 \end{pmatrix}$ をとることができる．この 2 つのベクトルは直交していないので正規直交化すると $\begin{pmatrix} \frac{1}{\sqrt{2}} \\ 0 \\ -\frac{1}{\sqrt{2}} \end{pmatrix}$, $\begin{pmatrix} \frac{1}{3\sqrt{2}} \\ \frac{4}{3\sqrt{2}} \\ \frac{1}{3\sqrt{2}} \end{pmatrix}$ が得られる．

固有値 2 に対応する固有ベクトルとして $\begin{pmatrix} 2 \\ -1 \\ 2 \end{pmatrix}$ をとることができる．

よって $P = \begin{pmatrix} \frac{1}{\sqrt{2}} & \frac{1}{3\sqrt{2}} & \frac{2}{3} \\ 0 & \frac{4}{3\sqrt{2}} & -\frac{1}{3} \\ -\frac{1}{\sqrt{2}} & \frac{1}{3\sqrt{2}} & \frac{2}{3} \end{pmatrix}$ とおけば $P$ は直交行列で

$$ {}^tP \begin{pmatrix} \frac{13}{9} & -\frac{2}{9} & \frac{4}{9} \\ -\frac{2}{9} & \frac{16}{9} & -\frac{2}{9} \\ \frac{4}{9} & -\frac{2}{9} & \frac{13}{9} \end{pmatrix} P = \begin{pmatrix} 1 & 0 & 0 \\ 0 & 1 & 0 \\ 0 & 0 & 2 \end{pmatrix} $$

となる．

**2.** (1) $\begin{vmatrix} x-\frac{5}{4} & \frac{3\sqrt{3}}{4} \\ \frac{3\sqrt{3}}{4} & \frac{1}{4} \end{vmatrix} = (x-2)(x+1)$ より $A$ の固有値は $2, -1$ である．固有値 $2, -1$ に対応する固有ベクトルとして $\begin{pmatrix} \sqrt{3} \\ -1 \end{pmatrix}$, $\begin{pmatrix} 1 \\ \sqrt{3} \end{pmatrix}$ をとることができる．$P = \begin{pmatrix} \frac{\sqrt{3}}{2} & \frac{1}{2} \\ -\frac{1}{2} & \frac{\sqrt{3}}{2} \end{pmatrix}$ とおけば $P$ は直交行列で，${}^tP = \begin{pmatrix} \frac{\sqrt{3}}{2} & -\frac{1}{2} \\ \frac{1}{2} & \frac{\sqrt{3}}{2} \end{pmatrix}$ から ${}^tPAP = \begin{pmatrix} 2 & 0 \\ 0 & -1 \end{pmatrix}$ となる．

(2) $A^n = P \begin{pmatrix} 2^n & 0 \\ 0 & (-1)^n \end{pmatrix} {}^tP = \begin{pmatrix} \frac{3\cdot 2^n+(-1)^n}{4} & \frac{-2^n+(-1)^n}{4}\sqrt{3} \\ \frac{-2^n+(-1)^n}{4}\sqrt{3} & \frac{2^n+3\cdot(-1)^n}{4} \end{pmatrix}$

**3.** $R = \begin{pmatrix} P & O \\ O & Q \end{pmatrix}$ は直交行列であり

$$ {}^tRCR = \begin{pmatrix} {}^tPAP & O \\ O & {}^tQBQ \end{pmatrix} $$

は対角行列である.

**4.** 直交行列 $P$ で ${}^tPAP = \begin{pmatrix} \lambda_1 & & & \\ & \lambda_2 & & \smash{\Large 0} \\ & & \ddots & \\ \smash{\Large 0} & & & \lambda_n \end{pmatrix}$ とできる. ただし $\lambda_1, \cdots, \lambda_n$ は $A$ の固有値である.

ある自然数 $k$ に対し $A^k = O$ ならば

$$ ({}^tPAP)^k = {}^tPA^kP = \begin{pmatrix} \lambda_1^k & 0 & \cdots & 0 \\ 0 & \lambda_2^k & & 0 \\ \vdots & & \ddots & \vdots \\ 0 & \cdots & \cdots & \lambda_n^k \end{pmatrix} = O $$

だから $\lambda_1 = \lambda_2 = \cdots = \lambda_n = 0$ となる. すなわち $A = PO\,{}^tP = O$ となり対称行列 $A$ が零行列でないことに矛盾する. よってすべての自然数 $m$ に対して $A^m \neq O$ である.

**5.** ${}^tPAP = B$ ($P, B$ はそれぞれ直交行列および対角行列) とすると, $A = PB{}^tP$ である. この転置を考えると (${}^tB = B$ であるから)

$$ {}^tA = {}^t(PB{}^tP) = P\,{}^tB\,{}^tP = PB{}^tP = A $$

すなわち, $A$ は対称行列である.

**6.** (1) $A^* = \begin{pmatrix} 0 & -1-i \\ 1-i & i \end{pmatrix}$ より $A^* \neq A$. よって $A$ はエルミート行列でない.

(2)

$$ A^*A = \begin{pmatrix} 0 & -1-i \\ 1-i & i \end{pmatrix} \begin{pmatrix} 0 & 1+i \\ -1+i & -i \end{pmatrix} = \begin{pmatrix} 2 & -1+i \\ -1-i & 3 \end{pmatrix} $$

$$ AA^* = \begin{pmatrix} 0 & 1+i \\ -1+i & -i \end{pmatrix} \begin{pmatrix} 0 & -1-i \\ 1-i & i \end{pmatrix} = \begin{pmatrix} 2 & -1+i \\ -1-i & 3 \end{pmatrix} $$

よって $A^*A = AA^*$ より $A$ は正規行列である.

(3) $\begin{vmatrix} x & -1-i \\ 1-i & x+i \end{vmatrix} = (x+2i)(x-i)$ より $A$ の固有値は $i, -2i$.

固有値 $\lambda_1 = i$ に対する固有ベクトルは $\boldsymbol{x}_1 = t_1 \begin{pmatrix} 1-i \\ 1 \end{pmatrix}$ （$t_1$ は任意定数，$t_1 \neq 0$）.

固有値 $\lambda_2 = -2i$ に対する固有ベクトルは $\boldsymbol{x}_2 = t_2 \begin{pmatrix} 1 \\ -1-i \end{pmatrix}$ （$t_2$ は任意定数，$t_2 \neq 0$）.

(4) $\boldsymbol{x}_1 \cdot \boldsymbol{x}_2 = t_1 \overline{t_2} \begin{pmatrix} 1-i & 1 \end{pmatrix} \begin{pmatrix} 1 \\ -1+i \end{pmatrix} = 0$

(5) $P = \begin{pmatrix} 1-i & 1 \\ 1 & -1-i \end{pmatrix}$ とおけば

$$P^{-1}AP = \frac{1}{3}\begin{pmatrix} 1+i & 1 \\ 1 & -1+i \end{pmatrix}\begin{pmatrix} 0 & 1+i \\ -1+i & -i \end{pmatrix}\begin{pmatrix} 1-i & 1 \\ 1 & -1-i \end{pmatrix}$$

$$= \frac{1}{3}\begin{pmatrix} 3i & 0 \\ 0 & -6i \end{pmatrix} = \begin{pmatrix} i & 0 \\ 0 & -2i \end{pmatrix}$$

**B の解答**

**1.** $A$ が実対称行列ならば直交行列 $P$ で ${}^tPAP = \begin{pmatrix} \lambda_1 & & & \text{\Large 0} \\ & \lambda_2 & & \\ & & \ddots & \\ \text{\Large 0} & & & \lambda_n \end{pmatrix}$ とできる．このとき

$$A = P \begin{pmatrix} \lambda_1 & & & \text{\Large 0} \\ & \lambda_2 & & \\ & & \ddots & \\ \text{\Large 0} & & & \lambda_n \end{pmatrix} {}^tP$$

である．$\lambda_i > 0\ (i = 1, 2, \cdots, n)$ ならば

$$B = \begin{pmatrix} \sqrt{\lambda_1} & & & \text{\Large 0} \\ & \sqrt{\lambda_2} & & \\ & & \ddots & \\ \text{\Large 0} & & & \sqrt{\lambda_n} \end{pmatrix} {}^tP$$

とおけば $B$ は正則で

$$
{}^tBB = P\begin{pmatrix} \lambda_1 & & & 0 \\ & \lambda_2 & & \\ & & \ddots & \\ 0 & & & \lambda_n \end{pmatrix}{}^tP = A
$$

となる．逆に実正則行列 $B$ があって，$A = {}^tBB$ と仮定する．$\lambda$ を $A$ の固有値，$\boldsymbol{x}$ をその固有ベクトルとすると $A\boldsymbol{x} = \lambda\boldsymbol{x}$ より

$$
{}^t(B\boldsymbol{x})B\boldsymbol{x} = {}^t\boldsymbol{x}A\boldsymbol{x} = \lambda\,{}^t\boldsymbol{x}\boldsymbol{x}.
$$

$\boldsymbol{x} \neq \boldsymbol{0}$ より ${}^t\boldsymbol{x}\boldsymbol{x} > 0$ で ${}^t(B\boldsymbol{x})B\boldsymbol{x} > 0$ だから $\lambda > 0$ となる．

**2.** (1) 定理 5 より $A$ はユニタリー行列だからその固有値の絶対値は 1 である．3 次実行列の固有方程式は実係数の 3 次方程式だから必ず実数解をもつ．すなわち 3 次実行列には必ず実数の固有値 $\mu$ が存在する．他の固有値も実数の場合は固有値の絶対値が 1 であることと固有値の積が $|A| = 1$ となることより必ず固有値 1 をもつことがわかる．他の固有値が虚数 $\lambda$ $(|\lambda| = 1)$ である場合は $\overline{\lambda}$ も固有値であることと，固有値の積が $|A| = 1$ であることから $\mu\lambda\overline{\lambda} = \mu|\lambda|^2 = 1$. ゆえに $\mu = 1$. よっていずれにせよ固有値 1 をもつ．

そこで固有値 1 に対応する固有ベクトル $\boldsymbol{e}$ をふくむ正規直交基底により $f_A$ は

$$
A = \begin{pmatrix} 1 & 0 & 0 \\ 0 & & \\ 0 & \multicolumn{2}{c}{B} \end{pmatrix}
$$

と表現され，$B$ は 2 次直交行列で，行列式の値が 1 であるから原点のまわりの回転を表す．

従って $A$ は $\boldsymbol{e}$ を含む直線のまわりの回転である．

(2) 固有値 1 に対する固有ベクトルは $\boldsymbol{e} = \dfrac{1}{\sqrt{3}}\begin{pmatrix} 1 \\ 1 \\ 1 \end{pmatrix}$ であるから回転軸は直線 $x = y = z$ である．($A^3 = E$ だから回転角は $\dfrac{2}{3}\pi$)

**3.** (1) $A^* = A$

(2) (i) $A\boldsymbol{x} = \lambda\boldsymbol{x}$ より $\boldsymbol{x}^*(A\boldsymbol{x}) = \lambda\boldsymbol{x}^*\boldsymbol{x}$

(ii) $(A\boldsymbol{x})^* = {}^t(\overline{A\boldsymbol{x}}) = {}^t(\overline{A}\overline{\boldsymbol{x}}) = {}^t(\overline{\boldsymbol{x}}){}^t(\overline{A}) = \boldsymbol{x}^*A^*$

(iii) $(\lambda\boldsymbol{x})^* = {}^t(\overline{\lambda\boldsymbol{x}}) = {}^t(\overline{\lambda}\overline{\boldsymbol{x}}) = \overline{\lambda}{}^t\overline{\boldsymbol{x}} = \overline{\lambda}\boldsymbol{x}^*$ より $(\lambda\boldsymbol{x})^*\boldsymbol{x} = \overline{\lambda}(\boldsymbol{x}^*\boldsymbol{x})$

(3) (i) より $\boldsymbol{x}^*(A\boldsymbol{x}) = \lambda \boldsymbol{x}^*\boldsymbol{x}$. 一方 $A^* = A$ と (ii), (iii) より

$$\boldsymbol{x}^*(A\boldsymbol{x}) = (\boldsymbol{x}^*A^*)\boldsymbol{x} = (A\boldsymbol{x})^*\boldsymbol{x} = (\lambda\boldsymbol{x})^*\boldsymbol{x} = \overline{\lambda}\boldsymbol{x}^*\boldsymbol{x}$$

$$\therefore \quad \lambda\boldsymbol{x}^*\boldsymbol{x} = \overline{\lambda}\boldsymbol{x}^*\boldsymbol{x}.$$

$\boldsymbol{x} \neq \boldsymbol{0}$ より $\boldsymbol{x}^*\boldsymbol{x} > 0$ だから $\lambda = \overline{\lambda}$.

**4.**

(1) $A^*\begin{pmatrix} x & y+iz \\ y-iz & -x \end{pmatrix}A = \begin{pmatrix} X & Y+iZ \\ Y-iZ & -X \end{pmatrix}$ の両辺の行列式をとれば

$$x^2 + y^2 + z^2 = X^2 + Y^2 + Z^2$$

よってベクトルの長さが不変だから $\widehat{A}$ は直交行列となる.

$A = \begin{pmatrix} e^{i\alpha} & 0 \\ 0 & e^{-i\alpha} \end{pmatrix}$ のとき $X = x$, $Y + iZ = e^{-2i\alpha}(y+iz) = y\cos 2\alpha + z\sin 2\alpha + i(-y\sin 2\alpha + z\cos 2\alpha)$ だから

$$\widehat{A} = \begin{pmatrix} 1 & 0 & 0 \\ 0 & \cos 2\alpha & \sin 2\alpha \\ 0 & -\sin 2\alpha & \cos 2\alpha \end{pmatrix}.$$

また $A = \begin{pmatrix} \cos\theta & -\sin\theta \\ \sin\theta & \cos\theta \end{pmatrix}$ のとき

$$\begin{cases} X = x\cos 2\theta + y\sin 2\theta \\ Y = -x\cos 2\theta + y\cos 2\theta \\ Z = z \end{cases} \quad \text{だから } \widehat{A} = \begin{pmatrix} \cos 2\theta & \sin 2\theta & 0 \\ -\sin 2\theta & \cos 2\theta & 0 \\ 0 & 0 & 1 \end{pmatrix}.$$

(2) $\widehat{A} = E \Longleftrightarrow \begin{pmatrix} x & y+iz \\ y-iz & -x \end{pmatrix}A = A\begin{pmatrix} x & y+iz \\ y-iz & -x \end{pmatrix}$ がすべての $x, y, z$ につき成立する

$\Longleftrightarrow A$ が $\begin{pmatrix} 1 & 0 \\ 0 & -1 \end{pmatrix}$, $\begin{pmatrix} 0 & 1 \\ 1 & 0 \end{pmatrix}$, $\begin{pmatrix} 0 & 1 \\ -1 & 0 \end{pmatrix}$ と可換である

$\Longleftrightarrow A$ はスカラー行列である, すなわち $A = a\begin{pmatrix} 1 & 0 \\ 0 & 1 \end{pmatrix}$ $(|a| = 1)$.

## 5.4　2 次曲線の分類

**2 次形式**

$n$ 個の変数 $x_1, x_2, \cdots, x_n$ に関する実係数の斉 2 次式

$$f(x_1, x_2, \cdots, x_n) = \sum_{i=1}^{n}\sum_{j=1}^{n} a_{ij}x_i x_j \quad \cdots\cdots \quad ①$$

（$a_{ij}$ は実定数で，$a_{ij} = a_{ji}$）を（実）2 次形式という．

例．$n = 3$ のとき

$$f(x_1, x_2, x_3) = \sum_{i=1}^{3}\sum_{j=1}^{3} a_{ij}x_i x_j$$

$$= a_{11}x_1^2 + a_{22}x_2^2 + a_{33}x_3^2 + 2a_{12}x_1x_2 + 2a_{13}x_1x_3 + 2a_{23}x_2x_3.$$

①で $\boldsymbol{x} = \begin{pmatrix} x_1 \\ x_2 \\ \vdots \\ x_n \end{pmatrix}$, $A = (a_{ij})$ とおくと

$$f(x_1, x_2, \cdots, x_n) = \sum_{i=1}^{n}\sum_{j=1}^{n} a_{ij}x_i x_j = {}^t\boldsymbol{x}A\boldsymbol{x}$$

と書ける．ここで $A$ は実対称行列だから，$n$ 次直交行列 $P$ が存在して

${}^tPAP = \begin{pmatrix} \lambda_1 & & & 0 \\ & \lambda_2 & & \\ & & \ddots & \\ 0 & & & \lambda_n \end{pmatrix}$ と変形できる．このとき

$$\boldsymbol{x} = P\boldsymbol{y}, \quad \boldsymbol{y} = \begin{pmatrix} y_1 \\ y_2 \\ \vdots \\ y_n \end{pmatrix} \quad \cdots\cdots \quad ②$$

とおくと

$${}^t\boldsymbol{x}A\boldsymbol{x} = {}^t\boldsymbol{y}{}^tPAP\boldsymbol{y} = {}^t\boldsymbol{y}\begin{pmatrix} \lambda_1 & & & 0 \\ & \lambda_2 & & \\ & & \ddots & \\ 0 & & & \lambda_n \end{pmatrix}\boldsymbol{y} = \lambda_1 y_1^2 + \lambda_2 y_2^2 + \cdots + \lambda_n y_n^2$$

すなわち

$$f(x_1, x_2, \cdots, x_n) = {}^t\boldsymbol{x}A\boldsymbol{x} = \lambda_1 y_1^2 + \lambda_2 y_2^2 + \cdots + \lambda_n y_n^2 \quad \cdots\cdots \quad ③$$

を得る．③ の右辺を 2 次形式 ① の標準形という．

**2 次曲線とその分類**

次の方程式で表される $xy$ 平面上の曲線を 2 次曲線という．

$$ax^2 + 2bxy + cy^2 + dx + ey + f = 0 \quad \cdots\cdots \quad ④$$

ここで $a,\ b,\ c,\ d,\ e,\ f$ は実数で，$(a,\ b,\ c) \neq (0,\ 0,\ 0)$ とする．

2 次曲線を適当な座標変換を行うことにより分類してみよう．④の左辺において $ax^2+2bxy+cy^2$ は 2 次形式だから，適当な直交行列 $P = \begin{pmatrix} \cos\theta & -\sin\theta \\ \sin\theta & \cos\theta \end{pmatrix}$ をとって

$$\begin{pmatrix} x \\ y \end{pmatrix} = P \begin{pmatrix} x' \\ y' \end{pmatrix} \quad \cdots\cdots \quad ⑤$$

とおくことにより，標準形

$$ax^2 + 2bxy + cy^2 = \alpha {x'}^2 + \beta {y'}^2$$

が得られる．ここで $\alpha, \beta$ は $A = \begin{pmatrix} a & b \\ b & c \end{pmatrix}$ の固有値である．したがって ⑤ の変換（座標軸の回転）によって，④ は

$$\alpha {x'}^2 + \beta {y'}^2 + d'x' + e'y' + f' = 0 \quad \cdots\cdots \quad ⑥$$

の形に書くことができる．

$\alpha\beta \neq 0$ のとき，変換 $x' = X + x_0$, $y' = Y + y_0$（座標軸の平行移動）によって ⑥ は $\alpha X^2 + \beta Y^2 + f'' = 0$ となる．これは

$\alpha\beta > 0$ のとき楕円（1 点又は空集合の場合を含む）

$\alpha\beta < 0$ のとき双曲線（交わる 2 直線の場合を含む）

を表す．

$\alpha\beta = 0$ のとき，例えば $\beta = 0$ のときは，⑥ において座標軸の平行移動を行うと

$$\alpha X^2 + e'Y = 0\ (e' \neq 0 \text{ のとき}), \quad \alpha X^2 + f'' = 0\ (e' = 0 \text{ のとき})$$

の形になる．これらはそれぞれ放物線，平行 2 直線（1 直線又は空集合の場合を含む）を表す．$\alpha = 0$ のときも同様の考察により，同じ形の曲線が得られることがわかる．ところで，5.1 の定理 1 より $\alpha\beta = |A| = ac - b^2$ であった．したがって 2 次曲線 ④ は

$ac - b^2 > 0$ のとき楕円（1 点又は空集合の場合を含む）

$ac - b^2 < 0$ のとき双曲線（交わる 2 直線の場合を含む）

$ac - b^2 = 0$ のとき放物線（平行 2 直線，1 直線又は空集合の場合を含む）

と分類される．

**例題 1.**

次の 2 次形式の標準形と変形に使われる直交行列 $P$ を求めよ．

$$f(x, y) = 2x^2 - 4xy + 5y^2$$

**解答**　$f(x, y) = \begin{pmatrix} x & y \end{pmatrix} \begin{pmatrix} 2 & -2 \\ -2 & 5 \end{pmatrix} \begin{pmatrix} x \\ y \end{pmatrix}$ と表せる．

$A = \begin{pmatrix} 2 & -2 \\ -2 & 5 \end{pmatrix}$ とおけば

$$|xE - A| = \begin{vmatrix} x-2 & 2 \\ 2 & x-5 \end{vmatrix} = (x-6)(x-1)$$

より $A$ の固有値は $1, 6$ である．

固有値 $1, 6$ に対応する固有ベクトルとして $\begin{pmatrix} 2 \\ 1 \end{pmatrix}$, $\begin{pmatrix} -1 \\ 2 \end{pmatrix}$ をとることができる．$P = \begin{pmatrix} \frac{2}{\sqrt{5}} & -\frac{1}{\sqrt{5}} \\ \frac{1}{\sqrt{5}} & \frac{2}{\sqrt{5}} \end{pmatrix}$ とおけば $P$ は直交行列で ${}^tPAP = \begin{pmatrix} 1 & 0 \\ 0 & 6 \end{pmatrix}$ となる．$\begin{pmatrix} x \\ y \end{pmatrix} = P \begin{pmatrix} X \\ Y \end{pmatrix}$ とおけば $f(x, y) = \begin{pmatrix} X & Y \end{pmatrix} {}^tPAP \begin{pmatrix} X \\ Y \end{pmatrix}$ $= \begin{pmatrix} X & Y \end{pmatrix} \begin{pmatrix} 1 & 0 \\ 0 & 6 \end{pmatrix} \begin{pmatrix} X \\ Y \end{pmatrix} = X^2 + 6Y^2$．よって $f(x, y)$ の標準形は $X^2 + 6Y^2$ である．

**例題 2.**

次の 2 次曲線のグラフをかけ．

(1) $2x^2 - 4xy + 5y^2 = 36$　　(2) $x^2 + 6xy + y^2 - 2 = 0$

**解答**　(1) 例題1より $P = \begin{pmatrix} \frac{2}{\sqrt{5}} & -\frac{1}{\sqrt{5}} \\ \frac{1}{\sqrt{5}} & \frac{2}{\sqrt{5}} \end{pmatrix}$, $\begin{pmatrix} x \\ y \end{pmatrix} = P \begin{pmatrix} X \\ Y \end{pmatrix}$ とおくと

$$X^2 + 6Y^2 = 36$$

すなわち

$$\frac{X^2}{36} + \frac{Y^2}{6} = 1 \quad (\text{楕円})$$

である.

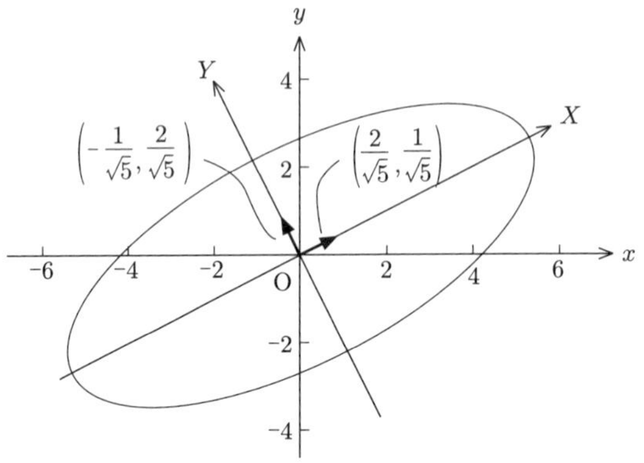


(2) $x^2 + 6xy + y^2 - 2 = \begin{pmatrix} x & y \end{pmatrix} \begin{pmatrix} 1 & 3 \\ 3 & 1 \end{pmatrix} \begin{pmatrix} x \\ y \end{pmatrix} - 2 = 0$ と表せる.

$\begin{pmatrix} 1 & 3 \\ 3 & 1 \end{pmatrix}$ を対角化する. 固有方程式 $\begin{vmatrix} x-1 & -3 \\ -3 & x-1 \end{vmatrix} = (x-4)(x+2) = 0$ より固有値は $4, -2$ である.

固有値 $4, -2$ に対応する固有ベクトルとして $\begin{pmatrix} 1 \\ 1 \end{pmatrix}$, $\begin{pmatrix} -1 \\ 1 \end{pmatrix}$ をとることができる. 直交行列 $P$ として $P = \begin{pmatrix} \frac{1}{\sqrt{2}} & -\frac{1}{\sqrt{2}} \\ \frac{1}{\sqrt{2}} & \frac{1}{\sqrt{2}} \end{pmatrix} = \begin{pmatrix} \cos\frac{\pi}{4} & -\sin\frac{\pi}{4} \\ \sin\frac{\pi}{4} & \cos\frac{\pi}{4} \end{pmatrix}$

とおき, $\begin{pmatrix} x \\ y \end{pmatrix} = P \begin{pmatrix} X \\ Y \end{pmatrix}$ と変換すれば

$$\begin{aligned} x^2 + 6xy + y^2 - 2 &= \begin{pmatrix} X & Y \end{pmatrix} {}^tP \begin{pmatrix} 1 & 3 \\ 3 & 1 \end{pmatrix} P \begin{pmatrix} X \\ Y \end{pmatrix} - 2 \\ &= \begin{pmatrix} X & Y \end{pmatrix} \begin{pmatrix} 4 & 0 \\ 0 & -2 \end{pmatrix} \begin{pmatrix} X \\ Y \end{pmatrix} - 2 \\ &= 4X^2 - 2Y^2 - 2 = 0, \end{aligned}$$

すなわち $2X^2 - Y^2 = 1$（双曲線）である．

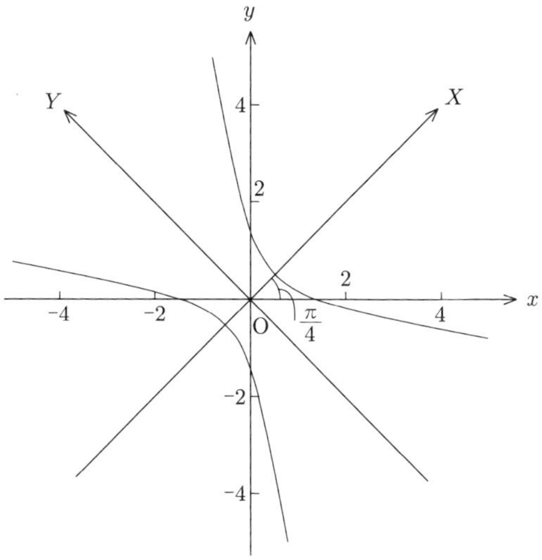


## A

**1.**　次の 2 次形式の標準形と変形に使われる直交行列 $P$ を求めよ．

(1) $f(x,y) = x^2+xy+y^2$　(2) $f(x,y) = 6xy$　(3) $f(x,y) = 3xy+4y^2$

(4) $f(x,y,z) = 2xy + 2yz + 2zx$

**2.**　次の 2 次曲線のグラフをかけ．

(1) $3x^2 + 4xy + 3y^2 = 5$　(2) $3x^2 - 2xy + 3y^2 = 2$

(3) $x^2 - 2xy + y^2 + 4\sqrt{2}x + 6 = 0$

(4) $x^2 + 3xy + y^2 - 2x - 3y = 0$

## B

**1.**　$x_1^2 + x_2^2 + \cdots + x_n^2 = 1$ のとき，関数 $f\,(x_1, x_2, \cdots, x_n) = \displaystyle\sum_{i,j=1}^{n} a_{ij}x_ix_j$（$a_{ij}$ は実数で $a_{ij} = a_{ji}$）の最大値と最小値はそれぞれ行列 $A = (a_{ij})$ の固有値の最大値と最小値に等しいことを示せ．

**A の解答**

**1.** (1) $f(x,y) = \begin{pmatrix} x & y \end{pmatrix}\begin{pmatrix} 1 & \frac{1}{2} \\ \frac{1}{2} & 1 \end{pmatrix}\begin{pmatrix} x \\ y \end{pmatrix}$ と表せる．$\begin{pmatrix} 1 & \frac{1}{2} \\ \frac{1}{2} & 1 \end{pmatrix}$ の固有値は $\dfrac{3}{2}, \dfrac{1}{2}$ で，対応する固有ベクトルとして $\begin{pmatrix} 1 \\ 1 \end{pmatrix}, \begin{pmatrix} 1 \\ -1 \end{pmatrix}$ をとる

ことができる．$P=\begin{pmatrix} \frac{1}{\sqrt{2}} & -\frac{1}{\sqrt{2}} \\ \frac{1}{\sqrt{2}} & \frac{1}{\sqrt{2}} \end{pmatrix}$ とおけば $P$ は直交行列で，$\begin{pmatrix} x \\ y \end{pmatrix} = P\begin{pmatrix} X \\ Y \end{pmatrix}$ と変換すれば $f(x,y)=\begin{pmatrix} X & Y \end{pmatrix} {}^tP\begin{pmatrix} 1 & \frac{1}{2} \\ \frac{1}{2} & 1 \end{pmatrix} P\begin{pmatrix} X \\ Y \end{pmatrix} = \begin{pmatrix} X & Y \end{pmatrix}\begin{pmatrix} \frac{3}{2} & 0 \\ 0 & \frac{1}{2} \end{pmatrix}\begin{pmatrix} X \\ Y \end{pmatrix} = \dfrac{3}{2}X^2+\dfrac{1}{2}Y^2$ となり標準形が得られる．

(2) $f(x,y)=\begin{pmatrix} x & y \end{pmatrix}\begin{pmatrix} 0 & 3 \\ 3 & 0 \end{pmatrix}\begin{pmatrix} x \\ y \end{pmatrix}$ と表せる．$\begin{pmatrix} 0 & 3 \\ 3 & 0 \end{pmatrix}$ の固有値は $3, -3$ で，対応する固有ベクトルとして $\begin{pmatrix} 1 \\ 1 \end{pmatrix}, \begin{pmatrix} 1 \\ -1 \end{pmatrix}$ をとることができる．$P=\begin{pmatrix} \frac{1}{\sqrt{2}} & -\frac{1}{\sqrt{2}} \\ \frac{1}{\sqrt{2}} & \frac{1}{\sqrt{2}} \end{pmatrix}$ とおけば $P$ は直交行列で，$\begin{pmatrix} x \\ y \end{pmatrix} = P\begin{pmatrix} X \\ Y \end{pmatrix}$ と変換すれば $f(x,y)=\begin{pmatrix} X & Y \end{pmatrix} {}^tP\begin{pmatrix} 0 & 3 \\ 3 & 0 \end{pmatrix} P\begin{pmatrix} X \\ Y \end{pmatrix} = \begin{pmatrix} X & Y \end{pmatrix}\begin{pmatrix} 3 & 0 \\ 0 & -3 \end{pmatrix}\begin{pmatrix} X \\ Y \end{pmatrix} = 3X^2-3Y^2$ となり標準形が得られる．

(3) $f(x,y)=\begin{pmatrix} x & y \end{pmatrix}\begin{pmatrix} 0 & \frac{3}{2} \\ \frac{3}{2} & 4 \end{pmatrix}\begin{pmatrix} x \\ y \end{pmatrix}$ と表せる．$\begin{pmatrix} 0 & \frac{3}{2} \\ \frac{3}{2} & 4 \end{pmatrix}$ の固有値は $\dfrac{9}{2}, -\dfrac{1}{2}$ で，対応する固有ベクトルとして $\begin{pmatrix} 1 \\ 3 \end{pmatrix}, \begin{pmatrix} 3 \\ -1 \end{pmatrix}$ をとることができる．$P=\begin{pmatrix} \frac{1}{\sqrt{10}} & \frac{3}{\sqrt{10}} \\ \frac{3}{\sqrt{10}} & -\frac{1}{\sqrt{10}} \end{pmatrix}$ とおけば $P$ は直交行列で，$\begin{pmatrix} x \\ y \end{pmatrix} = P\begin{pmatrix} X \\ Y \end{pmatrix}$ と変換すれば $f(x,y)=\begin{pmatrix} X & Y \end{pmatrix} {}^tP\begin{pmatrix} 0 & \frac{3}{2} \\ \frac{3}{2} & 4 \end{pmatrix} P\begin{pmatrix} X \\ Y \end{pmatrix} = \begin{pmatrix} X & Y \end{pmatrix}\begin{pmatrix} \frac{9}{2} & 0 \\ 0 & -\frac{1}{2} \end{pmatrix}\begin{pmatrix} X \\ Y \end{pmatrix} = \dfrac{9}{2}X^2-\dfrac{1}{2}Y^2$ となり標準形が得られる．

(4) $f(x,y,z)=\begin{pmatrix} x & y & z \end{pmatrix}\begin{pmatrix} 0 & 1 & 1 \\ 1 & 0 & 1 \\ 1 & 1 & 0 \end{pmatrix}\begin{pmatrix} x \\ y \\ z \end{pmatrix}$ と表せる．

$\begin{pmatrix} 0 & 1 & 1 \\ 1 & 0 & 1 \\ 1 & 1 & 0 \end{pmatrix}$ の固有値は $2, -1$（重複度は 2）である．固有値 2 に対応する固有ベクトルとして $\begin{pmatrix} 1 \\ 1 \\ 1 \end{pmatrix}$ をとることができる．固有値 $-1$ に対応する 1 次独立な固有ベクトルとして $\begin{pmatrix} 1 \\ -1 \\ 0 \end{pmatrix}, \begin{pmatrix} 1 \\ 1 \\ -2 \end{pmatrix}$ をとることができる．

$P = \begin{pmatrix} \frac{1}{\sqrt{3}} & \frac{1}{\sqrt{2}} & \frac{1}{\sqrt{6}} \\ \frac{1}{\sqrt{3}} & -\frac{1}{\sqrt{2}} & \frac{1}{\sqrt{6}} \\ \frac{1}{\sqrt{3}} & 0 & -\frac{2}{\sqrt{6}} \end{pmatrix}$ とおけば $P$ は直交行列で，$\begin{pmatrix} x \\ y \\ z \end{pmatrix} = P \begin{pmatrix} X \\ Y \\ Z \end{pmatrix}$ とおけば $f(x, y, z) = \begin{pmatrix} X & Y & Z \end{pmatrix} {}^tP \begin{pmatrix} 0 & 1 & 1 \\ 1 & 0 & 1 \\ 1 & 1 & 0 \end{pmatrix} P \begin{pmatrix} X \\ Y \\ Z \end{pmatrix} =$ $\begin{pmatrix} X & Y & Z \end{pmatrix} \begin{pmatrix} 2 & 0 & 0 \\ 0 & -1 & 0 \\ 0 & 0 & -1 \end{pmatrix} \begin{pmatrix} X \\ Y \\ Z \end{pmatrix} = 2X^2 - Y^2 - Z^2$ となり標準形が得られる．

**2.** (1) $3x^2+4xy+3y^2 = \begin{pmatrix} x & y \end{pmatrix} \begin{pmatrix} 3 & 2 \\ 2 & 3 \end{pmatrix} \begin{pmatrix} x \\ y \end{pmatrix}$ と表せる．$\begin{pmatrix} 3 & 2 \\ 2 & 3 \end{pmatrix}$ の固有値は $1, 5$ であり，対応する固有ベクトルとして $\begin{pmatrix} 1 \\ -1 \end{pmatrix}, \begin{pmatrix} 1 \\ 1 \end{pmatrix}$ をとることができる．$P = \begin{pmatrix} \frac{1}{\sqrt{2}} & \frac{1}{\sqrt{2}} \\ -\frac{1}{\sqrt{2}} & \frac{1}{\sqrt{2}} \end{pmatrix} = \begin{pmatrix} \cos(-\frac{\pi}{4}) & -\sin(-\frac{\pi}{4}) \\ \sin(-\frac{\pi}{4}) & \cos(-\frac{\pi}{4}) \end{pmatrix}$ とおけば $P$ は直交行列で，$\begin{pmatrix} x \\ y \end{pmatrix} = P \begin{pmatrix} X \\ Y \end{pmatrix}$ と変換すれば

$$\begin{aligned} 3x^2 + 4xy + 3y^2 - 5 &= \begin{pmatrix} X & Y \end{pmatrix} {}^tP \begin{pmatrix} 3 & 2 \\ 2 & 3 \end{pmatrix} P \begin{pmatrix} X \\ Y \end{pmatrix} - 5 \\ &= \begin{pmatrix} X & Y \end{pmatrix} \begin{pmatrix} 1 & 0 \\ 0 & 5 \end{pmatrix} \begin{pmatrix} X \\ Y \end{pmatrix} - 5 \\ &= X^2 + 5Y^2 - 5 = 0, \end{aligned}$$

すなわち $\dfrac{X^2}{5}+Y^2=1$（楕円）である.

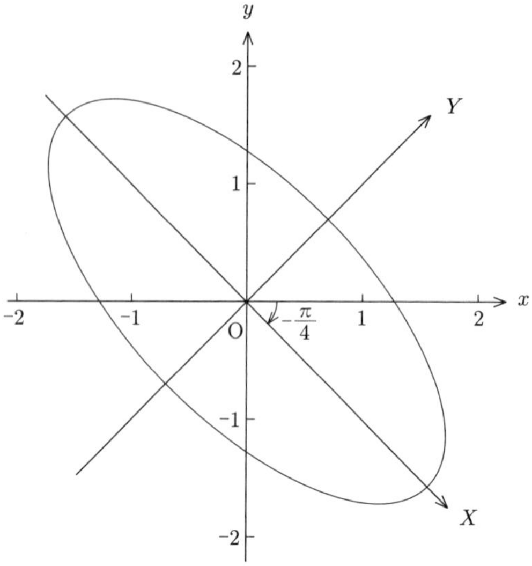


(2) $3x^2-2xy+3y^2=\begin{pmatrix} x & y \end{pmatrix}\begin{pmatrix} 3 & -1 \\ -1 & 3 \end{pmatrix}\begin{pmatrix} x \\ y \end{pmatrix}$ と表せる.

$\begin{pmatrix} 3 & -1 \\ -1 & 3 \end{pmatrix}$ の固有値は $2, 4$ で，対応する固有ベクトルとして $\begin{pmatrix} 1 \\ 1 \end{pmatrix}$, $\begin{pmatrix} -1 \\ 1 \end{pmatrix}$ をとることができる. $P=\begin{pmatrix} \frac{1}{\sqrt{2}} & -\frac{1}{\sqrt{2}} \\ \frac{1}{\sqrt{2}} & \frac{1}{\sqrt{2}} \end{pmatrix}=\begin{pmatrix} \cos\frac{\pi}{4} & -\sin\frac{\pi}{4} \\ \sin\frac{\pi}{4} & \cos\frac{\pi}{4} \end{pmatrix}$

とおけば $P$ は直交行列で, $\begin{pmatrix} x \\ y \end{pmatrix}=P\begin{pmatrix} X \\ Y \end{pmatrix}$ と変換すれば

$$\begin{aligned} 3x^2-2xy+3y^2-2 &= \begin{pmatrix} X & Y \end{pmatrix}{}^tP\begin{pmatrix} 3 & -1 \\ -1 & 3 \end{pmatrix}P\begin{pmatrix} X \\ Y \end{pmatrix}-2 \\ &= \begin{pmatrix} X & Y \end{pmatrix}\begin{pmatrix} 2 & 0 \\ 0 & 4 \end{pmatrix}\begin{pmatrix} X \\ Y \end{pmatrix}-2 \\ &= 2X^2+4Y^2-2=0, \end{aligned}$$

すなわち $X^2+2Y^2=1$（楕円）である.

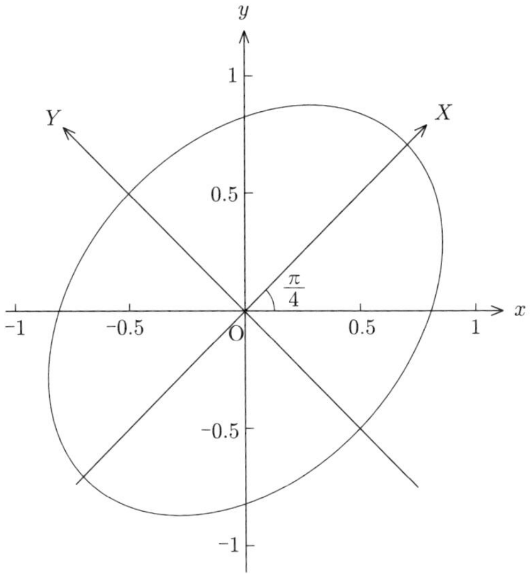


(3) $x^2 - 2xy + y^2 + 4\sqrt{2}x + 6 = \begin{pmatrix} x & y \end{pmatrix}\begin{pmatrix} 1 & -1 \\ -1 & 1 \end{pmatrix}\begin{pmatrix} x \\ y \end{pmatrix} + \begin{pmatrix} 4\sqrt{2} & 0 \end{pmatrix}\begin{pmatrix} x \\ y \end{pmatrix} + 6$ と表せる．$\begin{pmatrix} 1 & -1 \\ -1 & 1 \end{pmatrix}$ の固有値は $0, 2$ で，対応する固有ベクトルとして $\begin{pmatrix} 1 \\ 1 \end{pmatrix}, \begin{pmatrix} -1 \\ 1 \end{pmatrix}$ をとることができる．$P = \begin{pmatrix} \frac{1}{\sqrt{2}} & -\frac{1}{\sqrt{2}} \\ \frac{1}{\sqrt{2}} & \frac{1}{\sqrt{2}} \end{pmatrix} = \begin{pmatrix} \cos\frac{\pi}{4} & -\sin\frac{\pi}{4} \\ \sin\frac{\pi}{4} & \cos\frac{\pi}{4} \end{pmatrix}$ とおけば $P$ は直交行列で，$\begin{pmatrix} x \\ y \end{pmatrix} = P\begin{pmatrix} X \\ Y \end{pmatrix}$ と変換すれば

$$
\begin{aligned}
&x^2 - 2xy + y^2 + 4\sqrt{2}x + 6 \\
&= \begin{pmatrix} X & Y \end{pmatrix} {}^tP \begin{pmatrix} 1 & -1 \\ -1 & 1 \end{pmatrix} P \begin{pmatrix} X \\ Y \end{pmatrix} + \begin{pmatrix} 4\sqrt{2} & 0 \end{pmatrix} P \begin{pmatrix} X \\ Y \end{pmatrix} + 6 \\
&= \begin{pmatrix} X & Y \end{pmatrix} \begin{pmatrix} 0 & 0 \\ 0 & 2 \end{pmatrix} \begin{pmatrix} X \\ Y \end{pmatrix} + \begin{pmatrix} 4 & -4 \end{pmatrix} \begin{pmatrix} X \\ Y \end{pmatrix} + 6 \\
&= 2Y^2 + 4X - 4Y + 6 = 0,
\end{aligned}
$$

すなわち $X = -\dfrac{1}{2}(Y-1)^2 - 1$（放物線）である．

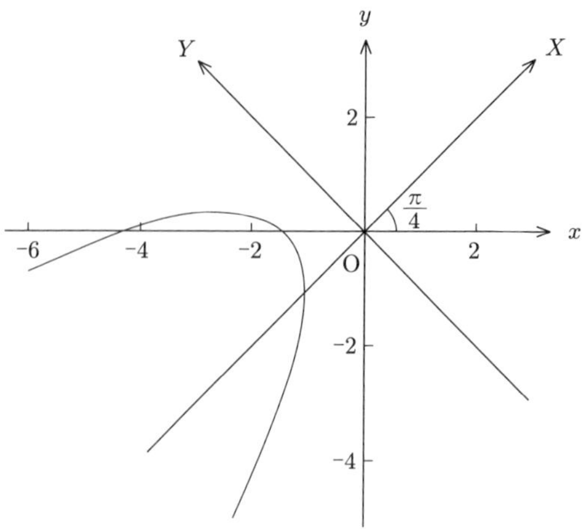


(4) $x^2+3xy+y^2-2x-3y = \begin{pmatrix} x & y \end{pmatrix}\begin{pmatrix} 1 & \frac{3}{2} \\ \frac{3}{2} & 1 \end{pmatrix}\begin{pmatrix} x \\ y \end{pmatrix} +$ $\begin{pmatrix} -2 & -3 \end{pmatrix}\begin{pmatrix} x \\ y \end{pmatrix}$ と表せる．$\begin{pmatrix} 1 & \frac{3}{2} \\ \frac{3}{2} & 1 \end{pmatrix}$ の固有値は $\dfrac{5}{2}, -\dfrac{1}{2}$ で，対応する固有ベクトルとして $\begin{pmatrix} 1 \\ 1 \end{pmatrix}, \begin{pmatrix} -1 \\ 1 \end{pmatrix}$ をとることができる．$P = \begin{pmatrix} \frac{1}{\sqrt{2}} & -\frac{1}{\sqrt{2}} \\ \frac{1}{\sqrt{2}} & \frac{1}{\sqrt{2}} \end{pmatrix} = \begin{pmatrix} \cos\frac{\pi}{4} & -\sin\frac{\pi}{4} \\ \sin\frac{\pi}{4} & \cos\frac{\pi}{4} \end{pmatrix}$ とおけば $P$ は直交行列で，$\begin{pmatrix} x \\ y \end{pmatrix} = P\begin{pmatrix} X \\ Y \end{pmatrix}$ と変換すれば

$$
\begin{aligned}
&x^2+3xy+y^2-2x-3y \\
&\quad = \begin{pmatrix} X & Y \end{pmatrix} {}^tP \begin{pmatrix} 1 & \frac{3}{2} \\ \frac{3}{2} & 1 \end{pmatrix} P \begin{pmatrix} X \\ Y \end{pmatrix} + \begin{pmatrix} -2 & -3 \end{pmatrix} P \begin{pmatrix} X \\ Y \end{pmatrix} \\
&\quad = \begin{pmatrix} X & Y \end{pmatrix} \begin{pmatrix} \frac{5}{2} & 0 \\ 0 & -\frac{1}{2} \end{pmatrix} \begin{pmatrix} X \\ Y \end{pmatrix} + \begin{pmatrix} -\frac{5}{\sqrt{2}} & -\frac{1}{\sqrt{2}} \end{pmatrix} \begin{pmatrix} X \\ Y \end{pmatrix} \\
&\quad = \frac{5}{2}X^2 - \frac{1}{2}Y^2 - \frac{5}{\sqrt{2}}X - \frac{1}{\sqrt{2}}Y \\
&\quad = \frac{5}{2}\left(X - \frac{1}{\sqrt{2}}\right)^2 - \frac{1}{2}\left(Y + \frac{1}{\sqrt{2}}\right)^2 - 1 = 0,
\end{aligned}
$$

すなわち $\dfrac{\left(X - \frac{1}{\sqrt{2}}\right)^2}{\left(\sqrt{\frac{2}{5}}\right)^2} - \dfrac{\left(Y + \frac{1}{\sqrt{2}}\right)^2}{\left(\sqrt{2}\right)^2} = 1$ （双曲線）である．

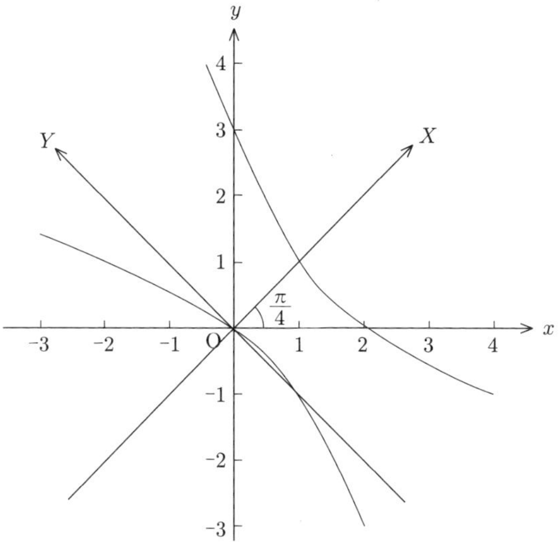


**B の解答**

**1.** 対称行列 $A$ の固有値を $\lambda_1, \lambda_2, \cdots, \lambda_n$ $(\lambda_1 \leq \lambda_2 \leq \cdots \leq \lambda_n)$ とする．適当な直交行列 $P$ を選んで $\boldsymbol{x} = P\boldsymbol{y}$, $\boldsymbol{x} = \begin{pmatrix} x_1 \\ x_2 \\ \vdots \\ x_n \end{pmatrix}$, $\boldsymbol{y} = \begin{pmatrix} y_1 \\ y_2 \\ \vdots \\ y_n \end{pmatrix}$ とすれば

$$f(x_1, x_2, \cdots, x_n) = {}^t\boldsymbol{x}A\boldsymbol{x} = {}^t\boldsymbol{y}\,{}^tPAP\boldsymbol{y} = \sum_{i=1}^{n} \lambda_i y_i^2.$$

$P$ は直交行列だから $|\boldsymbol{y}| = |\boldsymbol{x}| = 1$．このとき

$$\sum_{i=1}^{n} \lambda_i y_i^2 \leq \sum_{i=1}^{n} \lambda_n y_i^2 = \lambda_n, \quad \sum_{i=1}^{n} \lambda_i y_i^2 \geq \sum_{i=1}^{n} \lambda_1 y_i^2 = \lambda_1$$

より $\lambda_1 \leq f(x_1, x_2, \cdots, x_n) \leq \lambda_n$.

$$\boldsymbol{y} = \begin{pmatrix} 0 \\ 0 \\ \vdots \\ 1 \end{pmatrix} \text{ のとき } \quad f(x_1, x_2, \cdots, x_n) = \lambda_n,$$

$$\boldsymbol{y} = \begin{pmatrix} 1 \\ 0 \\ \vdots \\ 0 \end{pmatrix} \text{ のとき } \quad f(x_1, x_2, \cdots, x_n) = \lambda_1$$

だから $f(x_1, \cdots, x_n)$ は最大値 $\lambda_n$，最小値 $\lambda_1$ をとる．

# 索　引

著　者

佐藤 シヅ子　　元東京都市大学数学部門
井上 浩一　　　東京都市大学数学部門
古田 公司　　　東京都市大学数学部門

東京都市大学数学シリーズ (2)
線形代数演習

2007 年 4 月 10 日　　第 1 版　第 1 刷　発行
2008 年 4 月 10 日　　第 2 版　第 1 刷　発行
2025 年 3 月 30 日　　第 2 版　第 18 刷　発行

著　者　　佐藤 シヅ子
　　　　　井上 浩一
　　　　　古田 公司
発行者　　発田 和子
発行所　　株式会社　学術図書出版社

〒113-0033　東京都文京区本郷 5 丁目 4 の 6
TEL 03-3811-0889　振替 00110-4-28454
印刷　三松堂 (株)

定価は表紙に表示してあります．

本書の一部または全部を無断で複写（コピー）・複製・転載することは，著作権法でみとめられた場合を除き，著作者および出版社の権利の侵害となります．あらかじめ，小社に許諾を求めて下さい．

© S. SATOH, K. INOUE, K. FURUTA
2007, 2008　Printed in Japan
ISBN978-4-7806-0082-7　C3041